U0338129

国家重点研发计划项目(2017YFB0503603)资助
山西省自然科学基金面上项目(201901D111098)资助

多源数字高程模型数据的精度评价与应用

赵尚民　著

中国矿业大学出版社

·徐州·

内 容 提 要

作为测绘地理信息领域重要的传统 4D 产品之一,数字高程模型(DEM)数据在地学及相关领域发挥着越来越重要的作用,而数据精度和误差状况是影响 DEM 数据应用可信度的重要因素。本书从介绍当前多源 DEM 数据出发,首先对多源 DEM 数据的精度从指标、相对误差和绝对误差等各个方面进行了评价,并基于评价结果对 DEM 数据的误差进行了校正;然后对比了多源 DEM 数据在应用中的性能状况,同时研究了基于 DEM 数据的数字地形指标建立与分析,基于高分影像与资源三号卫星 DEM 数据的三维遥感影像图制作,地形要素在土地利用空间分布中的控制作用;最后以全球开放 DEM 数据为重要数据源和控制因子,研究了在气候变化下祁连山多年冻土的空间分布变化状况及未来变化趋势。

本书可供从事测绘、遥感和地理信息系统等学科的科研人员及相关高等院校的教师和研究生参考使用。

图书在版编目(C I P)数据

多源数字高程模型数据的精度评价与应用 / 赵尚民著. 一徐州:中国矿业大学出版社,2021.10
ISBN 978 - 7 - 5646 - 5156 - 5

Ⅰ.①多…　Ⅱ.①赵…　Ⅲ.①测绘—遥感技术　Ⅳ.①P237

中国版本图书馆 CIP 数据核字(2021)第206600号

书　　　名	多源数字高程模型数据的精度评价与应用
著　　　者	赵尚民
责任编辑	何　戈
出版发行	中国矿业大学出版社有限责任公司
	(江苏省徐州市解放南路　邮编221008)
营销热线	(0516)83884103　83885105
出版服务	(0516)83995789　83884920
网　　　址	http://www.cumtp.com　E-mail:cumtpvip@cumtp.com
印　　　刷	苏州市古得堡数码印刷有限公司
开　　　本	787 mm×1092 mm　1/16　**印张** 17.5　**字数** 433 千字
版次印次	2021 年 10 月第 1 版　2021 年 10 月第 1 次印刷
定　　　价	98.00 元

(图书出现印装质量问题,本社负责调换)

序一

作为地球表面形态的最直接的表征，地形的高低和起伏变化也深刻地反映了地球内外动力的作用，同时地形又在一定程度上控制着区域水热条件的再分配，并对土壤、植被等要素的空间分布产生一定影响。赵君卿在《周髀算经注》一书中指出：禹治洪水，决流江河，望山川之形，定高下之势……这表明人们在4 000多年前大禹治水时已经明白地形的重要性。而大禹治水成功后铸造的九鼎图在《山海经新校正·序》中有："按其文，有国名，有山川……"成为中国地表形态表达最早的记载。到18世纪末期，法国都朋特里尔参考利用等深线绘制水深的思路绘制了世界上第一张等高线地形图，之后等高线法成为地形图测绘的基本方法。地形图从诞生到现在，一直是人们认识地形的重要载体和媒介。通过地形图可以获取各种地形相关信息和指标数据，从军事领域开始，地形图在国民经济和工程建设等多个领域发挥了至关重要的作用。

到20世纪50年代末，美国麻省理工学院的Chaires L. Miller（切尔斯·L. 米勒）教授为了进行高速公路的自动设计，提出了数字高程模型（digital elevation model，DEM）的概念，用以在数字时代以栅格的形式对地表形态进行定量表达。随着数字时代的快速发展、地球系统科学的出现和地球观测系统的建设并逐步投入使用，大量全球开放的DEM数据陆续发布并不断推出新的版本；同时人们利用新技术和新方法（如无人机、高分辨率立体像对和激光点云等）为各种应用制作了大量高精度、高分辨率和高时效性的局部区域的DEM数据。大量的DEM数据源促进了数字地形分析领域的快速发展，基于DEM数据计算的各种地形指数和不同指标在地理、测绘、地质、地貌、水文、土壤、林业和气象等国民经济各个领域的科研和实践活动中得到广泛应用，这也在一定程度上推动了这些领域的科研和实践向数字化、定量化的方向发展。DEM数据应用的前提是其精度和误差分布状况满足要求。由于源数据采集时间、方式和制作方法的差异，不同 DEM 数据的精度有较大差异；即使同一种 DEM 数据，在不同区域和地表覆被状况下其精度和误差状况也会有很大不同。因此，DEM 数据误差的存在及其传播效应，使得人们在利用 DEM 数据分析地表形态之前需要深入了解其精度水平和误差分布状况。

赵尚民博士长期从事数字地形地貌分析的科研与教学工作，独著或与人合著出版了《黄土高原地区数字地形地貌特征分析》《青藏高原高寒地貌格局与变化》《新疆地貌格局及其效应》等学术著作。作为其研究工作的新进展，新作《多源数字高程模型数据的精度评价与应用》主要包括数字高程模型数据的评价与应用两方面内容。关于数字高程模型数据的精度评价，主要涵盖了多源数字高程模型数据的误差对比与分析、误差建模与校正和应用对比与评价等研究。在多源数字高程模型数据的误差对比与分析中，首先进行了太原市资源三号卫星 DEM 数据与典型全球开放 DEM 数据的对比与分析，然后对山西省典型全球开放 DEM 数据的绝对误差和相对误差在不同条件下的分布进行了对比与分析，最后研究了 SRTM3 DEM V4 数据在黄土高原典型地貌区的误差分布状况。在多源数字高程模型数据的误差建模与校正中，首先构建了黄土高原地区 ASTER GDEM V2 数据像素尺度上垂直误差分布的多分类逻辑回归模型，然后对陕北高原地区的 SRTM3 DEM V4 数据进行了垂直误差的多线性回归模型建模，并以此进行了误差校正和校正结果精度评价。在多源数字高程模型数据应用方面的对比与评价中，首先对黄土高原典型水库水位变化进行了动态监测，然后分别利用数字地形剖面和河网提取质量对不同 DEM 数据在应用方面的表现进行了对比与评价。

关于 DEM 数据的应用，主要进行了数字地形指标的建立与分析、三维遥感影像图的制作、土地利用分布与变化分析和多年冻土的数值模拟与预测等研究。在数字地形指标的建立与分析中，首先利用地形要素、几何要素和隶属函数对典型黄土地貌进行了定量识别探索，然后基于数字地形剖面方法对公格尔山的地形抬升特征进行了深入分析，最后基于典型山峰研究了青藏高原西北缘地质与地貌的形态特征。在三维遥感影像图的制作研究中，通过对比 ArcScene 和 Google Earth 的制作效果，利用 Photoshop 修饰开展了基于资源三号卫星

DEM 数据与高分遥感影像的三维遥感影像图制作研究。在土地利用分布与变化分析中,首先进行了太原市土地利用的遥感解译研究,然后利用地理探测器方法研究了山西省数字地形特征对土地利用空间分布的定量影响。在多年冻土的数值模拟与预测中,利用逻辑回归模型,首先通过地形数据和气象数据对祁连山多年冻土从 1960s 到 2000s 的空间分布及其动态变化进行了数值模型模拟,然后利用地形数据、地表覆被数据和多年平均气温数据对 1990s 到 2040s 期间祁连山多年冻土的空间分布进行了数值模型建模与预测。

《多源数字高程模型数据的精度评价与应用》一书是数字高程模型数据评价与应用方面的重要学术著作,它的出版可为基于 DEM 数据的相关应用提供一定程度上的保障,同时有助于进行数字地形分析时的数据源选择,DEM 数据在不同领域的应用研究则有助于扩大 DEM 数据的应用范围,加深人们对不同领域的认识和理解。

中国科学院院士

2021 年 2 月

序二

　　作为数字时代表征地表形态的重要载体,DEM 数据通过提取大量地形指标和复合地形属性,在地学及相关领域得到了广泛应用。一系列全球开放DEM 数据的陆续发布和版本的不断更新,为大区域乃至全球尺度的数字地形分析提供了重要的基础数据源;同时,新技术和新方法(如无人机、高分辨率遥感影像立体像对和激光雷达点云数据等)的大量使用,可为局部区域的研究和应用提供高时效性、高精度和高分辨率的 DEM 数据产品。

　　丰富的 DEM 数据源不仅促进了数字地形分析领域的快速发展,同时也极大地增加了 DEM 数据在不同领域的应用范围和深度;同时,大量的 DEM 数据也在一定程度上为基于 DEM 数据的应用带来了数据源选择上的困扰。

　　赵尚民博士及其课题组长期以来一直从事基于 DEM 数据的数字地形地貌分析的教学与科研工作,出版了《黄土高原地区数字地形地貌特征分析》《青藏高原高寒地貌格局与变化》《新疆地貌格局及其效应》等学术著作。近年来,赵博士及其课题组继续深入开展 DEM 数据的误差评价、建模、校正及其在不同领域应用的研究,新作《多源数字高程模型数据的精度评价与应用》既是这些研究成果的归纳与集成,同时也是之前学术著作的延续和发展。本书在研究多源数字高程模型的误差分布、对比、建模与校正的基础上,对数字高程模型数据在不同领域的应用进行了研究。这些研究在数字高程模型数据的数据源选择、误差评价和应用可信度评判等方面具有较为重要的科学意义和应用价值。

　　该专著基于多源数字高程模型数据和 ICESat/GLA14 数据,分析了不同版本 ICESat/GLA14 数据在高程数值上的差异及在不同地表条件下的分布;对比了资源三号卫星 DEM 数据与典型全球开放 DEM 数据在太原市的绝对误差和相对误差;分析了山西省典型全球开放 DEM 数据的误差在不同地形和土地利用状况下的分布;研究了 SRTM3 DEM V4 数据在典型黄土地貌类型中的分布状况;构建了黄土高原 ASTER GDEM V2 数据垂直误差不同等级分布的多分类逻辑回归模型;进行了陕北高原 SRTM3 DEM V4 垂直误差的多线性回归模型建模,并以此对垂直误差进行了校正和校正结果精度评价;分析了 ICESat/GLA14 数据在黄土高原典型水库水位变化监测中的应用;利用数字地形剖面和河网提取质量对山西省典型开放 DEM 数据的表现进行了对比分析。

在多源 DEM 数据应用方面,该专著利用几何要素和地形要素通过隶属函数对典型黄土地貌类型进行了定量识别;基于数字地形剖面分析对公格尔山的地形抬升特征进行了深入分析;基于典型山峰对青藏高原西北缘地质与地貌形态特征进行了对比;基于资源三号卫星 DEM 数据与高分遥感影像进行了辽宁省三维遥感影像图的制作研究;基于 SRTM1 DEM 数据并利用地理探测器方法研究了山西省数字地形特征对土地利用空间分布的定量影响;基于地形数据和气象数据对祁连山多年冻土从 1960s 到 2000s 的空间分布及其动态变化进行了数值模型模拟;利用逻辑回归模型并基于地形数据、地表覆被数据和多年平均气温数据对 1990s 到 2040s 期间祁连山多年冻土的空间分布进行了数值模型建模与预测。

该专著图文并茂、旁征博引,为读者展示了数字高程模型数据的误差分布及其在不同领域的应用研究成果,具有一定的创新性和前瞻性。从数字地形分析的视角,该专著有如下特色:

(1) DEM 数据评价中地形表达能力的对比。DEM 数据评价的根本目的在于为其应用提供高可信度和保障,该研究中在对 DEM 数据进行误差对比分析、数值建模和误差校正的基础上,利用水库水位变化、数字地形剖面和提取河网质量评价了 DEM 数据在地形表达能力上的差异,从而为 DEM 数据源选择和误差评价提供了另外一个视角。

(2) DEM 数据应用研究中逐步深入。在该书下篇关于 DEM 数据的应用研究中,从数字地形指标构建与分析到三维遥感影像图制作,再到土地利用空间分布及动态变化到多年冻土数值模拟与预测,DEM 数据的应用研究逐步深入,同时 DEM 数据越来越起到基础数据源的作用,在一定程度上反映了 DEM 数据在不同领域应用中的发展过程。

（3）DEM 数据的评价与应用相结合。该书将 DEM 数据的评价与应用两方面相结合进行研究，DEM 数据评价结果可以在一定程度上保障 DEM 数据应用结果的可信度，同时为 DEM 数据应用中数据源的选择提供参考，而 DEM 应用的研究结果又能反过来佐证 DEM 数据评价结果的合理性。DEM 数据评价与应用两方面研究耦合，可为今后的 DEM 相关研究提供参考和借鉴。

DEM 数据是测绘地理信息领域中重要的数字 4D 产品之一，且在 4D 产品中起基础和核心作用。该书关于 DEM 数据评价与应用的研究，成果丰富、重点突出、结构合理，可供地球信息科学及相关领域从事测绘、地理、遥感和地质等学科的科研人员及相关高等院校的教师和研究生参考使用。

中国科学院地理科学与
资源研究所研究员　　程维明

2021 年 2 月

前　言

　　DEM 数据在 20 世纪 50 年代末被美国 Chaires L. Miller 教授提出之后，在数字时代成为测绘地理信息领域典型的 4D 产品之一和重要的基础数据源，在国家国民经济以及国防建设多个领域如测绘、地理、水文、气象、地貌、地质、土壤、工程建设、通信、军事等方面发挥着越来越重要的作用。

　　随着地球系统科学的出现、地球观测系统的建设并逐步投入使用和研究领域越来越关注全球化，从 20 世纪 80 年代以来陆续涌现出一系列全球开放的 DEM 数据产品，如 ETOPO、GTOPO30、SRTM DEM、ASTER GDEM、AW3D30 DEM 和 TANDEM-X 等。同时，一些新技术和新方法（如无人机、卫星遥感影像立体像对和激光点云等）也开始大量使用，并在局部区域制作时效性好、精度和分辨率高的 DEM 数据成果。

　　众多 DEM 数据成果促进了数字地形分析领域快速发展，很好地满足了不同领域对地形要素数据的各种需求。然而，大量的 DEM 数据也带来了应用时选择上的困扰，如何根据不同需求选择合适的 DEM 数据在一定程度上影响了 DEM 数据的合理应用。同时，DEM 数据应用的保障是其精度和误差分布状况符合要求。因此，应用 DEM 数据开展相关科研和实践活动之前需对其精度和误差分布状况进行科学评价和合理对比分析。

　　鉴于此，本书在对多源数字高程模型数据进行误差对比与分析、误差建模与校正和应用对比与评价的基础上，介绍了多源数字高程模型数据在数字地形指标的建立与分析、三维遥感影像图的制作研究、土地利用分布与变化分析和多年冻土的数值模拟与预测这四方面的应用。全书分 3 篇共 9 章。

　　上篇为基础篇，包括第一章与第二章，其中第一章叙述了本书的研究背景，国内外研究进展，研究内容、目的和意义，以及技术路线与章节安排等内容；第二章为本研究的主要数据源,包括当前多源 DEM 数据和 DEM 评价与校正的主要数据源——ICESat/GLA14 数据。

中篇为评价篇,包括第三章至第五章,其中第三章主要对多源数字高程模型数据的绝对误差和相对误差及其分布进行对比与分析;第四章主要对多源数字高程模型数据的垂直误差进行建模与校正,并对校正结果进行精度评价;第五章主要进行多源数字高程模型数据在应用方面的对比与评价,包括水库水位的动态监测、数字地形剖面和提取的河网质量等不同方面。

下篇为应用篇,包括第六章至第九章,其中第六章主要进行了数字地形指标构建与分析,包括基于地形指标与隶属函数的典型黄土地貌定量识别、基于地形剖面的公格尔山地形抬升特征分析和基于典型山峰的青藏高原西北缘地质与地貌的形态特征分析等;第七章主要进行基于资源三号卫星 DEM 数据与高分辨率遥感影像的三维遥感影像图制作研究;第八章主要研究数字地形指标对土地利用空间分布及其动态变化的定量影响;第九章则利用逻辑回归模型对祁连山多年冻土的空间分布及其变化进行了数值模型模拟与预测分析。

全书由赵尚民负责撰写和定稿,武文娇硕士和王莉硕士提供了重要资料和数据。

本书的顺利出版,与众多老师、同事、学生和亲友们的大力支持和无私奉献是分不开的,特别是我的导师周成虎院士和程维明研究员为本书作序,章诗芳博士、梁宏艳硕士、马顶硕士、李姝贞硕士、赵恒洋硕士、齐丹宁硕士、刘娇硕士、周小宇硕士和王冠硕士等参加了文字校对和图件编辑的相关工作,在此向他们表达深深的敬意和感谢。

在本书的撰写过程中,始终得到科学技术部、山西省科学技术厅、国家自然科学基金委员会、辽宁省生态气象和卫星遥感中心、山西省太原生态环境监测中心等有关部门领导的大力支持,并得到国家重点研发计划(2017YFB0503603)、山西省自然科学基金面上项目(201901D111098)和国家自然科学基金项目(41631179、41771443、42130110)的资助,在此谨致谢忱。

DEM 数据的数据源众多,生产方式、获取时间和数据特点差异较大,且新的制作方法和获取手段不断涌现,大量 DEM 数据持续快速更新;同时,DEM 数据应用领域越来越广泛,研究区域也开始从地球扩展到太空如月球和火星等地区。这既是 DEM 数据评价与应用研究的重要机遇,同时也带来极大挑战。因此,书中疏漏之处在所难免,恳请广大同行专家和读者批评指正。另外,笔者承诺在本书中出现的一切学术问题,皆是由于笔者写作过程中不够谨慎所致,全部责任由笔者自行承担。

赵尚民

2021 年 2 月 7 日

目 录

下篇　应用篇

上篇　基　础　篇

第一章　绪　论

　　数字高程模型(digital elevation model,DEM)数据作为测绘地理信息领域数字时代的4D产品之一和基础核心产品,在地理、水文、气象、地貌、地质、土壤、工程建设、通信、军事等国民经济和国防建设领域有着广泛的应用(Moore et al.,1991;Yang et al.,2011;Wilson,2012;Zhao et al.,2019)。

　　然而,DEM数据的精度和误差分布状况符合要求是其在不同领域应用的保障(Drăgut et al.,2011;杜小平 等,2013;Zhao et al.,2020)。本书旨在对DEM数据的精度进行评价、对误差分布进行数值模型建模和校正的基础上,介绍笔者利用多源DEM数据在数值地形指标构建、遥感影像三维显示、土地利用分布动态变化和多年冻土数值模拟与预测等方面的应用研究。

　　因此,本章首先从本书的研究背景出发,在介绍数字高程模型数据评价与应用方面研究进展的基础上,揭示本书研究的目的、内容和意义,最后给出本书的技术路线与章节安排。

第一节　研究背景

　　DEM旨在利用有序、有限的位置高程数值矩阵实现对星球表面高程状态的数字化模拟。20世纪50年代末,为了进行高速公路的自动设计,美国麻省理工学院的Chaires L. Miller教授首次提出数字高程模型(DEM)的概念。随着计算机不断普及和人们对数字产品的需求快速增加,DEM数据迅速在国民经济和国防建设等各个领域的科研和实践活动中得到广泛应用,并发挥着越来越重要的作用。

　　在20世纪80年代以前,DEM数据一直被认为是对局部区域地形表面的数字化表达。随着地球系统科学的出现、地球观测系统(earth observing system,EOS)的建设并逐步投入使用和研究领域开始关注全球化,全球DEM数据需求在20世纪80年代之后显著增加。美国国家航空航天局因此组建地形科学工作组,并提出制作全球DEM数据集的建议。

　　美国国家地球物理数据中心(U.S. National Geophysical Data Center,NGDC)于1988年发布了第一个广泛使用的全球数字高程数据ETOPO5。ETOPO5的问世使世界各国特别是美国开始不断研发新的全球DEM数据成果,如GTOPO30 DEM系列、SRTM DEM系列、ASTER GDEM系列、AW3D30 DEM系列和TANDEM-X系列。将这些全球DEM

数据成果进行融合，可以生成更高质量的新的 DEM 数据成果，如 MERIT DEM 和 EarthEnv DEM 等。中国高分七号卫星于 2019 年 11 月 3 日在太原卫星发射中心成功发射，并于 2020 年 8 月 20 日正式投入使用。高分七号卫星是中国首颗民用亚米级光学传输型立体测绘卫星，能够获取高空间分辨率光学立体观测数据和高精度激光测高数据。另外，无人机、卫星立体像对（如 SPOT 卫星立体像对、资源三号卫星立体像对、ASTER 影像立体像对等）和激光点云等新技术也开始大量使用，在局部区域生成高质量、高精度和高时效性的 DEM 数据成果。

众多 DEM 数据成果促进了其在不同领域的广泛应用，满足了对其在不同状况下的应用需求。然而，大量的 DEM 数据也带来了选择上的困扰，如何根据不同情形选择合适的 DEM 数据在一定程度上阻碍了 DEM 数据的合理和科学应用。同时，DEM 数据的精度和误差分布状况符合要求是其正确应用的基础和重要保障。因此，在应用 DEM 数据开展相关科研和实践活动之前需对其精度和误差分布状况进行科学评价和合理对比分析。

鉴于此，本书拟在对当前多源数字高程模型数据进行精度评价、误差分布状况对比、数值模型建模模拟、误差校正和校正结果评价的基础上，介绍笔者利用 DEM 数据在不同领域如地质地貌、土地利用、遥感影像图制作和多年冻土数值模型模拟等方面应用的研究成果。

第二节　国内外研究进展

本书的研究内容主要包括数字高程模型数据的评价和应用两方面，因此研究进展也从数字高程模型数据的评价和数字高程模型数据的应用两方面进行论述。

一、数字高程模型数据评价的研究进展

由于受到技术、生产方式和其他因素的影响，不同 DEM 数据的精度和误差分布状况差异较大；即使是同一种 DEM 数据，在不同区域和不同地表状况下的精度和误差分布状况也有较大变化。DEM 数据应用的可靠性和保障性很大程度上取决于它的精度状况（Mukherjee et al.，2013；Barreiro-Fernández et al.，2016）。同时，DEM 数据误差可在其应用中不断传播和变大。

因此，在 DEM 数据精度与误差评价及对比等方面，科研人员进行了大量研究。如：Carabajal 等（2005）利用 ICESat/GLA14 数据对 SRTM DEM 数据的精度进行了验证；陈俊勇（2005）对 SRTM3 DEM 和 GTOPO30 的数据质量进行了对比和评价；Bhang 等（2007）则通过 ICESat/GLA14 和 Landsat-7 遥感影像对 SRTM 数据的精度进行了验证；杜小平等（2013）基于 ICESat/GLA14 数据对中国典型区域 SRTM 与 ASTER GDEM 的高程精度进行了评价；Dong 等（2015）对 ASTER GDEM 和 SRTM DEM 在中国东北地区的精度进行了对比分析；Satge 等（2016）不仅对比分析了 SRTM DEM 与 ASTER GDEM 的垂直精度，同时提供了绝对误差与相对误差的研究思路；赵尚民等（2016）基于地形图控制点数据，对 SRTM DEM 数据在黄土高原典型地貌区的误差分布进行了研究；武文娇等（2017）以山西省为实验区，基于 ICESat/GLA14 测高数据对 SRTM1 DEM 和 ASTER GDEM V2 数据的

垂直精度进行了对比;Zhao 等(2017)基于 ICESat/GLA14 数据构建了黄土高原 ASTER GDEM 数据的垂直误差分布模型;张玉伦等(2018)基于大比例尺地形图生成的 DEM 对 ASTER GDEM 和 SRTM DEM 数据在低山丘陵区的高程、坡度及坡向误差进行了定量分析;高志远等(2019)利用 ICESat/GLA14 数据研究了青藏高原 3 种全球 DEM 精度对坡度、坡向以及地形粗糙度等地形因子的响应规律;赵尚民等(2020b)基于激光点云生成的高精度 DEM 数据,对资源三号卫星生成的 DEM 数据与典型的全球开放的 DEM 数据(AW3D30、SRTM1 和 ASTER GDEM)在太原地区的绝对误差与相对误差分布状况进行了对比。

由于误差对比分析的目的在于获取 DEM 数据在数字地形分析中的可靠程度,因此,除了误差对比分析外,研究人员还对 DEM 数据在数字地形分析中的表现进行了深入研究,如:汤国安等(2006)在 DEM 质量评价中提出等高线套合差的研究思路;刘远等(2012)则在韩江流域对全球开放 DEM 数据中河网提取的研究进行了应用实践;赵尚民等(2009)利用 SRTM3 DEM V4 数据构建的数字地形剖面图对公格尔山的地形梯度特征进行了深入分析;Cheng 等(2013)利用 SRTM DEM 分析了青藏高原西北缘地貌带的地形剖面特征;Zhao 等(2014)利用 SRTM DEM 数据构建的坡谱指标探索了黄土高原典型地貌之间的转换关系;Satge 等(2016)对南美地区基于 SRTM DEM 数据提取的河网与高分辨率遥感影像获得的水系进行了对比分析;武文娇等(2018b)利用 ICESat/GLA14 数据对黄土高原地区典型水库的水位变化进行了动态监测。

除了 DEM 数据误差对比分析方面的研究外,研究人员在 DEM 数据的校正与融合方面也进行了一系列研究。如:在全球开放 DEM 数据校正方面,Zhao 等(2011)利用 SRTM3 DEM 对 ASTER GDEM 数据在黄土高原的校正使其均方根误差从±7.95 m 提高到±5.26 m;Zhao 等(2017)基于 ICESat/GLA14 数据利用四种方法对吕梁山地区 ASTER GDEM V2 数据进行了校正,并根据校正结果对不同校正方法进行了对比;Zhao 等(2020)通过数值建模对 SRTM3 DEM V4 数据在陕北高原地区进行了校正,其结果是均方根误差从校正前的±20.6 m 提高到校正后的±9.6 m。

关于 DEM 数据的融合,在局部区域融合的研究有:Crook 等(2012)提出了两种数据进行线性融合的数值模型;Yue 等(2015)提出了利用规则化超分辨率方法进行多尺度 DEM 数据的融合,此方法能够同时处理复杂地形特征、噪声和数据空洞,并在实践中进行了应用;Yue 等(2017)基于 ICESat/GLA14、SRTM DEM 和 ASTER GDEM 数据,在局部区域进行了高质量无缝 DEM 数据的融合生成研究。在全球范围进行 DEM 数据融合的代表性研究主要有 Robinson 等(2014)基于 ASTER GDEM 与 SRTM DEM 数据融合生成的全球 Earth-Env DEM 产品,以及 Yamazaki 等(2017)利用 SRTM DEM 与 AW3D30 DEM 数据融合生成的 MERIT DEM 全球产品。

由于 DEM 数据的精度评价和误差分布分析等相关研究是 DEM 数据应用的基础和保障(Polidori et al.,2020),长期以来,科研人员在这方面开展了大量的研究。本书着重介绍笔者及课题组在这方面的一些相关研究进展,期望能为研究人员今后在情形相近区域开展相似研究提供一定的参考和借鉴。

二、数字高程模型数据应用的研究进展

DEM 数据是表达地表形态特征的基础数据源,基于 DEM 数据的分析被称为数字地形分析。利用 DEM 数据可以提取大量复合地形属性,如坡度、坡向、起伏度、地形湿度指数、太阳辐射指数和水流强度指数等,从而在地学及相关领域得到广泛应用(杨昕 等,2009)。这里以地貌、地质、水文、土壤、灾害、土地利用、林业和气象等领域为例(汤国安,2014),简单介绍一下 DEM 数据在这些领域的应用状况。

地貌是地球表面各种起伏形态的总称(周成虎 等,2009)。DEM 数据作为研究地貌的基础和重要数据源,在地貌分类、制图和不同地貌类型的研究中发挥着重要作用。如:Siart 等(2009)利用 DEM 数据、高分辨率遥感影像和 GIS(Geographic information system,地理信息系统)进行了希腊地中海喀斯特地区地貌图的编制研究;周成虎等(2010)利用 DEM 数据提出了中国 1∶100 万数字地貌图的数值分类方法,并以此编制了《中华人民共和国地貌图集》;Bailey 等(2007)利用 SRTM DEM 数据对智利北部火山地貌区域的形态和沟谷源头进行了深入分析;Zhao 等(2012,2019)基于地形数据和气象数据对祁连山地区多年冻土地貌的空间分布进行了数值模拟与预测研究。

DEM 数据在地质的相关研究中得到广泛应用,如:基于 DEM 数据和遥感影像生成地貌三维影像图,能够生动地展示岩性单元和地质构造信息,在地质调查中发挥了重要作用(Yang et al.,2011;李胤 等,2015);利用 DEM 数据,对山前断裂区域的活动构造进行定量研究(宿渊源 等,2015);基于 DEM 数据生成的立体地形图,以基础地质为背景总结区域的成矿规律并进行成矿预测(张彤 等,2009)。

地表形态变化导致水文特征分布的空间差异(汤国安,2014)。基于 DEM 数据,研究人员在静态水文特征分析和动态水文过程模拟两个方面进行了大量研究,提出了一系列对应的水文模型,获得了重要研究成果(任立良 等,2000;万民 等,2010;Li et al.,2011;高超 等,2012)。在数字流域研究上,研究人员进行了侵蚀产沙量的计算(刘家宏 等,2007);在古河道重建方面,Hillier 等(2007)利用 DEM 和遥感影像数据对尼罗河流域卢克索地区的河道快速迁移过程进行了描述;在湖泊的演化和重建方面,Reinhardt 等(2008)利用 SRTM DEM 数据构建了咸海全新世的水位模型。

在土壤调查与研究领域,通过 DEM 数据提取地表形态特征进而推断土壤性状,已成为重要的研究手段之一。如基于 DEM 数据设计土壤采样方案和土壤制图(杨琳 等,2011),进行地形湿度指数的计算及应用(张彩霞 等,2005;秦承志 等,2006),在土壤多样性(毕如田 等,2013)和土壤侵蚀中的应用研究(杨勤科 等,2009;郭明航 等,2013)等。

DEM 数据为自然灾害评价和建模提供了重要的基础数据源。Demirkesen 等(2007)利用 DEM 数据对土耳其伊兹密尔地区的海滨洪水灾害进行了分析和评价;Hubbard 等(2007)利用 DEM 数据进行了墨西哥火山泥流淹没区域的制图;Su 等(2017)利用 DEM 数据进行了霍西煤田滑坡灾害的敏感性分析和建模。另外,DEM 数据还在地震、崩塌等地质灾害研究中发挥着重要作用。

地形要素在土地利用的空间分布格局及特征方面具有明显的控制作用。刘军等(2009)利用 DEM 数据研究了耕地坡度分级量算方法;梁发超等(2010)基于地形梯度对土地利用类型的分布特征进行了深入分析;王琳等(2017)基于 DEM 数据统计了可获取的耕地;赵尚民(2020a)利用地理探测器方法定量分析了数字地形特征对土地利用空间分布的影响。

DEM 数据在林业小班调查、树高估测、林火模拟等领域中发挥了重要作用。如:吴显桥(2017)基于 DEM 数据建立三维景观图不仅有利于调查林业小班,同时可快速提取小班的地形因子,如平均海拔、坡度和坡向等;冯琦等(2016)利用双天线 InSAR 数据进行了森林树高估测方法和精度的评价;王晓晶等(2007)通过将 DEM 数据与影响林火蔓延的可燃物因子相结合,进行了林火行为的三维模拟。

高程、坡度和坡向等地形因子严重影响着局部区域的水热分配,从而对其气象要素的时空分布产生重要影响。如:杨昕等(2004)利用 DEM 数据构建了山地总辐射模型;郝成元等(2009)利用气候学和 DEM 数据对山区太阳总辐射空间化进行了计算;潘耀忠等(2004)利用 DEM 数据进行了中国陆地多年平均温度插值方法的研究;莫申国等(2007)基于 DEM 数据对秦岭的温度场进行了数值模拟;刘智勇等(2010)进行了榆林市降水的空间插值分析;Zhao 等(2012,2019)在祁连山地区多年冻土数值模拟中利用地形等要素构建了气象要素的回归模型。

数字高程模型数据在不同领域的多个方面得到广泛和深入应用。本书旨在介绍笔者及课题组利用数字高程模型数据,在数字地形指标构建与分析、土地利用分布与变化、三维遥感影像图制作和多年冻土地貌空间分布的数值模型模拟与预测等方面的研究。本书关于数字高程模型应用的研究不仅可以扩大 DEM 数据的应用范围,同时可为未来进行相关的应用提供参考和借鉴。

第三节　研究目的、内容与意义

一、研究目的

本研究旨在对多源数字高程模型数据进行深入评价的基础上,介绍多源数字高程模型数据在不同领域应用的研究成果。

二、研究内容

根据研究目的,本研究的研究内容包含多源数字高程模型数据评价与应用两方面内容。

多源数字高程模型数据评价主要对其精度和误差空间分布状况进行评价,并在此基础上进行误差空间分布的数值建模与误差校正,同时对数字高程模型数据在应用上的性能与表现进行对比分析。

多源数字高程模型数据应用主要介绍笔者利用数字高程模型在不同领域的应用研究成果,如数字地形指标在地貌领域的应用、土地利用方面的应用、遥感影像图制作方面的应用和多年冻土数值模拟与预测方面的应用等。

三、研究意义

（1）通过对多源数字高程模型数据的精度评价、误差空间分布数值建模及校正研究，不仅为其他条件相似区域的数字高程模型的精度评价和误差校正研究提供借鉴与参考，同时为基于数字高程模型数据的相关应用提供了一定程度上的可靠性保障。

（2）随着科研和应用中对数字高程模型数据需求的增加，大量的数字高程模型数据不断涌现，一系列全球开放的 DEM 数据相继发布并不断推出分辨率更高、精度更好的新版产品，基于无人机、遥感卫星和激光点云等新技术生成的 DEM 数据大量出现，本研究中关于数字高程模型数据精度评价和误差分布的研究可在一定程度上为数字高程模型数据选择提供参考，有助于解决多重 DEM 数据源选择上的困扰。

（3）本研究介绍了 DEM 数据在地质地貌、土地利用、三维遥感影像图制作和多年冻土模拟等方面的应用，在一定程度上扩大了 DEM 数据的应用范围，加深了 DEM 数据在不同领域应用的认知与理解，同时为 DEM 数据在其他条件相近区域进行相关研究提供了重要参考。

第四节　技术路线与章节安排

一、技术路线

参照研究内容，本书研究的技术路线如图 1-1 所示。

（一）多源数字高程模型数据的评价中的内容

多源数字高程模型数据的评价主要包含多源数字高程模型数据的误差对比与分析、误差建模与校正和应用对比与评价三方面内容。

在多源数字高程模型数据的误差对比与分析中，不仅对太原市资源三号卫星 DEM 数据与典型全球开放 DEM 数据的绝对误差和相对误差进行了对比分析，同时对山西省典型全球开放 DEM 数据的绝对误差和相对误差在不同地貌类型、海拔高度等级、坡度等级和土地利用类型中的分布进行了对比分析，并研究了 SRTM3 DEM V4 数据在黄土高原典型地貌区的误差分布状况。

在多源数字高程模型数据的误差建模与校正中，不仅构建了黄土高原地区基于 ICESat/GLA14 数据的 ASTER GDEM V2 数据的像素尺度上垂直误差不同等级分布的多分类逻辑回归模型，同时在陕北高原地区进行了 SRTM3 DEM V4 像素尺度上垂直误差的多线性回归模型建模，并以此对垂直误差进行了校正，进而对校正结果进行了精度评价。

在多源数字高程模型数据在应用方面的对比与评价中，首先分析了 ICESat/GLA14 数据在黄土高原典型水库水位变化监测中的应用，同时对山西省典型全球开放 DEM 数据进行了基于地形剖面的对比分析，最后基于河网提取质量对山西省典型全球开放 DEM 数据进行了对比分析。

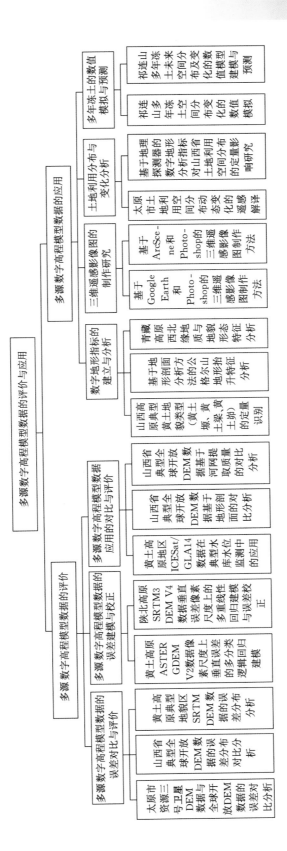

图1-1 本书的技术路线

（二）多源数字高程模型数据的应用中的内容

多源数字高程模型数据的应用主要包含数字地形指标的建立与分析、三维遥感影像图的制作研究、土地利用分布与变化分析和多年冻土的数值模拟与预测四方面内容。

在数字地形指标的建立与分析中，首先基于几何要素和地形要素利用隶属函数对山西高原典型黄土地貌类型（黄土塬、黄土梁和黄土峁）进行了定量识别，然后基于地形剖面分析方法对青藏高原西北缘公格尔山的地形抬升特征进行了分阶段分析，最后通过确定青藏高原西北缘的典型山峰，利用地形剖面分析方法对地质与地貌的形态特征进行了分段分析。

在三维遥感影像图的制作研究中，通过将基于 Google Earth 和 Photoshop 联合的方法与基于 ArcScene 和 Photoshop 联合的方法进行对比，进行了辽宁省典型区域基于高分影像与资源三号卫星 DEM 数据的三维遥感影像图制作研究。

在土地利用分布与变化分析中，首先基于 Landsat 遥感影像目视解译与野外调查对太原市 2016 年的土地利用空间分布进行了遥感解译，并对 2015 年和 2016 年之间的土地利用动态变化进行了分析，然后基于地理探测器方法利用数字地形指标对山西省土地利用空间分布的影响进行了定量分析。

在多年冻土的数值模拟与预测研究中，基于逻辑回归模型，首先通过地形数据和气象数据对祁连山多年冻土从 1960s 到 2000s 的空间分布及其动态变化进行了数值模型模拟，然后利用地形数据、地表覆被数据和多年平均气温数据对 1990s 到 2040s 期间祁连山多年冻土的空间分布进行了数值建模与预测。

二、章节安排

根据研究内容和技术路线，本书共包括上、中、下三篇，分别为基础篇、评价篇和应用篇。其中基础篇包含两章，评价篇包含三章，应用篇包含四章，因此全书共有九章。

（一）基础篇

基础篇包括第一章和第二章。

第一章为绪论，主要介绍本书的研究背景，国内外研究进展，研究目的、内容与意义，技术路线与章节安排等。

第二章为主要数据源，首先介绍当前典型的数字高程模型数据，然后对数字高程模型数据评价与校正的主要数据源——ICESat/GLA14 数据的获取、处理与不同版本间的差异进行深入分析。

（二）评价篇

评价篇包括第三章、第四章和第五章。

第三章为多源数字高程模型数据误差对比与评价。首先对太原市资源三号卫星 DEM 数据与典型全球开放 DEM 数据的误差进行对比分析，然后对山西省典型全球开放 DEM 数据的绝对误差和相对误差进行对比分析，最后对 SRTM3 DEM V4 数据在黄土高原不同黄土地貌类型下的误差分布状况进行对比分析。

第四章为多源数字高程模型数据误差建模与校正。首先构建了 ASTER GDEM V2 数据像素尺度上垂直误差的多分类逻辑回归模型，然后进行了 SRTM3 DEM V4 数据像素尺度上垂直误差的多线性回归模型建模，并对 SRTM3 DEM V4 数据的垂直误差进行了校正和精度评价。

第五章为多源数字高程模型数据应用的对比与评价。首先分析了 ICESat/GLA14 数据在水库水位变化监测中的应用,然后基于地形剖面对典型全球开放 DEM 数据进行了对比分析,最后基于河网提取质量对典型全球开放 DEM 数据进行了对比分析。

(三)应用篇

应用篇包括第六章、第七章、第八章和第九章。

第六章为数字地形指标的建立与分析。首先基于数字地形指标和隶属函数对典型黄土地貌类型进行了定量识别,然后基于地形剖面分析方法对公格尔山的地形抬升特征进行了分析,最后对青藏高原西北缘典型山峰的地质与地貌的形态特征进行了对比分析。

第七章为三维遥感影像图的制作研究。首先确定三维遥感影像图制作的典型制图区域和数据源,然后对三维遥感影像图的制作方法进行对比研究,最后介绍基于制作方法生成的三维遥感影像图成果。

第八章为土地利用分布与变化分析。首先基于 2015 年土地利用数据和遥感影像对太原市 2016 年土地利用空间分布进行遥感解译,然后基于地理探测器方法定量分析数字地形指标对土地利用空间分布的影响。

第九章为多年冻土的数值模拟与预测研究。首先对祁连山多年冻土从 1960s 到 2000s 的空间分布及其动态变化进行数值模型模拟,然后利用地形数据、地表覆被数据和多年平均气温数据对 1990s 到 2040s 期间祁连山多年冻土的空间分布进行数值模型模拟与预测。

第二章　主要数据源

本书旨在对多源数字高程模型（DEM）数据进行评价，并以此介绍笔者基于 DEM 数据在不同领域的应用研究。因此，本章首先介绍笔者在进行多源 DEM 数据评价和应用时常用的 DEM 数据；考虑到 ICESat/GLA14 数据是进行 DEM 数据评价时的一种重要数据源，因此对 ICESat/GLA14 数据的获取、处理与评价进行着重介绍。

第一节　多源数字高程模型（DEM）数据

DEM 数据由美国麻省理工学院的 Chaires L. Miller 教授于 1958 年首次提出，主要用于高速公路的自动设计。随着计算机技术的快速发展和人类进入数字时代，DEM 数据成为重要的基础测绘产品，并在地理、水文、气象、地貌、地质、土壤、工程建设、通信、军事等国民经济和国防建设领域有着广泛的应用。

进入 20 世纪 80 年代之后，越来越多的研究和应用开始关注全球变化，对于全球 DEM 数据的需求日益显著。美国国家地球物理数据中心（NGDC）发布第一款全球开放的 DEM 数据之后，全球开放 DEM 数据在数字地形分析及相关应用领域发挥着越来越重要的作用。

全球开放 DEM 数据是本书研究的重要数据源，本节首先介绍典型的全球开放 DEM 数据，同时对其他的 DEM 数据，特别是与本研究相关的 DEM 数据进行简单介绍。

一、典型全球开放 DEM 数据

全球比较著名的开放 DEM 数据有 ETOPO、GTOPO30、SRTM DEM、ASTER GDEM、TanDEM-X 和 AW3D30 DEM 等，以及基于上述 DEM 数据融合生成的一些全球 DEM 数据，如 MERIT DEM 数据和 EarthEnv DEM 数据等。

（一）ETOPO 数据

1988 年，NGDC 发布了第一个全球广泛使用的数字高程模型数据，它按照 5 弧分（赤道处约 10 km）经纬度网格提供陆地和海洋高程，因此被称为 ETOPO5。

NGDC 于 2001 年、2006 年陆续发布了 ETOPO2 的两个版本，提供 2 弧分经纬度网格的陆地和海洋高程。这两个版本分别为 Ice Surface 和 Bedrock，两个版本差别在于处理南极洲和格陵兰岛区域数据时，Ice Surface 给出的是加上冰盖层之后的高程，Bedrock 给出的是岩床的高程。

2008 年 8 月,NGDC 发布了 ETOPO1 版本,提供全球范围 1 弧分经纬度网格分辨率的陆地和海洋高程。ETOPO1 是目前唯一可以免费使用的提供海洋高程的全球 DEM 数据,其提供的全球高程分布如图 2-1 所示。

图 2-1　全球 ETOPO1 高程分布

由图 2-1 可以看出:ETOPO1 可以比较精细地刻画出全球海拔分布,其全球海陆一体化分布的数据特点使其在很多领域得到广泛应用。

（二）GTOPO30 数据

GTOPO30 数据是水平分辨率为 30 弧秒(赤道处约 1 km)的全球数字高程模型数据,它是美国地质调查局(USGS)的地球资源观测和科学中心的工作人员根据矢量和栅格的地形信息历时三年于 1996 年年底处理完成的。

GTOPO30 数据范围是 90°S～90°N、180°W～180°E,它是覆盖全球的数据集,垂直精度约为 30 m(陈俊勇,2005)。其平面坐标系采用 WGS-84 参考的地理投影,以经纬度的度为单位,垂直坐标以米为单位,代表高出海平面的高度。高程数据范围从 −407 m 到 8 752 m。它的出现是为了满足大区域或大洲尺度地形数据用户的需要。由于这个原因和数据分发的方便,全球 GTOPO30 数据被分割成 33 个小的区域,如图 2-2 所示。

在图 2-2 所示全球 GTOPO30 的 33 个区域中,每个区域的下载数据包里包括 DEM 文件、头文件、世界文件、统计文件、投影文件、地势晕渲图、源图、源图的头文件等。通过这些文件,可以对一个区域的地势有比较详细的了解。

由图 2-2 可以看出:GTOPO30 虽然可以比较清晰地表达全球高程,但是主要是在陆地区域,海洋中是没有数据的。尽管如此,其由于较高的分辨率和较大的覆盖范围,依然在多个领域得到广泛应用。

（三）SRTM DEM 数据

SRTM DEM 数据是美国国家航空航天局(NASA)和美国国防部国家测绘局(NIMA)于 2000 年 2 月利用航天飞机雷达地形测绘使命(SRTM)联合测量完成的。它采用同轨干涉合成孔径雷达(InSAR)立体测绘技术,是一个接近全球的数字高程模型数据,主要覆盖范围

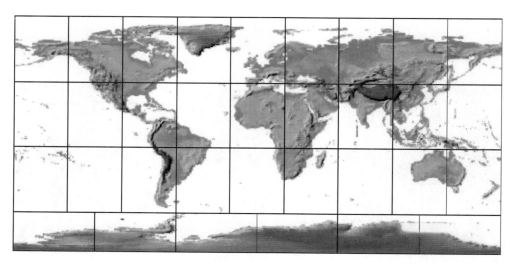

图 2-2　全球 GTOPO30 数据分区图

为56°S～60°N 之间的所有陆地区域,这包括了全球几乎 80% 的陆地范围,如图 2-3 所示。

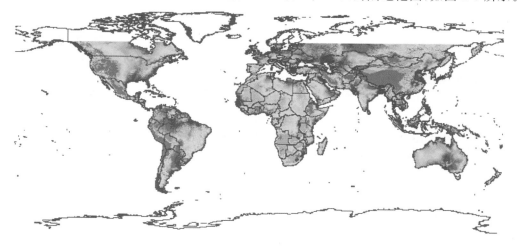

图 2-3　SRTM DEM 数据在全球的分布

　　SRTM DEM 数据的水平分辨率为 1 弧秒(在赤道处约为 30 m),称为 SRTM1 DEM。在 2002 年 SRTM DEM 数据开始免费发布时,美国境内的 SRTM1 DEM 数据可以免费下载;在全球其他地方,将 SRTM1 DEM 中每 9 个相邻像素合并为 1 个像素,取这 9 个像素的平均值作为新像素的值,从而生成一个分辨率为 3 弧秒(赤道处约为 90 m)的 SRTM3 DEM 数据。原始的 SRTM1 DEM 和 SRTM3 DEM 数据可以在美国地质调查局(USGS)网站上免费下载。中国境内的数据在 Eurasia(欧亚大陆)目录下,每经纬度方格一个文件。

　　在雷达影像上一些纹理特征信息不充分的地区,如高山地区,或者水体区域,无法生成三维高程数据,从而形成无数据区。无数据区的存在严重影响了 SRTM DEM 数据的广泛研究和应用。因此,国际农业研究咨询小组(CGIAR)下的空间信息协会(CGIAR-CSI)通过实验,选择合理的算法并利用其他的 DEM 数据对 SRTM 原始数据的无数据区进行了修复,从而消除 SRTM DEM 数据的无数据区,形成连续的无缝拼接的 DEM 数据。

本研究选用的 SRTM3 DEM 大部分是经 CGIAR-CSI 处理的第 4 版(Version4)数据,它是最新处理的数据,不仅消除了无数据区,保证了数据的连续和无缝拼接,并且采用了新的算法和 DEM 修复数据,保证了数据的质量。修复后的 SRTM3 DEM 数据水平分辨率为 3 弧秒(约 90 m),垂直误差不超过 16 m(90％置信水平)。为了方便使用和下载,这些数据被切割成 5°×5°大小的方块,并且数据块之间是"无缝的",从而保证了数据镶嵌的质量。

SRTM DEM 是当时世界上精度最高的 DEM 产品,并在地形分析领域产生重要影响。随着 SRTM3 DEM V4 数据的巨大成功,USGS 于 2015 年免费发布了全球 1 弧秒的 DEM 产品,即 SRTM1 DEM,但是没有对 SRTM DEM 数据中的"空洞区域"进行修复。

2020 年 2 月 18 日,美国国家航空航天局(NASA)基于 SRTM1 DEM 数据,通过处理改进、高程控制、在空洞处用 ASTER GDEM 填充等方法,发布了全新的全球 1 弧秒分辨率 DEM 数据——NASA DEM。在可预见的未来,NASA DEM 将是分辨率最高、质量最好的 DEM 产品之一。

（四）ASTER GDEM 数据

ASTER GDEM 数据是 NASA 和日本经济产业省(METI)于 2009 年 6 月共同推出的地球电子地形数据(先进星载热发射和反射辐射仪全球数字高程模型)。该数据是根据 NASA 的新一代对地观测卫星 Terra 搭载的 ASTER 传感器的 3N 和 3B 详尽观测结果制作完成的,因此称为 ASTER GDEM。ASTER GDEM 是通过对存档的 150 万景 ASTER 数据进行处理,通过立体相关生成 1 264 118 个基于独立场景的 ASTER DEM 数据,再经过去云处理,除去残余的异常值,最后取平均值生成的。

NASA 和 METI 发布的 ASTER GDEM 数据覆盖从 83°S～83°N 之间的所有陆地区域,占全球陆地区域的99％。它的水平分辨率为 1 弧秒(赤道处约 30 m),垂直精度 20 m (在 95％置信水平上),水平精度 30 m。在水平分辨率及覆盖区域上,ASTER GDEM 均优于 SRTM3 DEM,其空间分布如图 2-4 所示。

图 2-4　ASTER GDEM 数据在全球的分布

经过处理的 ASTER GDEM 数据被分割成 1°×1°大小,可以进行分区域下载。受到云、边界堆叠等因素影响,ASTER GDEM V1 数据精度不太理想。在 ASTER GDEM V1 数据的基础之上,新增了 26 万光学立体像对数据,并采用新的算法,NASA 和 METI 于 2011 年 10 月发布了 ASTER GDEM V2 数据;同时,2019 年 8 月,在 ASTER GDEM V2 数据的基础之上,新增了 36 万光学立体像对数据,发布了 ASTER GDEM V3 数据。

(五)TanDEM-X 数据

TanDEM-X 由德国航空航天中心(DLR)和 EADS Astrium(欧洲宇航防务集团阿斯特里姆公司)合作,基于 Terra SAR-X 卫星平台,由两个几乎完全相同的卫星编队飞行而组成 SAR 干涉仪对,二者间隔 120~500 m,由此产生的全球数字高程模型(DEM)。TanDEM-X 任务的主要目标是绘制一张质量均匀、精度空前的地球表面精确三维地图。数据采集于 2015 年 1 月完成,全球 DEM 的生产于 2016 年 9 月完成,如图 2-5 所示。

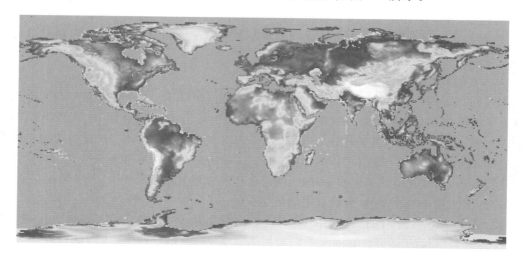

图 2-5　TanDEM-X 数据在全球的分布

图 2-5 所示是 TanDEM-X 数据在全球的分布状况,其绝对高度误差约为 1 m,比 10 m 要求高一个数量级。目前可以下载的 TanDEM-X 90 m(3 弧秒)DEM 是从全球数字高程模型(12 m,0.4 弧秒)中派生出来的产品,像素间距降为 3 弧秒,大约相当于赤道上的 90 m。

(六)AW3D30 DEM 数据

AW3D30 DEM 数据来自日本宇宙航空研究开发机构(JAXA)发射的 ALOS 卫星搭载的全色遥感立体测绘仪(PRISM),此传感器主要用于数字高程测绘。它于 2006 年发射,2011 年失效。PRISM 传感器全球区域获取的光学立体像对数量分布如图 2-6 所示。

JAXA 基于 PRISM 传感器采集的共计 300 万个场景的光学立体像对数据,于 2016 年对外发布了 AW3D 产品,它是全球第一个 5 m 分辨率的全球 DSM(digital surface model,数字地表模型)产品(部分区域可提供 0.5 m、1 m、2 m、2.5 m 等不同分辨率的 DSM 数据产品)。经过全球范围验证,AW3D 产品的高程误差全球范围平均 3.4 m 左右。AW3D 产品是一个商业产品,使用是需要付费的。因此,JAXA 采用重采样技术基于 AW3D 生成了 30 m 分辨率的全球 DSM 产品——AW3D30 DEM,供全球用户免费下载使用。由于是重采样

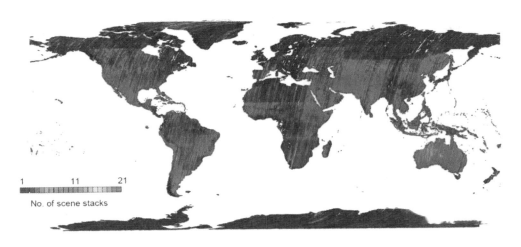

图 2-6　PRISM 传感器全球区域获取的光学立体像对数量分布

自 5 m 分辨率的 AW3D 产品,因此 AW3D30 DEM 被认为是 30 m 尺度上精度最高的全球免费 DEM 产品,其在全球的空间分布如图 2-7 所示。

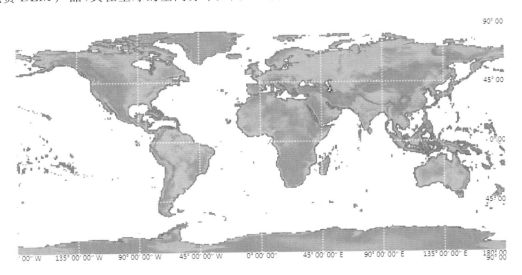

图 2-7　AW3D30 DEM 数据在全球的分布

图 2-7 所示是 2021 年 1 月最新发布的 AW3D30 DEM V3.2 版本的全球 DEM 数据,它对 2016 年发布的 V1.0 版本进行了一系列修复,主要通过更多的数据源和更先进的算法来修复空洞和海陆界线。

由图 2-7 可以看出:最新生成的 AW3D30 DEM 数据覆盖全球陆地,地形表达细腻,且无空洞。

（七）MERIT DEM 数据

MERIT DEM 数据是 Yamazaki 等(2017)以 SRTM3 DEM V4 和 AW3D30 DEM 为数据源,在去除了多重误差要素(绝对偏差、条带噪声、斑点噪声和树高偏差等)后形成的。

MERIT DEM 空间分辨率为 3 弧秒(赤道处约 90 m),基于 EGM96 椭球体,覆盖 90°N～60°S的陆地区域,如图 2-8 所示。

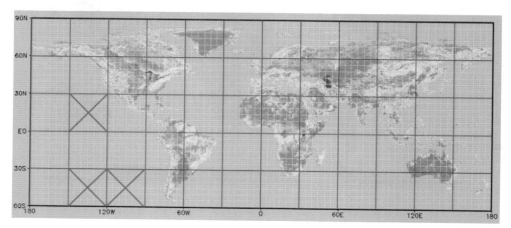

图 2-8　MERIT DEM 数据在全球的分布

（八）EarthEnv DEM 数据

EarthEnv DEM 由 Robinson 等(2014)研制,它基于 WGS-84 椭球体,由 SRTM3 DEM V4.1 和 ASTER GDEM V2 数据融合而成。空间分辨率 90 m,覆盖全球陆地约 91％的区域。

EarthEnv DEM 通过将输入数据无缝拼接融合、消除空洞和噪声等处理,最终成为高分辨率、高质量、近乎全球分布的新的开放 DEM 数据产品。

二、其他 DEM 数据

除了典型的全球开放 DEM 数据成果外,还有利用其他方法生成的重要的 DEM 数据产品,如基于地形图生成的 DEM 数据、利用 ASTER 立体像对生成的 DEM 数据、基于资源三号卫星立体像对生成的 DEM 数据和利用激光点云生成的 DEM 数据等。

（一）基于地形图生成的 DEM 数据

在全球开放 DEM 数据广泛应用之前,由地形图生成 DEM 数据是获取 DEM 产品并加以利用的最广泛的方法。

对于地形图数据,很多时候获取的都是扫描图,在扫描图上可以看到图名、图幅号、比例尺、图例、成图时间、平面和高程坐标系统等信息。其中最重要的是根据地形图的比例尺来确定其对应的投影系统:1∶1 万及大于 1∶1 万比例尺的地形图一般采用高斯-克吕格 3°分带投影,1∶2.5 万到 1∶50 万比例尺的地形图一般用高斯-克吕格 6°分带投影,小于1∶50万比例尺的地形图一般用兰伯特投影。

在确定了地形图的投影之后,需要对扫描的地形图进行校正,接下来进行矢量化,获得地形图上的地形信息,如等高线、控制点和陡坎等,如图 2-9 所示。

图 2-9 中的地形图来自国家基础地理信息中心免费提供的地形图样品数据。

利用图 2-9 中的地形信息,首先利用工具生成表达地形的不规则三角网(triangulated irregular network,TIN),如图 2-10 所示。

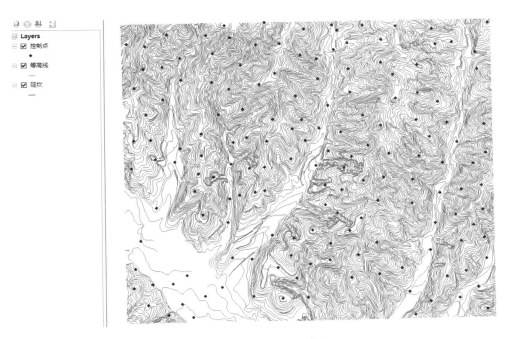

图 2-9 地形图上的地形信息

图 2-10 基于地形信息生成的 TIN

对图 2-10 所示的 TIN，利用"TIN to Raster"工具，即可将生成的 TIN 转成常用的 DEM 数据。

（二）利用 ASTER 立体像对生成的 DEM 数据

美国地质调查局（USGS）提供了免费下载 ASTER 遥感影像的途径。基于下载的 AS-TER 遥感影像生成立体像对，并进行处理，可以获得对应区域的 DEM 数据，如图 2-11 所示。

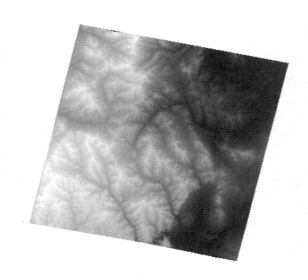

图 2-11　基于 ASTER 立体像对生成的 DEM 数据

图 2-11 所示为基于 ASTER 立体像对生成的太原市东山地区的 DEM 数据。利用 AS-TER 立体像对生成的 DEM 数据与 ASTER GDEM 数据相比,时间更加明确和清晰;但由于使用立体像对的数目比 ASTER GDEM 要少,因此质量会有一定程度的下降。

（三）基于资源三号卫星立体像对生成的 DEM 数据

资源三号(ZY-3)卫星是中国第一颗自主研制的民用高分辨率立体测绘卫星,通过立体观测可以获得区域 1:5 万的地形图和对应的 DEM 数据。

首先基于 2.1 m 和 3.5 m 空间分辨率的立体像对(即 ZY-3 NAD 和 ZY-3 DLC 数据),利用网络分布式并行与多核并行计算及匹配技术获取具备坐标信息的三维密集点云,并通过三维密集点云融合与地形提取技术获得初步 DSM。以区域网平差生成的 DOM 成果为平面定位控制检验依据,以 TerraSAR 生成的 World DEM 数据为高程控制检验依据,对平面精度、高程精度、异常值、云区、水域、道路等进行检查,最终辅以智能化的人机交互编辑等手段生成合格的资源三号 DEM 数据。最终生成的 DEM 数据空间分辨率为 5 m,平面中误差小于 5 m,高程中误差小于 8 m(赵尚民 等,2020b)。

（四）利用激光点云生成的 DEM 数据

利用激光点云可生成区域的高精度 DEM 数据,从而成为 DEM 精度验证的基准数据,以徕卡公司的机载激光扫描系统 ALS60 为例。

ALS60 每秒可发射 20 万个激光点,可以高精度地获取高密度激光点云(原始激光点在地面间隔旁向可以达到 0.1 m 甚至更小)。同时,ALS60 具有多次回波记录功能,这些系统记录的回波信息可以是地物顶部、底部以及其间的任何位置,每个回波同样有三维坐标记录。通过激光点云检校、GPS/IMU 解算和处理生成的参考 DEM 数据的空间分辨率为 5 m。在生成太原市高精度 DEM 时,通过将 3 269 个野外检查点高程与参考 DEM 数据对应位置的内插高程值进行对比,差值基本呈正态分布,高程精度(中误差)为 0.15 m,如图 2-12 所示(赵尚民 等,2020b)。

由图 2-12 可以看出:利用激光点云生成的高精度 DEM 数据能够清晰地看到地形细节

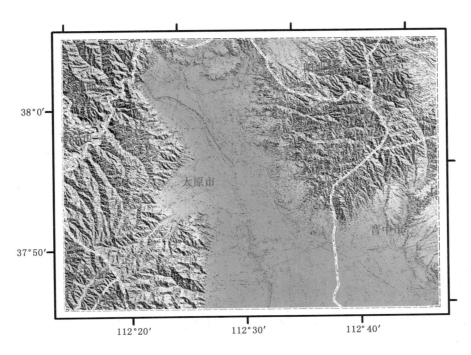

图 2-12　利用激光点云生成的高精度 DEM 数据

信息,如太原盆地内的汾河河道等,从而成为 DEM 数据精度和性能评价的重要基准数据源。

三、本节小结

本节不仅介绍了典型的全球开放的 DEM 数据,同时给出了利用其他常见方法生成的 DEM 数据。这些 DEM 数据是进行数字地形分析及相关研究的重要基础数据源,在本书及未来的研究中将发挥重要作用。

第二节　ICESat/GLA14 数据

作为 NASA 的地球观测系统(EOS)的一部分,冰、云和陆地观测(ICESat)卫星于 2003 年 1 月 13 日由加利福尼亚的范登堡空军基地成功发射。该卫星观测数据可覆盖地球表面大部分地区(86°S~86°N),约占陆地区域的 99%。ICESat 卫星是首颗载有激光雷达传感器(GLAS)的卫星,于 2009 年 10 月 11 日停止收集数据。GLAS 又称地学激光测高系统,包括一个用来测距的激光系统、一个 GPS 接收机和一个卫星-轨道姿态确定系统。GLAS 可以提供沿轨道地区陆地和水体的海拔高度。它每秒发射 40 次红外和绿色脉冲,在地面形成直径约 70 m 的光斑,光斑之间间隔为 170 m 左右。同时,ICESat-2 卫星于 2018 年 9 月发射,预计寿命为三年。

ICESat/GLA14 数据是 ICESat/GLAS 的第 14 号产品，它是全球地表测高数据(Global Land Surface Altimetry Data)。ICESat/GLA14 数据可以提供全球轨道线上大量的高精度高程点，因此在数字高程模型数据评价中发挥着重要作用。有鉴于此，本节对 ICESat/GLA14 数据的获取与处理过程进行详细介绍，并对不同版本 ICESat/GLA14 数据的差异进行深入研究。

一、ICESat/GLA14 数据获取与处理

以黄土高原地区(东经 100°～117°、北纬 32°～42°)的 ICESat/GLA14 数据获取与处理为例，首先从美国国家冰雪数据中心(U.S. National Snow & Ice Data Centre，NSIDC)通过区域经纬度范围下载数据，再通过 NGAT 工具将其转化为包含获取日期、时间、经纬度、海拔高度和大地水准面等信息的 txt 文件，用记事本(txt)打开，如图 2-13 所示。

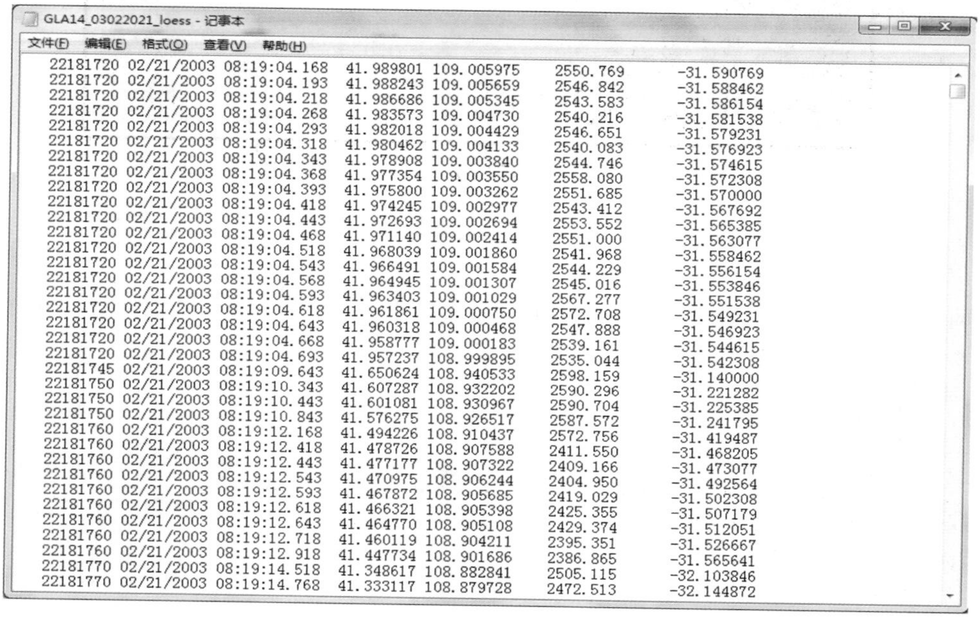
GLA14_03022021_loess - 记事本
文件(F) 编辑(E) 格式(O) 查看(V) 帮助(H)

22181720	02/21/2003	08:19:04.168	41.989801	109.005975	2550.769	-31.590769
22181720	02/21/2003	08:19:04.193	41.988243	109.005659	2546.842	-31.588462
22181720	02/21/2003	08:19:04.218	41.986686	109.005345	2543.583	-31.586154
22181720	02/21/2003	08:19:04.268	41.983573	109.004730	2540.216	-31.581538
22181720	02/21/2003	08:19:04.293	41.982018	109.004429	2546.651	-31.579231
22181720	02/21/2003	08:19:04.318	41.980462	109.004133	2540.083	-31.576923
22181720	02/21/2003	08:19:04.343	41.978908	109.003840	2544.746	-31.574615
22181720	02/21/2003	08:19:04.368	41.977354	109.003550	2558.080	-31.572308
22181720	02/21/2003	08:19:04.393	41.975800	109.003262	2551.685	-31.570000
22181720	02/21/2003	08:19:04.418	41.974245	109.002977	2543.412	-31.567692
22181720	02/21/2003	08:19:04.443	41.972693	109.002694	2553.552	-31.565385
22181720	02/21/2003	08:19:04.468	41.971140	109.002414	2551.000	-31.563077
22181720	02/21/2003	08:19:04.518	41.968039	109.001860	2541.968	-31.558462
22181720	02/21/2003	08:19:04.543	41.966491	109.001584	2544.229	-31.556154
22181720	02/21/2003	08:19:04.568	41.964945	109.001307	2545.016	-31.553846
22181720	02/21/2003	08:19:04.593	41.963403	109.001029	2567.277	-31.551538
22181720	02/21/2003	08:19:04.618	41.961861	109.000750	2572.708	-31.549231
22181720	02/21/2003	08:19:04.643	41.960318	109.000468	2547.888	-31.546923
22181720	02/21/2003	08:19:04.668	41.958777	109.000183	2539.161	-31.544615
22181720	02/21/2003	08:19:04.693	41.957237	108.999895	2535.044	-31.542308
22181745	02/21/2003	08:19:09.643	41.650624	108.940533	2598.159	-31.140000
22181750	02/21/2003	08:19:10.343	41.607287	108.932202	2590.296	-31.221282
22181750	02/21/2003	08:19:10.443	41.601081	108.930967	2590.704	-31.225385
22181750	02/21/2003	08:19:10.843	41.576275	108.926517	2587.572	-31.241795
22181760	02/21/2003	08:19:12.168	41.494226	108.910437	2572.756	-31.419487
22181760	02/21/2003	08:19:12.418	41.478726	108.907588	2411.550	-31.468205
22181760	02/21/2003	08:19:12.443	41.477177	108.907322	2409.166	-31.473077
22181760	02/21/2003	08:19:12.543	41.470975	108.906244	2404.950	-31.492564
22181760	02/21/2003	08:19:12.593	41.467872	108.905685	2419.029	-31.502308
22181760	02/21/2003	08:19:12.618	41.466321	108.905398	2425.355	-31.507179
22181760	02/21/2003	08:19:12.643	41.464770	108.905108	2429.374	-31.512051
22181760	02/21/2003	08:19:12.718	41.460119	108.904211	2395.351	-31.526667
22181760	02/21/2003	08:19:12.918	41.447734	108.901686	2386.865	-31.565641
22181770	02/21/2003	08:19:14.518	41.348617	108.882841	2505.115	-32.103846
22181770	02/21/2003	08:19:14.768	41.333117	108.879728	2472.513	-32.144872

图 2-13　打开的 ICESat/GLA14 数据下载文件

图 2-13 所示为 2003 年 2 月 22 日左右接收的 ICESat/GLA14 数据文件。按照图 2-13 中的经纬度位置，可以将其转为一系列轨道点数据。

由于原始的 ICESat/GLA14 测量数据是基于 Topex/Poseidon 椭球体的，而大部分 DEM 数据都是基于 WGS-84 椭球体的(Zhang et al.，2011)，为了将 ICESat/GLA14 数据也转化为 WGS-84 椭球体数据，可以按照国际上通用的公式进行转换(Bhang et al.，2007)：

$$\text{WGS-84} = \text{measured} - \text{geoid} - \text{offset} \tag{2-1}$$

在公式(2-1)中：measured 指获取的测量的高程值，如图 2-13 第一行中的 2 550.769 m；geoid 也可以直接获取，如图 2-13 第一行中的 −31.590 769 m；offset 是一个常数，它指 Topex/Poseidon 椭球体与 WGS-84 椭球体之间的偏差，一般为 0.7 m(Wang et al.，2013)。

通过公式(2-1)的椭球转换处理，生成的 ICESat/GLA14 数据即可作为基准数据，与其

他的 DEM 数据(如全球开放 DEM 数据 SRTM DEM、ASTER GDEM 和 AW3D30 DEM 等)一并进行处理。

　　黄土高原地区的 ICESat/GLA14 数据经过处理后,从 2003 年到 2009 年共有 19 期,每期获得的采样点数如表 2-1 所示。

表 2-1　黄土高原不同时期 ICESat/GLA14 数据采样点数

获取日期	采样点数/个	获取日期	采样点数/个
20030220	191 435	20060222	228 912
20030925	27 650	20060524	198 602
20031004	285 822	20061025	256 021
20040217	219 426	20070312	215 864
20040518	179 288	20071005	197 476
20041003	268 710	20080218	230 566
20050217	253 932	20081013	102 698
20050520	200 669	20081207	160 462
20051021	253 274	20090309	90 369
		20091007	36 754

注:20030220 表示 2003 年 2 月 20 日,其余以此类推。

　　将表 2-1 中的所有 ICESat/GLA14 数据用黄土高原的界线进行切割,得到黄土高原地区的 ICESat/GLA14 数据,其分布如图 2-14 所示。

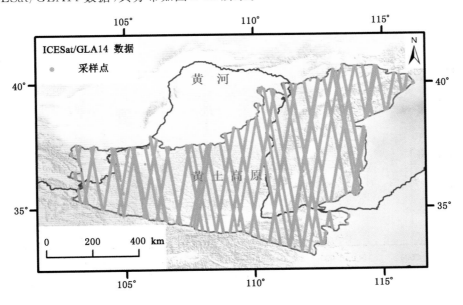

图 2-14　黄土高原地区 ICESat/GLA14 数据分布

由表 2-1 及图 2-14 可以看出:黄土高原地区 ICESat/GLA14 数据在每一期均有大量分布,且采样点数之间有显著差异;ICESat/GLA14 数据采样点沿轨道线分布,覆盖整个黄土高原地区;采样点的分布沿轨道线比较密集,但轨道线之间的缝隙也较大(赵尚民,2014)。

二、不同版本 ICESat/GLA14 数据的对比

ICESat/GLA14 数据的版本不断更新变化。为了对比不同版本 ICESat/GLA14 数据的差异,以 V33 和 V34 为例,对比山西高原吕梁山地区(东经 102°~116°、北纬 32°~41°)ICESat/GLA14 V33 和 ICESat/GLA14 V34 数据的整体差异,以及在不同高程、坡度、坡向、NDVI 和土地利用类型中的变化规律(王莉 等,2016)。

(一)不同版本 ICESat/GLA14 数据的整体对比

将实验区内的 ICESat/GLA14 V33 和 ICESat/GLA14 V34 数据的高程差值相减,其统计结果如表 2-2 所示。

表 2-2　不同版本 ICESat/GLA14 数据差值统计结果

样本量/个	最小值/m	最大值/m	均值/m	标准差/m
124 679	−0.01	0.045	0.007	0.009

由表 2-2 可以看出:两个版本的 ICESat/GLA14 数据的高程差值有正有负,且其均值为正,标准差小于 0.01 m,在其允许的精度范围内。

(二)不同版本 ICESat/GLA14 数据在不同高程等级的对比

将实验区的高程按照 500 m、1 000 m、1 500 m、2 000 m、2 500 m 和 3 000 m 为阈值进行分级,两个版本的 ICESat/GLA14 数据高程差统计值在不同高程等级的分布如图 2-15 所示。

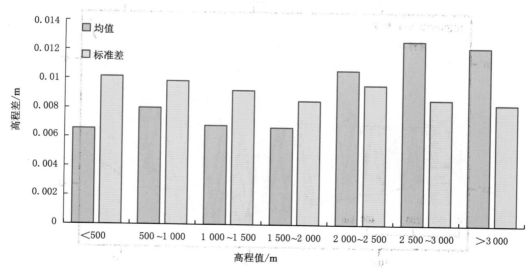

图 2-15　两个版本的 ICESat/GLA14 数据高程差统计值在不同高程等级的分布

图 2-15 显示了两个版本的 ICESat/GLA14 数据高程差的绝对误差均值和标准差在不同高程等级的分布。由图 2-15 可以看出：高程值小于 2 000 m 时，其绝对误差均值相对稳定，但在 500～1 000 m 间略有波动；当高程值为 2 000～3 000 m 时，绝对误差均值在逐渐增大；大于 3 000 m 时，绝对误差均值减小；而标准差在小于 2 000 m 和大于 2 000 m 时，均呈递减趋势，但在分段处不连续，其误差范围为(0.01±0.002) m。由此可知，高程变化属于厘米级，且随着高程值的增加其绝对误差有上升趋势。

（三）不同版本 ICESat/GLA14 数据在不同坡度等级的对比

将实验区的坡度以 3°、8°、15° 和 25° 为阈值分为五个等级，统计两个版本 ICESat/GLA14 数据的高程差在不同坡度等级的统计值，结果如图 2-16 所示。

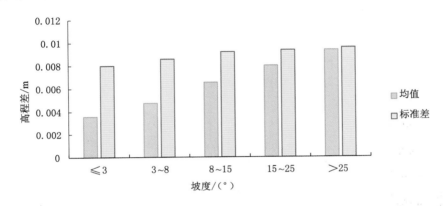

图 2-16　两个版本 ICESat/GLA14 数据高程差统计值在不同坡度等级的分布

图 2-16 显示了两个版本的 ICESat/GLA14 数据高程差的绝对误差均值和标准差在不同坡度等级的分布。由图 2-16 可以看出：随着坡度的不断增加，高程差的均值由小于 0.004 m 逐渐上升到 0.009 m；当坡度小于 3°时，标准差为 0.008 m；在 3°～25°范围内，标准差小于 0.01 m，当坡度大于 25°时，均值达到最大。因此，坡度越大，高程差均值和标准差越大，误差越大。

（四）不同版本 ICESat/GLA14 数据在不同坡向等级的对比

对实验区进行坡向等级划分，两个版本的 ICESat/GLA14 数据的高程差在平地的绝对值平均值为 0.002 m，标准差为 0.01 m。统计其在不同坡向的分布状况，结果如图 2-17 所示。

由图 2-17 可以看出：高程差均值大多为 0.007 m，但坡向为西时略大于 0.007 m，标准差在北、西北、西、西南和南这五个方向略大于 0.009 m，在东北、东和东南方向接近于 0.009 5 m。因此，该数据在平坦地区精度明显高于其他区域。

（五）不同版本 ICESat/GLA14 数据在不同 NDVI 等级的对比

将实验区域内的 NDVI 按照 0.2、0.4 和 0.6 为阈值分为四类，两个版本 ICESat/GLA14 数据的高程差在不同 NDVI 等级的统计值如图 2-18 所示。

由图 2-18 可以看出：高程差均值在整个分类区域由 0.006 m 递增；标准差在整个区域呈递增趋势，但相对稳定。

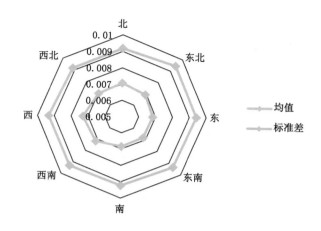

图 2-17　两个版本 ICESat/GLA14 数据
高程差统计值在不同坡向等级的分布

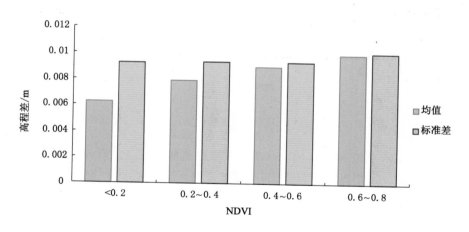

图 2-18　两个版本 ICESat/GLA14 数据高程差统计值在不同 NDVI 等级的分布

（六）不同版本 ICESat/GLA14 数据在不同土地利用类型的对比

统计两个版本 ICESat/GLA14 数据的高程差在不同土地利用类型的分布,其结果如图 2-19 所示。

由图 2-19 可以看出:未利用土地的均值和标准差都达到最小,林地均值最大,其次为草地和耕地,水域和居民用地相对较小;但水域的标准差最大,林地、耕地和草地基本一致,居民用地较小。因此,该数据受植被影响较大。

三、本节小结

本节首先以黄土高原为例,介绍了 ICESat/GLA14 数据的数据特点、处理过程与空间分布状况;然后以吕梁山为实验区,分析了 ICESat/GLA14 V33 和 ICESat/GLA14 V34 两个版本数据的高程差在不同高程、坡度、坡向、NDVI 和土地利用类型中的分布变化。通过

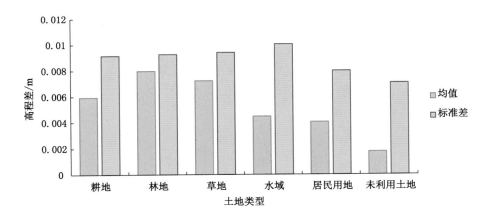

图 2-19　两个版本 ICESat/GLA14 数据高程差统计值在不同土地利用类型的分布

本节研究,可以获得如下结论:

（1）黄土高原地区的 ICESat/GLA14 数据共有 19 期,虽然每一期均有大量采样点分布,但每一期的采样点数目有显著差异。同时,沿轨道线分布的采样点虽然覆盖了整个黄土高原地区,但轨道线之间的缝隙也较大。

（2）ICESat/GLA14 V33 和 ICESat/GLA14 V34 两个版本数据的高程差的数值范围在 $-0.01 \sim 0.045$ m 之间,平均值为正值（0.007 m）,标准差则为 0.009 m。因此,两个版本的 ICESat/GLA14 数据相差不大,在允许的精度范围内。

（3）通过分析两个版本 ICESat/GLA14 数据在各种因子不同等级下的分布发现:当高程值小于 2 000 m 时,高程差绝对误差均值相对稳定;当高程值为 2 000～3 000 m 时,绝对误差均值在逐渐增大,随着坡度的不断增加,高程差均值由 0.004 m 逐渐上升到 0.009 m,在平坦区域高程差均值为 0.002 m,在其他区域为 0.007 m。高程差在植被覆盖区均值和标准差相对较高,即高程差随着高程增加、坡度的上升逐渐增大,且该数据在平坦区域精度明显较高,同时受植被覆盖影响较大。

第三节　本　章　小　结

本章首先介绍了全球典型开放 DEM 数据和利用其他方式生成的 DEM 数据;然后分析了黄土高原地区 ICESat/GLA14 数据的获取、处理过程与空间分布特征;最后研究了山西省吕梁山地区 ICESat/GLA14 数据两个版本在不同高程、坡度、坡向、NDVI 和土地利用类型中高程差的分布变化。通过本章研究,可以获得如下结论:

（1）自 20 世纪 80 年代以来,随着全球开放 DEM 数据 ETOPO 的发布,一系列具有更高空间分辨率和精度的全球开放 DEM 数据相继发布。这些 DEM 数据与利用其他方式生成的 DEM 数据一起,在数字地形分析及相关研究与应用领域发挥越来越重要的作用。

（2）两个版本的 ICESat/GLA14 数据的高程差值变化不大,数值范围在$-0.01 \sim 0.045$

m 之间,标准差小于 0.01 m,在精度的运行范围之内。因此,两个版本的 ICESat/GLA14 数据均可用于数字地形分析、DEM 数据精度评价等相关领域。

(3) 两个版本 ICESat/GLA14 数据的高程差与不同因子的关系表明:高程差随着高程增加、坡度的上升而逐渐增大,且高程差在平坦区域明显较小,同时受植被覆盖影响较大。

中篇　评　价　篇

第三章　多源数字高程模型数据误差
对比与评价

　　DEM 作为表达地球表面形态的重要数据源,在地学及其他相关领域如气象、水文、地质、地貌、生态与环境等领域发挥着重要作用(Yang et al.,2011;Wilson,2012)。然而,DEM 数据应用的可靠性在很大程度上受其精度分布状况的影响(Mukherjee et al.,2013)。因此,在使用 DEM 数据进行数字地形分析及地学应用之前需要进行 DEM 数据的误差分布评价与分析,这对于获取应用成果的可靠性具有重要意义。

　　本章关于 DEM 数据的误差评价研究,首先基于高精度激光点云数据,在太原市对资源三号卫星 DEM 数据和典型全球开放 DEM 数据的绝对误差和相对误差进行了对比与评价(赵尚民 等,2020b);然后以山西省为实验区,研究了 SRTM1 DEM、SRTM3 DEM、ASTER GDEM 和 AW3D30 数据的绝对误差和相对误差在不同海拔等级、坡度等级、地貌类型和土地利用类型中的分布情况(武文娇 等,2018b);最后,在黄土高原典型地貌区进行了 SRTM3 DEM V4 数据在不同典型黄土地貌类型之中的误差分布对比研究(赵尚民 等,2016)。

第一节　资源三号卫星 DEM 数据与全球开放
DEM 数据的误差对比分析

　　DEM 数据通过有序数值阵列的形式表达地面高程,进而实现对地球表面形态的数字化模拟。作为重要的基础地理数据产品,DEM 数据在地形地貌、自然灾害、气候气象、水文、土壤和环境保护等科学与工程领域得到广泛应用(Moore et al.,1991;Yang et al.,2011;Wang et al.,2012a;Wilson,2012;陈加兵 等,2013;汤国安,2014)。自美国地球物理中心于 1988 年免费发布的第一个全球 DEM 数据 ETOPO5 被广泛应用之后(Wang et al.,2001),各种高精度、高分辨率的全球 DEM 数据陆续免费发布,并在全球和区域规模的地形分析和地学研究中发挥重要作用(李振洪 等,2018;张玉伦 等,2018;高志远 等,2019)。然而,DEM 数据在不同领域应用的可靠性和保障性则主要取决于其精度或误差状况(杜小平 等,2013;Mukherjee et al.,2013),因此,对全球 DEM 数据进行精度或误差分析成为一个重要的热点研究领域（Zhao et al.，2011；赵尚民 等，2016；武文娇 等，2017）。同时，我国的资源三号三线阵卫星数据相对已有的全球 DEM 数据，具有更高的空间分辨率、更大的覆盖范围和更好的现势性，为生成更高质量和精度的全球 DEM 数据提供了重要的数据源基础。因此，对比资源三号卫星生成的 DEM 数据与目前的全球 DEM 数据的误差状况对区域及全球的地形分析和地学研究具有重要意义，并可为基于资源三号卫星的全球 DEM 数据研制提供一定科学依据和重要参考。

本研究以山西省中部太原市为实验区，基于高精度激光点云数据生成的 DEM 数据、资源三号卫星制作的 DEM 数据与典型的全球免费 DEM 数据（AW3D30 DEM、SRTM1 DEM 和 ASTER GDEM）进行误差对比与评价，为基于资源三号卫星生成的 DEM 数据在地形分析和地学研究中的应用、更大范围 DEM 数据研制等提供借鉴和参考（赵尚民 等，2020b）。

一、实验区概况与主要数据源

（一）实验区概况

本研究选择山西省中部太原市及其周围区县为实验区（图 3-1）。实验区中部为太原盆地北部地区，东部和西部分别为东山和西山部分地区。地势图基于激光点云数据生成的 DEM 数据制作，从地势图上可以看出：实验区海拔高度 761～1 861 m，中间盆地地势平坦，两边则为起伏的山地和丘陵地区。不同的地形分布状况为误差评价与对比分析提供了更强的说服力。

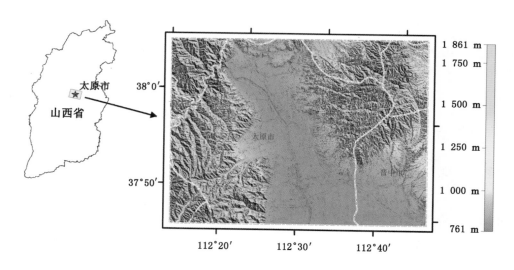

图 3-1　实验区位置与地势分布

（二）数据源简介

本研究所用的数据源主要包括各种 DEM 数据：基于激光点云的参考 DEM 数据、资源三号卫星研制的 DEM 数据和三种全球典型的免费开放 DEM 数据（AW3D30 DEM、SRTM1 DEM 和 ASTER GDEM）。各种 DEM 数据的基本情况如表 3-1 所示。

表 3-1　各种 DEM 数据的基本情况

DEM 数据种类	空间分辨率	精度*	获取时间	覆盖范围
参考 DEM	5 m	0.2～0.3 m	2014 年	太原市及周边地区
资源三号 DEM	5 m	8 m	2019 年	南北纬 84°之间
AW3D30 DEM	30 m	3.4 m	2006—2011 年	南北纬 82°之间
SRTM1 DEM	30 m	9 m	2000 年	南北纬 60°之间
ASTER GDEM	30 m	12.6 m	2000—2009 年	南北纬 83°之间

注:不同数据源的精度指标不一致。

在表 3-1 中,不同 DEM 数据的精度指标不一致。在各种 DEM 数据中,参考 DEM 数据于 2014 年通过航空摄影方法获取,主要基于徕卡公司的机载激光扫描系统——ALS60。ALS60 每秒可发射 20 万个激光点,可以高精度地获取高密度激光点云,能够快速获取地表三维数字模型,参考 DEM 数据的空间分辨率为 5 m,高程精度为 0.2～0.3 m。

资源三号卫星研制的 DEM 基于 2.1 m 和 3.5 m 空间分辨率的立体像对,利用网络分布式并行与多核并行计算及匹配技术获取具备坐标信息的三维密集点云,通过三维密集点云融合与地形提取技术获得初步 DSM,最后辅以智能化的人机交互编辑等手段处理和制作高精度 DEM 数据。最终生成的 DEM 数据空间分辨率 5 m,平面中误差小于 5 m,高程中误差小于 8 m。

AW3D30 DEM、SRTM1 DEM 和 ASTER GDEM 均为目前全球免费开放的空间分辨率最高(30 m)的 DEM 数据。AW3D30 DEM 源自 ALOS 卫星搭载的全色遥感立体测绘仪(PRISM)采集的 300 万个场景的光学立体像对数据,首先生成的是全球 5 m 的 DSM 产品,全球范围内平均 3.4 m,并以此重采成 30 m 并免费发布,被称为是 30 m 尺度上精度最高的全球免费 DEM 产品。SRTM1 DEM 属于雷达产品,平面精度约 20 m,高程实际精度约 9 m,于 2000 年由航天飞机采集,是当时世界上精度最高的 DEM 产品,并在地形分析领域产生重要影响。ASTER GDEM 数据采用 2019 年 8 月发布的第 3 版(V3)的产品,它基于 ASTER 传感器采集的空间分辨率为 15 m 的 188 万个立体像对,是世界上最先免费发布的全球 30 m 尺度的 DEM 数据。其第 2 版数据经精度检验,在日本区域的精度为 12.6 m。

二、不同误差计算方法与评价指标

(一)绝对误差计算方法

绝对误差指真实值与观测值之差,在本研究中主要指参考 DEM 与其他 DEM 数据的差,其计算方法为:

$$AE = DEM_S - DEM_R \tag{3-1}$$

式中,AE 指绝对误差;DEM_R 指参考 DEM 数据,即激光点云生成的高精度 DEM 数据,代表真实值;DEM_S 指其他需要进行误差评价的 DEM 数据,包括资源三号卫星生成的 DEM

数据和全球免费发布的 30 m DEM 数据（AW3D30 DEM、SRTM1 DEM 和 ASTER GDEM）。

绝对误差计算一般选择点对点之间的数值之差，如利用 GPS 点、ICESat/GLAS 点和地形图控制点等。在本研究中，由于不同 DEM 数据的空间分辨率并不一致，因此在实验区按照 100 m 的采样间隔进行均匀采样，共得到 182 286 个采样点。然后通过 ArcGIS 软件的"Add Surface Information"（添加曲面信息）工具，利用默认的线性插值方法获得采样点的各种 DEM 数据的高程值，从而计算出不同 DEM 数据的绝对误差。

（二）相对误差计算方法

相对误差主要用来衡量相邻点或邻近点之间从参考 DEM 和其他 DEM 数据中提取的高程值之间的匹配程度（Satge et al.，2016），其不同情形如图 3-2 所示。

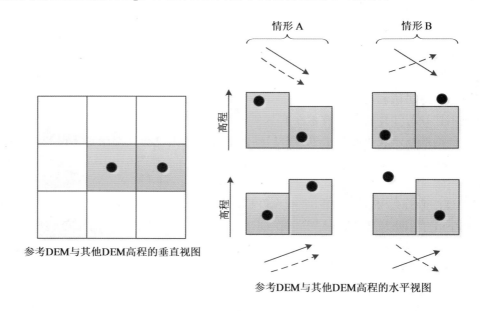

图 3-2　相对误差计算原理（Satge et al.，2016）

图 3-2 可以看出：在情形 A 中，相邻点之间从参考 DEM 和其他 DEM 提取的高程值的变化趋势一致；在情形 B 中，这种变化情况则相反。为了对这种变化趋势进行定量评价，本研究中主要采用相对误差来衡量，它主要用来评价相邻点或邻近点的绝对误差之差与距离的比值。类似于坡度，在本研究中以百分比形式显示，其计算方法为：

$$RE = (AE_i - AE_j) / D_{ij} \times 100\% \qquad (3-2)$$

式中，RE 指相对误差；AE_i 指采样点 i 的绝对误差；AE_j 指采样点 j 的绝对误差；D_{ij} 指采样点 i 与采样点 j 的水平距离。

在本研究中，由于采样点为均匀采样，因此主要选取采样点及其周边 8 个邻近点作为相邻点对，同时去除一半对称的情况，最终共获取 726 557 对采样点对。根据每个采样点对中两个点的绝对误差和其水平距离，利用式（3-2）计算其相对误差。

（三）误差评价方法

为了对绝对误差和相对误差进行统计分析,本研究选取平均误差(mean error,ME)、绝对误差均值(mean absolute error,MAE)、均方根误差(root mean square error,RMSE)和标准偏差(standard deviation,STD)4 个指标进行计算,其计算方法为:

$$ME = \frac{\sum_{i=1}^{n}(x_i - y_i)}{n} \tag{3-3}$$

$$MAE = \frac{\sum_{i=1}^{n}(|x_i - y_i|)}{n} \tag{3-4}$$

$$STD = \sqrt{\frac{\sum_{i=1}^{n}\left[(x_i - y_i) - ME\right]^2}{n-1}} \tag{3-5}$$

$$RMSE = \sqrt{\frac{\sum_{i=1}^{n}\left[(x_i - y_i)^2\right]}{n}} \tag{3-6}$$

在公式(3-3)～公式(3-6)中:对绝对误差,n 指采样点的数量,x 和 y 分别指采样点基于参考 DEM 和其他 DEM 采样值;对相对误差来说,n 指采样点对的数量,x 和 y 分别指采样点对中两个点的绝对误差。

除了上面 4 个指标外,由于本研究区地形起伏明显、坡度变化显著,故参考中国数字地貌数据库中对地形坡度的分级(周成虎 等,2009),基于参考 DEM 数据生成实验区的坡度数据,并以 2°、7°、15°、25°和 35°为间隔将其分为 6 个等级,从而获取各种 DEM 数据在不同坡度等级下的误差分布状况。

三、不同 DEM 数据误差对比分析结果与讨论

（一）绝对误差对比分析

基于参考 DEM 数据,资源三号卫星 DEM 数据和其他三种全球免费 DEM 数据的绝对误差评价指标计算结果和直方图分布如图 3-3 所示。

由图 3-3 可以看出:4 种 DEM 数据的平均误差(ME)均大于 0 m,其中 SRTM1 DEM 和 ASTER GDEM V3 数据平均误差较小,资源三号 DEM 平均误差则较大,AW3D30 DEM 平均误差最大;在误差分布集中性上,资源三号 DEM 数据最集中,其次为 AW3D30 DEM,然后是 SRTM1 DEM,ASTER GDEM V3 数据误差分布最分散;数据误差(MAE、RMSE 和 STD)大小与误差分布集中性保持一致,误差分布越集中,误差越小,精度越高。

计算 4 种 DEM 数据绝对误差在不同坡度等级下的定量评价指标,结果如表 3-2 所示。

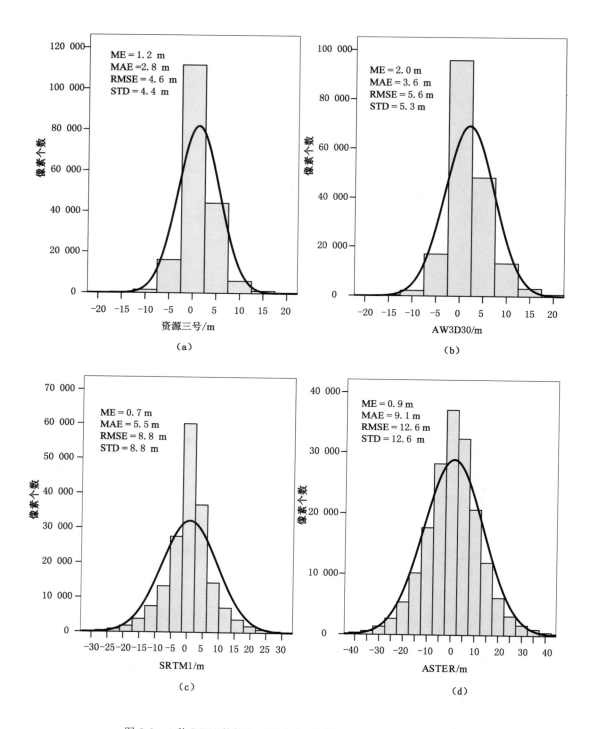

图 3-3   4 种 DEM 数据绝对误差在不同数值范围的像素个数分布

表 3-2　4 种 DEM 数据绝对误差在不同坡度等级下的定量评价指标计算结果

DEM 数据	坡度/(°)	0～2	2～7	7～15	15～25	25～35	＞35
	控制点数量	45 259	37 131	16 301	37 594	22 065	23 936
ME/m	资源三号 DEM	1.5	1.1	0.7	1.0	1.2	1.3
	AW3D30 DEM	2.3	1.8	1.2	4.6	2.1	3.0
	SRTM1 DEM	1.1	1.0	0.1	−0.0	0.4	1.3
	ASTER GDEM V3	1.0	−0.0	−0.7	0.4	1.8	3.3
MAE/m	资源三号 DEM	2.3	2.3	2.5	2.9	3.3	3.9
	AW3D30 DEM	3.1	2.7	2.8	3.6	4.4	5.6
	SRTM1 DEM	2.5	3.5	5.4	6.8	8.0	10.1
	ASTER GDEM V3	7.0	7.1	8.6	9.9	11.3	12.6
RMSE/m	资源三号 DEM	3.7	3.7	4.1	4.6	6.0	5.9
	AW3D30 DEM	5.5	4.4	4.1	4.9	6.2	8.3
	SRTM1 DEM	3.8	5.5	7.6	9.2	10.9	15.4
	ASTER GDEM V3	9.5	9.7	11.4	13.0	14.9	18.4
STD/m	资源三号 DEM	3.4	3.5	4.1	4.5	5.9	5.7
	AW3D30 DEM	5.0	4.1	3.9	4.6	5.8	7.8
	SRTM1 DEM	3.6	5.5	7.6	9.2	10.9	15.3
	ASTER GDEM V3	9.5	9.7	11.4	13.0	14.7	18.1

表 3-2 显示：ME 随坡度增大呈现先减小再增加的趋势；除了 ME 较大外，资源三号 DEM 数据在任何坡度状况下均具有最小的绝对误差值（MAE、RMSE 和 STD）；对于 MAE、RMSE 和 STD，AW3D30 DEM 数据的误差随着坡度增大呈现先减小再增大的趋势，其他三种 DEM 数据的绝对误差均随坡度增大而增大；在坡度为 0°～2°时，SRTM1 DEM 比 AW3D30 DEM 的误差更小，精度更高。

（二）相对误差对比分析

通过计算 4 种 DEM 数据的相对误差发现，其 ME 值在整个实验区及不同坡度等级下的分布基本全部为 0.0%，故 RMSE 和 STD 的计算结果也基本相同。因此，本研究只给出相对误差在整个实验区及不同坡度等级下的 MAE 和 RMSE 数值计算结果。4 种 DEM 数据相对误差的 MAE 和 RMSE 值计算结果如图 3-4 所示。

由图 3-4 可以看出：对应相对误差，资源三号 DEM 误差值最小，其次为 AW3D30 DEM，SRTM1 DEM 误差显著大于 AW3D30 DEM，ASTER GDEM V3 数据的相对误差明显最大。

计算 4 种 DEM 数据相对误差在不同坡度等级下的数值，计算结果如表 3-3 所示。

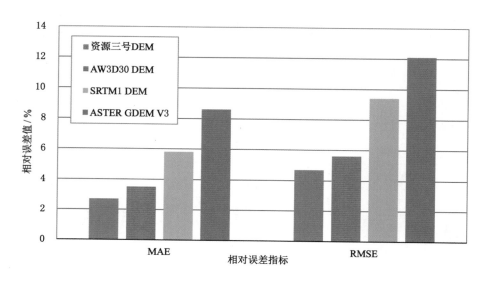

图 3-4　4 种 DEM 数据相对误差的 MAE 和 RMSE 值计算结果

表 3-3　4 种 DEM 数据相对误差在不同坡度等级下的 MAE 和 RMSE 数值

DEM 数据	坡度/(°)	0~2	2~7	7~15	15~25	25~35	>35
	点对数量/个	198 276	119 526	87 624	121 341	118 908	80 882
MAE/%	资源三号 DEM	1.8	2.1	2.8	3.1	3.5	4.2
	AW3D30 DEM	2.3	2.5	3.2	3.9	4.6	6.0
	SRTM1 DEM	2.2	3.5	6.0	7.4	8.7	11.2
	ASTER GDEM V3	5.6	6.3	8.2	9.8	11.4	13.6
RMSE/%	资源三号 DEM	3.2	3.6	4.3	5.2	5.9	6.3
	AW3D30 DEM	4.4	4.2	4.6	5.3	6.4	8.8
	SRTM1 DEM	3.5	5.8	8.6	10.1	11.9	16.3
	ASTER GDEM V3	7.7	8.7	11.1	13.0	15.0	18.5

表 3-3 显示：4 种 DEM 数据的相对误差均随坡度增加而增大（除了 AW3D30 DEM 的 RMSE 值在坡度 0°~2°和 2°~7°稍有减小外）；在任何坡度状况下，资源三号 DEM 的相对误差均最小，其次为 AW3D30 DEM，然后是 SRTM1 DEM，ASTER GDEM V3 数据的相对误差均最大（除了在坡度 0°~2° AW3D30 DEM 大于 SRTM1 DEM 之外）。

（三）讨论

相对于其他全球 DEM 数据误差对比研究，本研究的特点主要体现在以下几个方面：

（1）采用了高精度激光点云生成的 DEM 作为参考数据。其他的全球 DEM 数据误差对比研究多利用 GPS 控制点、大比例尺地形图控制点或 ICESat/GLAS 轨道分布点作为基准点(Carabajal et al.,2005；Bhang et al.,2007；Zhao et al.,2011；Satge et al.,2016)。基准点的分布状况对于误差评价结果具有重要影响。本研究直接利用高精度 DEM 数据并生成 100 m 间隔采样的均匀分布的控制点，误差评价结果应该更加合理和准确。

（2）进行了资源三号卫星 DEM 数据与其他全球 DEM 数据的误差对比。资源三号卫星数据具有更高的空间分辨率、更好的现势性和更大的全球覆盖范围,将其与其他全球 DEM 数据进行误差对比发现其在任何坡度状况下均具有最好的表现,这为基于资源三号卫星的全球 DEM 数据生产和研制提供了重要依据,可有力推动我国全球 DEM 数据的研制工作。

（3）通过相对误差与绝对误差对比,全面分析了 4 种 DEM 数据在整个实验区及不同坡度情形下的误差分布状况。特别是利用相对误差对绝对误差的结果进行验证,除了发现资源三号卫星具有最小的误差外,还指出在地表平坦地区（$0°\sim2°$）,SRTM1 DEM 比 AW3D30 DEM 具有更小的误差值,即更高的精度,这在以前的研究及 AW3D30 DEM 的介绍中很少提及。

本研究关于资源三号卫星研制的 DEM 与其他全球典型免费 DEM 数据的误差对比分析结果需要在其他区域进行更多验证,以期为其他区域的相似工作提供参考。同时,携带亚米级立体测绘相机和高精度激光测高仪的高分七号卫星于 2019 年 11 月 3 日在太原卫星发射中心发射升空并取得圆满成功,我国高精度 DEM 数据的生产进入新时代,也为 DEM 数据的评价和对比分析带来新的机遇和挑战。

四、本节小结

以激光点云生成的高精度 DEM 数据作为参考,本研究计算了太原市及周边地区资源三号 DEM 及其他三种典型全球 DEM 数据的绝对误差和相对误差评价指标,并分析了其在不同坡度等级下的数值分布状况。通过本研究,可以获得如下结论：

（1）四种 DEM 数据绝对误差的平均值均大于 0 m,其中 SRTM1 DEM 和 ASTER GDEM V3 数据平均误差较小,其次为资源三号 DEM,AW3D30 DEM 平均误差最大;四种 DEM 数据相对误差的平均值均为 0.0%,因此相对误差的 RMSE 值和 STD 值基本相同。

（2）基于相对误差和绝对误差的 MAE、RMSE 和 STD 值说明,四种 DEM 数据中资源三号 DEM 误差最小,其次为 AW3D30 DEM,然后是 SRTM1 DEM,ASTER GDEM V3 数据的误差最大。相对误差和绝对误差的 MAE、RMSE 和 STD 值均显示这种对比特征。

（3）在任何坡度状况下,资源三号 DEM 均具有最小的误差值。在坡度为 $0°\sim2°$ 时,SRTM1 DEM 比 AW3D30 DEM 的误差更小;在其他情况下,AW3D30 DEM 比 SRTM1 DEM 误差小。ASTER GDEM 在任何坡度状况下误差都最大。

（4）资源三号 DEM、SRTM1 DEM 和 ASTER GDEM V3 数据的误差均随坡度变大而增大;AW3D30 DEM 数据则呈现出随坡度变大而先减小后增大的趋势。

第二节　山西省全球开放 DEM 数据的误差分布对比分析

SRTM1 DEM、SRTM3 DEM、ASTER GDEM 和 AW3D30 DEM 作为全球免费的典型 DEM 数据源,在数字地形分析领域发挥越来越重要的作用。因此,对其误差分布状况进行对比分析,对于数字地形分析中数据源的选择及应用具有重要参考价值。

本研究以山西省为研究区域,基于 ICESat/GLA14 数据对上述四种全球免费 DEM 数据进行绝对误差、相对误差的对比分析,并计算了这四种数据在不同海拔高度等级、坡度等级、地貌类型和土地利用类型中的误差分布状况。

一、绝对误差分布的对比分析

以 ICESat/GLA14 为基准数据,通过求差获得四种典型全球开放 DEM 数据的绝对误差,并以此计算其不同的误差指标——平均误差(ME)、绝对误差均值(MAE)、标准偏差(STD)和均方根误差(RMSE),再对其在整个实验区、不同海拔高度等级、不同坡度等级、不同地貌类型和不同土地利用类型下的分布进行逐一分析。

(一)绝对误差整体分析

首先将所有山西省内的 SRTM1 DEM、SRTM3 DEM、ASTER GDEM 和 AW3D30 DEM 数据进行拼接,然后利用山西省边界进行裁剪。在 ArcGIS 中将 ICESat/GLA14 测高数据,SRTM1 DEM、SRTM3 DEM、ASTER GDEM 和 AW3D30 DEM 数据统一到 WGS_1984_UTM_Zone_49N 投影,然后提取 ICESat/GLA14 点位置对应的 SRTM1 DEM、SRTM3 DEM、ASTER GDEM 和 AW3D30 DEM 数据的高程值以及 SRTM1 DEM 的坡度值。以 ICESat/GLA14 高程为参考值,计算四种 DEM 数据的绝对垂直误差,并以 ±50 m 为阈值对 ICESat/GLA14 数据进行粗差剔除。未剔除粗差前,共有 331 817 个 ICESat/GLA14 采样点,剔除粗差后共有 316 148 个采样点用于四种 DEM 数据的精度评价。基于这 316 148 个采样点,通过 ArcGIS 软件的 Surface Spot 功能获得在采样点位置各种 DEM 数据的数值,并对其进行数理统计,统计结果如表 3-4 所示。

表 3-4　ICESat/GLA14 和不同 DEM 数据集统计数据的比较

数据类别	最小值	最大值	平均值	标准偏差
ICESat/GLA14/m	247.9	2 641.9	1 169.9	373.6
SRTM1/m	215.4	2 647.5	1 169.5	373.6
SRTM3/m	218.2	2 640.6	1 169.5	373.5
ASTER/m	223.7	2 653.0	1 169.4	374.9
AW3D30/m	238.0	2 649.0	1 170.2	374.0

由表 3-4 可以看出:316 148 个采样点中,ICESat/GLA14 数据的高程最小值与四种 DEM 数据相差很大,与 SRTM1 DEM 相差最大,为 32.5 m;最大值与 ASTER GDEM 相差最大,为 11.1 m;平均值与 DEM 数据非常接近,最大相差 0.5 m;标准偏差也非常接近,最大相差 1.3 m,ICESat/GLA14 和 SRTM1 DEM 的标准偏差相同。

以 ICESat/GLA14 数据的高程值为参考值,通过求差得到 SRTM1 DEM、SRTM3 DEM、ASTER GDEM 和 AW3D30 DEM 数据的绝对误差,其统计结果如表 3-5 所示。

表 3-5　不同 DEM 数据集的绝对误差统计比较

数据类别	平均误差	绝对误差均值	标准偏差	均方根误差
SRTM1 DEM/m	−0.5	4.2	6.2	6.2
SRTM3 DEM/m	−0.4	6.7	9.8	9.8
ASTER GDEM/m	−0.6	8.0	10.8	10.8
AW3D30 DEM/m	0.2	3.2	5.0	5.0

由表 3-5 可以看出：SRTM1 DEM、SRTM3 DEM 和 ASTER GDEM 的平均误差为负值，其绝对值都小于 1 m；AW3D30 DEM 的平均误差为正值，为 0.2 m。AW3D30 DEM 的绝对误差均值最小，为 3.2 m；SRTM1 DEM 其次，为 4.2 m；然后是 SRTM3 DEM，为 6.7 m；ASTER GDEM 最大，为 8.0 m。各数据标准偏差和均方根误差值对应相同，AW3D30 的值最小，为 5.0 m；SRTM1 DEM 其次，为 6.2 m；然后是 SRTM3 DEM，为 9.8 m；ASTER GDEM 最大，为 10.8 m。AW3D30 DEM 比 ASTER GDEM 低了 5.8 m，可见在山西省内，总体上 AW3D30 DEM 的垂直精度最好，其次是 SRTM1 DEM，然后是 SRTM3 DEM，AS-TER GDEM 的精度最差。

基于不同 DEM 数据集绝对误差的数值分布制作误差分布频率图，如图 3-5 所示。

通过图 3-5 可以发现：AW3D30 DEM 的误差最集中，其次是 SRTM1 DEM，然后是 SRTM3 DEM，ASTER GDEM 最为分散。从偏态和峰度两个指标来看，四种数据的偏态系数都大于 0，也就是均值在众数之右，是一种右偏的分布。AW3D30 DEM 的偏态值最大，其次是 ASTER GDEM，然后是 SRTM1 DEM，SRTM3 DEM 最小。一般而言，以正态分布为参照，峰度可以描述分布形态的陡缓程度，可以看到 AW3D30 DEM 的峰度值最大，也就是分布最陡，其次是 SRTM1 DEM，然后是 SRTM3 DEM，ASTER GDEM 分布形态最缓。

（二）绝对误差基于海拔高度的对比分析

以 500 m、1 000 m、1 500 m、2 000 m 和 2 500 m 为间隔对海拔高度进行分级，然后统计 SRTM1 DEM、SRTM3 DEM、ASTER GDEM 和 AW3D30 DEM 数据的绝对误差的不同指标在这六个海拔高度等级中的分布，其统计结果如表 3-6 所示。

由表 3-6 可以看出：SRTM1 DEM 和 SRTM3 DEM 的平均误差在各海拔高度等级都是负值，ASTER GDEM 和 AW3D30 DEM 的平均误差随着海拔高度等级由负到正变化。可以看出，SRTM1 DEM、SRTM3 DEM 和 AW3D30 DEM 的平均误差值都较小，其误差绝对值最大在 1 m 左右，而 ASTER GDEM 的误差值较大，在海拔小于等于 500 m 时，为 −5.1 m，在海拔大于 2 500 m 时，为 5.8 m。

四种 DEM 数据的绝对误差均值基本都是先随着海拔高度等级的升高而增大，海拔大于 2 500 m 之后，误差值反而减小，这可能与海拔大于 2 500 m 的采样点比较少有关（只有 77 个）。ASTER GDEM 在海拔小于等于 500 m 时的绝对误差均值大于海拔在 500～1 000 m 和 1 000～1 500 m 区间的统计值。四种数据对比发现，在各个海拔高度等级，AW3D30 DEM 的绝对误差均值都是最小的，SRTM1 DEM 次之。海拔在 2 000～2 500 m 区间时，SRTM3 DEM 的绝对误差均值比 ASTER GDEM 大了 0.1 m，其他海拔高度等级都是 AS-TER GDEM 的误差值最大。四种数据中，SRTM3 DEM 受海拔影响最严重，海拔小于等于 500 m 时，绝对误差均值为 2.3 m，海拔在 2 000～2 500 m 区间时，为 10.3 m，相差 8.0 m。

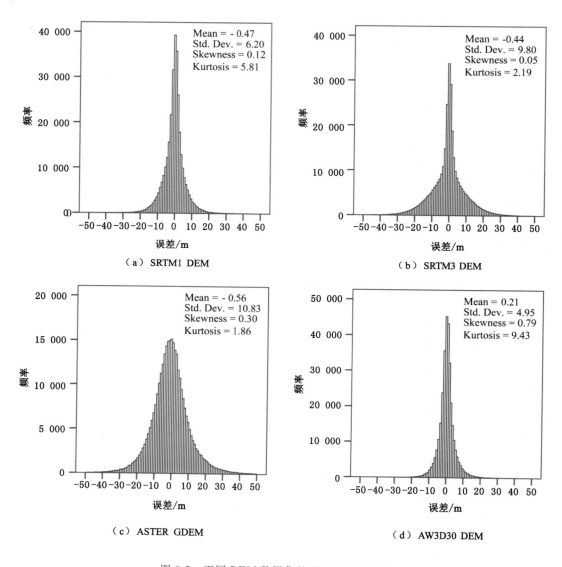

图 3-5　不同 DEM 数据集的误差分布频率图

而其他三种数据最小值和最大值相差都为 2～3 m。

　　四种 DEM 数据的标准偏差在海拔小于 2 500 m 时基本都是随着海拔高度升高，误差增大，海拔大于 2 500 m 之后，误差值反而减小；ASTER GDEM 在海拔小于等于 500 m 时标准偏差大于海拔在 500～1 000 m 区间时的误差。这与绝对误差均值的变化规律相似。在各个海拔高度等级，AW3D30 DEM 的误差值是最小的，SRTM1 DEM 次之，然后是 SRTM3 DEM，ASTER GDEM 的标准偏差最大，在海拔小于等于 500 m 时，已经达到了 10.0 m。SRTM3 DEM 标准偏差受海拔高度影响最大，在六个海拔高度等级中，最大值和最小值相差 7.8 m。

表 3-6　不同 DEM 数据的绝对误差指标在各海拔高度等级中的分布

海拔分级/m		≤500	500~1 000	1 000~1 500	1 500~2 000	2 000~2 500	>2 500
ICESat/GLA14 点数/个		14 023	85 872	155 788	56 408	3 980	77
平均误差/m	SRTM1	−0.5	−0.4	−0.5	−0.5	−0.2	−1.3
	SRTM3	−0.3	−0.2	−0.5	−0.8	−1.4	−1.1
	ASTER	−5.1	−1.5	−0.1	0.4	3.1	5.8
	AW3D30	−0.3	−0.2	0.3	0.7	1.3	0.9
绝对误差均值/m	SRTM1	1.9	3.4	4.4	5.1	5.7	4.3
	SRTM3	2.3	5.0	7.2	9.0	10.3	7.9
	ASTER	8.3	7.2	8.0	9.0	10.2	9.9
	AW3D30	1.9	2.8	3.3	3.9	4.5	3.4
标准偏差/m	SRTM1	3.8	5.4	6.5	6.9	7.4	5.6
	SRTM3	5.0	8.1	10.2	11.6	12.8	9.8
	ASTER	10.0	9.8	10.9	11.8	12.8	10.6
	AW3D30	3.6	4.5	5.0	5.5	5.9	4.7
均方根误差/m	SRTM1	3.8	5.4	6.5	7.0	7.4	5.7
	SRTM3	5.0	8.1	10.2	11.7	12.9	9.9
	ASTER	11.2	9.9	10.9	11.8	13.2	12.0
	AW3D30	3.6	4.5	5.0	5.5	6.0	4.8

　　均方根误差的变化规律和绝对误差均值相似,四种 DEM 数据中:AW3D30 DEM 的误差值是最小的,在海拔小于等于 500 m 时,为 3.6 m,是四种 DEM 数据中的最小值。ASTER GDEM 的误差值最大,在海拔小于等于 500 m 时,均方根误差已经达到了 11.2 m;在海拔 2 000~2 500 m 时,达到最高,为 13.2 m,较 AW3D30 DEM 的最小值大了 9.6 m;ASTER GDEM 在海拔小于等于 500 m 时均方根误差大于海拔在 500~1 000 m 和 1 000~1 500 m 区间的误差值。

　　(三)绝对误差基于坡度的对比分析

　　以 3°、8°、15°和 25°为间隔对坡度进行分级,然后分别统计这五个坡度等级中 SRTM1 DEM、SRTM3 DEM、ASTER GDEM 和 AW3D30 DEM 数据的绝对误差指标的分布情况,结果如表 3-7 所示。

表 3-7　不同 DEM 数据集的绝对误差指标在各坡度等级中的分布

坡度分级		≤3°	3°~8°	8°~15°	15°~25°	>25°
ICESat/GLA14 点数/个		70 986	52 656	75 243	84 501	32 762
平均误差/m	SRTM1	−0.3	−0.2	−0.6	−0.9	0.2
	SRTM3	−0.3	−0.1	−0.5	−0.9	0.1
	ASTER	−1.8	−1.1	−0.9	−0.3	2.9
	AW3D30 DEM	−0.2	−0.1	−0.1	0.3	2.0

表 3-7（续）

坡度分级		≤3°	3°~8°	8°~15°	15°~25°	>25°
绝对误差 均值/m	SRTM1	1.4	2.8	4.5	5.6	7.8
	SRTM3	1.3	4.4	7.9	9.5	12.4
	ASTER	6.2	6.1	7.7	9.3	12.1
	AW3D30	1.4	2.0	3.2	4.3	6.4
标准偏差/m	SRTM1	2.1	4.0	6.0	7.4	10.5
	SRTM3	2.2	6.5	10.1	12.0	15.5
	ASTER	8.6	8.1	10.2	12.1	15.3
	AW3D30	2.3	3.0	4.4	5.9	8.5
均方根误差/m	SRTM1	2.1	4.0	6.0	7.5	10.5
	SRTM3	2.3	6.5	10.1	12.0	15.5
	ASTER	8.7	8.2	10.2	12.1	15.6
	AW3D30	2.3	3.0	4.4	5.9	8.8

由表 3-7 可以看出：SRTM1 DEM、SRTM3 DEM、ASTER GDEM 和 AW3D30 DEM 数据的平均误差随着坡度等级增大由负到正变化。可以看出，SRTM1 DEM 和 SRTM3 DEM 的平均误差随坡度等级的变化非常相似，坡度在 15°~25° 区间时，平均误差为 -0.9 m，绝对值达到最大。而 ASTER GDEM 和 AW3D30 DEM 的平均误差绝对值基本是先减小再增大，在坡度大于 25° 时，绝对值达到最大，分别为 2.9 m 和 2.0 m。在坡度小于 25° 时，AW3D30 DEM 的平均误差绝对值是最小的，SRTM1 DEM 和 SRTM3 DEM 平均误差相近，在坡度小于 15° 和大于 25° 的所有坡度等级，ASTER GDEM 的平均误差的绝对值都最大。

四种 DEM 数据的绝对误差均值基本都是随着坡度等级的升高而增大，只有 ASTER GDEM 在坡度小于等于 3° 区间的绝对误差均值大于坡度在 3°~8° 时的统计结果。在坡度大于 3° 的所有坡度等级中，AW3D30 DEM 在各个坡度等级的误差值都最小，然后是 SRTM1 DEM 的误差值较小。在坡度小于等于 3° 时，SRTM3 DEM 的误差值最小，为 1.3 m，SRTM1 DEM 和 AW3D30 DEM 相等，为 1.4 m。SRTM3 DEM 受坡度等级影响最大，坡度大于 25° 时，SRTM3 DEM 的误差值最大，为 12.4 m，最大值与最小值相差 11.1 m。与 ASTER GDEM 相比，在小于 8° 的两个坡度等级中，SRTM3 DEM 的绝对误差值小于 AS-TER GDEM；坡度大于 8° 后，SRTM3 DEM 的绝对误差值都比 ASTER GDEM 略大。AS-TER GDEM 在坡度小于等于 3° 时，绝对误差值达到了 6.2 m。

四种 DEM 数据的标准偏差和绝对误差的变化规律相似，基本都是随着坡度等级的升高而增大，只有 ASTER GDEM 在坡度小于等于 3° 区间的误差值大于坡度在 3°~8° 时的统计结果。SRTM3 DEM 受坡度影响最大，在五个坡度等级中，最大值和最小值能相差 13.3 m。在坡度小于等于 3° 时，SRTM1 DEM 和 SRTM3 DEM 的标准偏差比 AW3D30 DEM 低，在其他坡度等级，AW3D30 DEM 的标准偏差都最小，其次是 SRTM1 DEM。在坡度大于 25° 时，SRTM3 DEM 的标准偏差大于 ASTER GDEM，其他坡度等级，SRTM3 DEM 的标准偏差都比 ASTER GDEM 小。

均方根误差的变化规律和标准偏差相似,SRTM1 DEM 在坡度小于等于 3°时,为 2.1 m,是四种 DEM 数据中的最小值,SRTM3 DEM 和 AW3D30 DEM 相等,都是 2.3 m,在其他坡度等级,AW3D30 DEM 的误差值都是四种 DEM 数据中最小的。而 ASTER GDEM 在所有坡度等级,均方根误差都是最大的,坡度在 3°～8°区间时,误差值最小,为 8.2 m。ASTER GDEM 与 SRTM3 DEM 相比较,均方根误差都大于 SRTM3 DEM。

（四）绝对误差基于地貌类型的对比分析

基于山西省的六种基本地貌类型（平原、台地、丘陵、小起伏山地、中起伏山地和大起伏山地）,分别统计 SRTM1 DEM 和 SRTM3 DEM、ASTER GDEM 和 AW3D30 DEM 数据在不同地貌类型下绝对误差指标的分布情况,结果如表 3-8 所示。

表 3-8　不同 DEM 数据集的绝对误差指标在各地貌类型中的分布

地貌类型		平原	台地	丘陵	小起伏山地	中起伏山地	大起伏山地
ICESat/GLA14 点数/个		73 805	46 803	36 026	74 044	68 236	17 234
平均误差/m	SRTM1	−0.2	−0.7	−0.9	−0.9	−0.1	0.1
	SRTM3	−0.1	−0.7	−1.0	−0.9	−0.1	0.3
	ASTER	−1.2	−1.5	−1.3	−0.9	0.9	2.0
	AW3D30	−0.1	−0.4	−0.2	0.0	1.2	0.9
绝对误差均值/m	SRTM1	2.0	3.0	4.7	4.7	5.8	6.5
	SRTM3	2.3	4.2	7.5	8.1	10.2	11.2
	ASTER	6.2	7.2	7.7	8.1	9.7	11.1
	AW3D30	1.8	2.4	3.2	3.6	4.5	4.9
标准偏差/m	SRTM1	3.4	4.9	6.5	6.3	7.9	8.9
	SRTM3	4.4	7.0	10.0	10.4	13.0	14.2
	ASTER	8.6	10.0	10.2	10.6	12.8	14.2
	AW3D30	3.1	4.0	4.6	5.0	6.4	6.7
均方根误差/m	SRTM1	3.4	4.9	6.6	6.4	7.9	8.9
	SRTM3	4.4	7.0	10.0	10.5	13.0	14.2
	ASTER	8.7	10.1	10.3	10.6	12.8	14.3
	AW3D30	3.1	4.0	4.6	5.0	6.5	6.8

由表 3-8 可以看出:SRTM1 DEM 和 SRTM3 DEM、ASTER GDEM 和 AW3D30 DEM 的平均误差从平原到大起伏山地由负到正变化。可以看出,SRTM1 DEM、SRTM3 DEM 的平均误差随地貌类型的变化非常相似,误差值也非常接近,误差绝对值先增大后减小,在丘陵地区平均误差分别为−0.9 m 和−1.0 m,绝对值达到最大。而 ASTER GDEM 的平均误差在大起伏山地达到最大,为 2.0 m,AW3D30 DEM 在中起伏山地达到最大,为 1.2 m。

四种 DEM 数据的绝对误差均值都是随着平原、台地、丘陵、小起伏山地、中起伏山地和大起伏山地逐渐增大。AW3D30 DEM 在各个地貌类型中的误差值最小,在平原为 1.8 m,在大起伏山地为 4.9 m,SRTM1 DEM 次之,SRTM3 DEM 在平原和台地的误差值也较小,在后几种地貌类型中,误差值都较大,和 ASTER GDEM 的相近,而且,SRTM3 DEM 的绝对误差均值在中起伏山地和大起伏山地超过了 ASTER GDEM。ASTER GDEM 在平原地区的绝对误差均值达到了 6.2 m。

四种 DEM 数据的标准偏差和绝对误差均值的变化规律相似,AW3D30 DEM 在各个地貌类型中误差值最小,SRTM1 DEM 次之,SRTM3 DEM 受地貌类型影响最大,在六个地貌类型中,其最大值和最小值能相差 9.8 m,SRTM3 DEM 的标准偏差在中起伏山地和大起伏山地超过了 ASTER GDEM,ASTER GDEM 的标准偏差较大,在平原地区已经达到了 8.6 m,比 AW3D30 DEM 的最大误差值还要大。

均方根误差的变化规律和标准偏差相似,值的大小也非常接近。AW3D30 DEM 在各个地貌类型误差值最小,在平原地区,为 3.1 m,是四种 DEM 数据中的最小值,而 SRTM3 DEM 的误差值在中起伏山地大于 ASTER GDEM。其他类型中,ASTER GDEM 的误差值最大,在平原地区为 8.7 m,在大起伏山地达到了 14.3 m。

(五)绝对误差基于土地利用类型的对比分析

按土地资源的一级分类,对山西省的耕地、林地、草地、水域、建筑用地和未利用地这六种土地利用类型,分别统计四种全球开放 DEM 数据绝对误差指标在其中的分布状况,统计结果如表 3-9 所示。

表 3-9　不同 DEM 数据集的绝对误差指标在各土地利用类型中的分布

土地利用类型		耕地	林地	草地	水域	建筑用地	未利用地
ICESat/GLA14 点数/个		127 820	89 958	84 555	4 187	9 347	281
平均误差/m	SRTM1	−0.6	−0.1	−0.7	0.3	−0.7	0.5
	SRTM3	−0.5	−0.2	−0.6	0.8	−0.7	0.1
	ASTER	−1.7	0.4	0.2	0.2	−1.1	−1.1
	AW3D30	−0.2	0.9	0.2	−0.3	0.0	−0.5
绝对误差均值/m	SRTM1	2.7	5.6	5.2	2.7	2.2	2.0
	SRTM3	3.9	9.7	8.6	3.3	2.4	1.8
	ASTER	6.7	9.5	8.6	8.6	5.2	5.7
	AW3D30	2.2	4.4	3.8	2.6	1.9	1.5
标准偏差/m	SRTM1	4.3	7.7	7.1	4.5	3.5	5.3
	SRTM3	6.4	12.5	11.2	5.9	4.0	3.5
	ASTER	9.0	12.5	11.5	12.1	6.9	8.3
	AW3D30	3.5	6.2	5.4	4.2	3.2	2.9
均方根误差/m	SRTM1	4.3	7.7	7.1	4.6	3.6	5.3
	SRTM3	6.4	12.5	11.3	5.9	4.0	3.5
	ASTER	9.2	12.5	11.5	12.1	6.9	8.4
	AW3D30	3.5	6.3	5.4	4.2	3.2	2.9

由表 3-9 可以看出:SRTM1 DEM 和 SRTM3 DEM 平均误差在水域和未利用地都是正值,在其他地类都是负值,绝对值最大的平均误差在建筑用地和水域,分别为 −0.7 m 和 0.8 m。ASTER GDEM 的平均误差在林地、草地和水域是正值,其他地类是负值,在耕地的绝

对值最大,为一1.7 m。AW3D30 DEM 的平均误差在林地和草地是正值,在林地值最大,为
0.9 m。

　　SRTM1 DEM 和 SRTM3 DEM 的绝对误差均值基本是随未利用地、建筑用地、水域、
耕地、草地和林地逐渐增大,最小值分别为 2.0 m 和 1.8 m,最大值分别为 5.6 m 和 9.7 m。
ASTER GDEM 的绝对误差均值是随建筑用地、未利用地、耕地、草地、水域(和草地相等)和
林地逐渐增大,最小值为 5.2 m,最大值为 9.5 m。AW3D30 DEM 的绝对误差均值是随未利
用地、建筑用地、耕地、水域、草地和林地逐渐增大,最小值为 1.5 m,最大值为 4.4 m。可以
看出,AW3D30 DEM 在各种地类的绝对误差值是最小的,除未利用地的其他地类,SRTM1
DEM 的绝对误差值都比 SRTM3 DEM 小,ASTER GDEM 在草地和林地除外的另四种地
类绝对误差值都最大。

　　SRTM1 DEM 的标准偏差是随建筑用地、耕地、水域、未利用地、草地和林地逐渐增大,
最小值为 3.5 m,最大值为 7.7 m。SRTM3 DEM 是随未利用地、建筑用地、水域、耕地、草地
和林地逐渐增大,最小值为 3.5 m,最大值为 12.5 m。ASTER GDEM 是随建筑用地、未利
用地、耕地、草地、水域和林地逐渐增大,最小值为 6.9 m,最大值为 12.5 m。AW3D30 DEM
是随未利用地、居民用地、耕地、水域、草地和林地逐渐增大,最小值为 2.9 m,最大值为 6.2
m。AW3D30 DEM 的标准偏差在各地类最小,除未利用土地的其他地类,SRTM1 DEM 的
标准偏差都比 SRTM3 DEM 小,ASTER GDEM 在各地类中标准偏差都最大。

　　四种 DEM 数据的均方根误差随土地利用类型的变化规律和标准偏差相同,误差值大
小也非常接近。

二、相对误差分布的对比分析

　　按照式(3-2),首先选择出符合条件的 ICESat/GLA14 点对;因为 SRTM3 DEM 分辨率
是 90 m,ICESat/GLA14 的精度在 15 cm 左右,所以选择高程差大于 1 m,距离大于 100 m、
小于 500 m 的 ICESat/GLA14 点对。通过计算处理,共有 2 655 382 个点对参与四种 DEM
数据的相对精度评价。

　　(一)相对误差整体分析

　　通过对选出的 2 655 382 个 ICESat/GLA14 点对进行计算处理,得到 SRTM1 DEM、
SRTM3 DEM、ASTER GDEM 和 AW3D30 DEM 四种 DEM 数据的相对误差,其统计结果
如表 3-10 所示。

表 3-10　各 DEM 数据集的相对误差统计比较

DEM 数据集	平均误差/%	绝对误差均值/%	标准偏差/%	均方根误差/%
SRTM1	0.001	2.129	3.399	3.399
SRTM3	−0.001	3.441	5.406	5.406
ASTER	−0.002	3.557	5.224	5.224
AW3D30	−0.001	1.554	2.523	2.523

　　由表 3-10 可看出:四种 DEM 数据的平均误差绝对值都较小,SRTM1 DEM 为
0.001%,SRTM3 DEM 和 AW3D30 DEM 为−0.001%,ASTER GDEM 为−0.002%;绝对

误差均值 AW3D30 DEM 最小,为 1.554%,SRTM1 DEM 为 2.129%,SRTM3 DEM 为 3.441%,ASTER GDEM 最大,为 3.557%;标准偏差 AW3D30 DEM 最小,为 2.523%,SRTM1 DEM 为 3.399%,ASTER GDEM,为 5.224%,SRTM3 DEM 最大,为 5.406%;各 DEM 数据的均方根误差和标准偏差值对应相同。可以看出,总体上 AW3D30 DEM 的相对精度是最好的,SRTM1 DEM 次之,SRTM3 DEM 和 ASTER GDEM 的相对精度比较接近,SRTM3 DEM 的绝对误差均值略低于 ASTER GDEM,但是标准偏差和均方根误差都略高于 ASTER GDEM。

(二)相对误差基于海拔高度的对比分析

基于不同海拔高度等级计算得到 SRTM1 DEM、SRTM3 DEM、ASTER GDEM 和 AW3D30 DEM 数据的相对误差统计值,其结果如表 3-11 所示。

表 3-11　各 DEM 数据集的相对误差基于海拔高度的统计对比

海拔高度分级/m		≤500	500～1 000	1 000～1 500	1 500～2 000	2 000～2 500	>2 500
ICESat/GLA14 点对数/个		79 076	638 873	1 385 513	514 367	36 718	835
平均误差/%	SRTM1	0.076	0.073	0.003	−0.089	−0.231	0.111
	SRTM3	0.129	0.143	0.013	−0.194	−0.620	−0.556
	ASTER	0.035	0.080	0.001	−0.101	−0.277	0.632
	AW3D30	0.005	0.009	−0.008	0.001	0.068	0.293
绝对误差均值/%	SRTM1	1.126	1.803	2.188	2.488	2.705	1.898
	SRTM3	1.439	2.692	3.528	4.350	4.759	3.817
	ASTER	2.760	3.142	3.571	4.084	4.535	3.508
	AW3D30	1.000	1.359	1.564	1.820	2.028	1.400
标准偏差/%	SRTM1	2.485	3.093	3.455	3.687	3.800	2.510
	SRTM3	3.265	4.674	5.467	6.199	6.537	5.008
	ASTER	4.225	4.761	5.239	5.760	6.260	4.643
	AW3D30	2.245	2.375	2.522	2.713	2.856	1.878
均方根误差/%	SRTM1	2.487	3.094	3.455	3.688	3.807	2.513
	SRTM3	3.267	4.677	5.467	6.202	6.567	5.039
	ASTER	4.225	4.762	5.239	5.761	6.267	4.686
	AW3D30	2.245	2.375	2.522	2.713	2.856	1.901

由表 3-11 可以看出,SRTM1 DEM、ASTER GDEM 和 AW3D30 DEM 的平均误差都是随着海拔等级的升高,误差由正到负再到正变化,都是在海拔大于 2 500 m 时,平均误差的绝对值达到最大。SRTM3 DEM 的平均误差是由正到负变化,海拔在 2 000～2 500 m 区间时,平均误差绝对值达到最大。

四种 DEM 数据的绝对误差均值都是先随着海拔高度等级的升高逐渐增大,在海拔大于 2 500 m 时减小,海拔大于 2 500 m 区间只有 835 个点对,与其他海拔高度等级内的点对数量相比,样本数量太少,可能导致了统计结果偏低。四种数据对比,在各个海拔高度等级,AW3D30 DEM 的绝对误差均值是最小的,其次是 SRTM1 DEM。在海拔小于 1 500 m

时,SRTM3 DEM 的绝对误差均值低于 ASTER GDEM,而在海拔大于 1 500 m 之后,SRTM3 DEM 的绝对误差均值略高于 ASTER GDEM。

四种 DEM 数据的标准偏差都是随着海拔等级的升高先增加,海拔大于 2 500 m 时减小,四种数据对比,AW3D30 DEM 的标准偏差是最小的,SRTM1 DEM 其次,SRTM3 DEM 在海拔大于 1 000 m 之后,标准偏差值高于 ASTER GDEM。

四种 DEM 数据的均方根误差与对应海拔等级的标准偏差非常接近,都是随着海拔等级的升高先增大,到海拔大于 2 500 m 后减小,四种数据的均方根误差变化规律与标准偏差相同。

（三）相对误差基于坡度的对比分析

基于不同坡度等级计算得到 SRTM1 DEM、SRTM3 DEM、ASTER GDEM 和 AW3D30 DEM 数据的相对误差统计值,结果如表 3-12 所示。

表 3-12　各 DEM 数据集的相对误差基于坡度的统计对比

坡度分级		≤3°	3～8°	8～15°	15～25°	＞25°
ICESat/GLA14 点对数/个		466 094	472 355	683 542	747 469	285 922
平均误差/%	SRTM1	0.016	0.094	0.025	−0.104	0.041
	SRTM3	0.014	0.100	0.044	−0.114	−0.009
	ASTER	0.014	0.011	−0.001	−0.086	0.167
	AW3D30	−0.010	−0.007	−0.037	−0.028	0.181
绝对误差均值/%	SRTM1	0.722	1.429	2.229	2.764	3.681
	SRTM3	0.781	2.206	3.779	4.645	5.861
	ASTER	2.265	2.713	3.564	4.239	5.252
	AW3D30	0.640	1.000	1.556	2.022	2.730
标准偏差/%	SRTM1	1.285	2.274	3.282	4.001	5.330
	SRTM3	1.519	3.579	5.422	6.500	8.108
	ASTER	3.378	3.974	5.106	5.974	7.284
	AW3D30	1.217	1.679	2.354	2.971	3.962
均方根误差/%	SRTM1	1.285	2.276	3.282	4.002	5.330
	SRTM3	1.519	3.580	5.423	6.501	8.108
	ASTER	3.378	3.974	5.106	5.975	7.286
	AW3D30	1.217	1.679	2.355	2.971	3.966

由表 3-12 可以看出:SRTM1 DEM 在 15°～25°的坡度区间时,平均误差的绝对值最大,为 −0.104%;在其他坡度等级,它的平均误差都是正值。SRTM3 DEM 在坡度小于 15°的三个坡度等级平均误差都是正值;在 15°～25°区间时,平均误差绝对值最大,为 −0.114%。ASTER GDEM 坡度大于 25°时,平均误差的绝对值最大,为 0.167%。AW3D30 DEM 也是在坡度大于 25°时,平均误差最大,为 0.181%;在其他坡度等级都是负值。

四种 DEM 数据的绝对误差均值都是随着坡度等级的升高而增大。四种数据相比,AW3D30 DEM 的绝对误差均值在各个坡度等级都最小,在坡度小于 3°时,绝对误差均值为

0.640％,在坡度大于25°时,绝对误差均值为2.730％。然后是SRTM1 DEM,绝对误差均值较小,在坡度小于等于3°时,SRTM1 DEM和SRTM3 DEM的精度相近,但是随着坡度的增大,SRTM3 DEM的误差增加较快,在大于8°之后绝对误差均值高于ASTER GDEM。

四种DEM数据的标准偏差都是随着坡度等级的升高而增大。四种DEM数据相比,AW3D30 DEM的标准偏差在各个坡度等级都最小,SRTM1次之,坡度小于等于8°时,SRTM3 DEM的标准偏差比ASTER GDEM低,但是随坡度等级误差增大较快,在坡度大于8°后,标准偏差高于ASTER GDEM。ASTER GDEM在3°~8°区间的标准偏差已经达到了3.974％,高于AW3D30 DEM在坡度大于25°区间的最大误差值3.962％。

四种DEM数据的均方根误差与对应坡度等级的标准偏差非常接近,都是随着坡度等级的升高而误差值增大,误差变化规律基本相同。

（四）相对误差基于地貌类型的对比分析

基于不同地貌类型计算得到SRTM1 DEM、SRTM3 DEM、ASTER GDEM和AW3D30 DEM数据的相对误差统计值,结果如表3-13所示。

表3-13 各DEM数据集的相对误差基于地貌类型的统计对比

地貌类型		平原	台地	丘陵	小起伏山地	中起伏山地	大起伏山地
ICESat/GLA14点对数/个		519 344	380 369	339 416	665 323	589 420	161 510
平均误差/%	SRTM1	0.018	−0.004	−0.002	−0.001	−0.006	−0.001
	SRTM3	0.026	−0.003	−0.015	−0.011	0.000	−0.022
	ASTER	0.013	−0.006	−0.001	−0.008	−0.007	−0.001
	AW3D30	0.003	−0.001	0.000	−0.003	−0.001	−0.004
绝对误差均值/%	SRTM1	1.073	1.490	2.334	2.335	2.868	3.054
	SRTM3	1.365	2.087	3.637	3.978	4.932	5.241
	ASTER	2.489	2.912	3.575	3.707	4.360	4.916
	AW3D30	0.867	1.120	1.553	1.680	2.109	2.238
标准偏差/%	SRTM1	1.965	2.696	3.588	3.426	4.216	4.487
	SRTM3	2.678	3.872	5.464	5.649	6.912	7.323
	ASTER	3.750	4.460	5.203	5.265	6.170	6.825
	AW3D30	1.662	2.058	2.453	2.528	3.145	3.280
均方根误差/%	SRTM1	1.965	2.696	3.588	3.426	4.216	4.487
	SRTM3	2.678	3.872	5.464	5.649	6.912	7.323
	ASTER	3.750	4.460	5.203	5.265	6.170	6.825
	AW3D30	1.662	2.058	2.453	2.528	3.145	3.280

由表3-13可以看出:四种DEM数据的绝对误差均值都是随着平原、台地、丘陵、小起伏山地、中起伏山地和大起伏山地依次增大。通过四种数据对比,在各种地貌类型,AW3D30 DEM的绝对误差均值最小,为0.867％;其次是SRTM1 DEM在各个地貌类型的绝对误差值较小。在平原和台地地区,SRTM3 DEM的绝对误差均值低于ASTER GDEM,从丘陵开始的后几种地貌类型中,SRTM3 DEM的绝对误差均值略高于ASTER

GDEM,SRTM3 DEM 的误差最小值为 1.365％、最大值为 5.241％,在不同地貌类型的绝对误差均值大小差别较大。

四种 DEM 数据相对误差的标准偏差都是随着地貌类型增大。通过对四种数据对比,AW3D30 DEM 的标准偏差最小,其最小值为 1.662％、最大值为 3.280％;其次是 SRTM1 DEM 在各个地貌类型的误差值较小。SRTM3 DEM 在丘陵及后几种地貌类型中标准偏差高于 ASTER GDEM,SRTM3 DEM 的标准偏差最小值为 2.678％、最大值为 7.323％。

四种 DEM 数据的均方根误差与标准偏差完全一致,所以四种数据的均方根误差变化规律与标准偏差相同。

（五）相对误差基于土地利用类型的对比分析

基于不同土地利用类型计算得到 SRTM1 DEM、SRTM3 DEM、ASTER GDEM 和 AW3D30 DEM 数据的相对误差统计值,结果如表 3-14 所示。

表 3-14　各 DEM 数据集的相对误差基于不同土地利用类型的统计对比

土地利用类型		耕地	林地	草地	水域	建筑用地	未利用土地
ICESat/GLA14 点对数/个		993 997	770 766	787 877	28 503	72 779	1 460
平均误差/%	SRTM1	−0.015	0.012	0.003	0.133	0.022	0.333
	SRTM3	−0.027	−0.001	0.017	0.270	0.040	0.293
	ASTER	−0.062	0.010	0.034	0.268	0.188	0.014
	AW3D30	−0.025	0.037	−0.010	−0.023	0.039	0.013
绝对误差均值/%	SRTM1	1.473	2.702	2.518	1.504	1.087	0.952
	SRTM3	2.169	4.650	4.123	2.010	1.232	1.165
	ASTER	2.856	4.247	3.893	3.543	2.204	2.166
	AW3D30	1.097	4.247	1.766	1.229	0.909	0.705
标准偏差/%	SRTM1	2.533	4.049	3.775	2.577	1.823	1.913
	SRTM3	3.811	6.658	5.992	3.639	2.152	2.237
	ASTER	4.266	6.041	5.597	5.315	3.151	3.377
	AW3D30	1.927	3.033	2.710	2.205	1.630	1.473
均方根误差/%	SRTM1	2.533	4.049	3.775	2.581	1.823	1.942
	SRTM3	3.811	6.658	5.992	3.649	2.153	2.256
	ASTER	4.267	6.041	5.597	5.322	3.157	3.377
	AW3D30	1.928	3.033	2.710	2.205	1.630	1.473

由表 3-14 可以看出:SRTM1 DEM 和 ASTER GDEM 的平均误差在耕地为负,在其他地类为正。SRTM3 DEM 的平均误差在耕地和林地为负,在其他地类为正。AW3D30 DEM 的平均误差在耕地、草地和水域为负,在其他地类为正。

SRTM1 DEM、ASTER GDEM 和 AW3D30 DEM 数据的绝对误差均值都是随未利用土地、建筑用地、耕地、水域、草地和林地逐渐增大,它们的最小值分别为 0.952％、2.166％、0.705％。SRTM3 DEM 的绝对误差均值随未利用土地、建筑用地、水域、耕地、草地和林地逐渐增大,最小值为 1.165％。四种数据的绝对误差最大值都是在林地,但是 SRTM1 DEM

最小,为 2.702％;ASTER GDEM 和 AW3D30 DEM 相等,都为 4.247％;SRTM3 DEM 最大,为 4.650％。

SRTM1 DEM 和 ASTER GDEM 的标准偏差随着建筑用地、未利用土地、耕地、水域、草地和林地逐渐增大。SRTM3 DEM 的标准偏差随着建筑用地、未利用土地、水域、耕地、草地和林地逐渐增大。AW3D30 DEM 的标准偏差随未利用土地、建筑用地、耕地、水域、草地和林地逐渐增大。四种数据标准偏差的最大值都在林地,AW3D30 DEM、SRTM1 DEM、ASTER GDEM 和 SRTM3 DEM 依次分别为 3.033％、4.049％、6041％和 6.658％。

四种 DEM 数据的均方根误差与标准偏差的统计值非常接近,所以四种数据的均方根误差变化规律与标准偏差相同。

三、错误坡度方向比率(FSR)分布的对比分析

由图 3-2 可以看出:DEM 像元的高程变化方向与 ICESat/GLA14 点对的高程变化方向可能一致,也可能相反,将 DEM 数据点对的坡度方向和 ICESat/GLA14 点对的坡度方向进行比较,如果方向相同记为 A,方向相反记为 B,统计错误的坡度方向比率(false slope ratio,FSR)(Satge et al.,2016),计算方式为:

$$FSR = \frac{B}{A+B} \times 100\% \tag{3-7}$$

在式(3-7)中,FSR 的值从 0 到 100 变化,值越小,表示 DEM 数据的点对坡度方向的错误率越低;值越大,表示 DEM 数据点对坡度方向的错误率越高。基于海拔、坡度、地貌类型和土地利用类型分别统计 SRTM1 DEM、SRTM3 DEM、ASTER GDEM 和 AW3D30 DEM 数据的 FSR。

（一）FSR 基于海拔高度的对比分析

利用全部的 ICESat/GLA14 数据点对,以及根据海拔高度等级分别统计 SRTM1 DEM、SRTM3 DEM、ASTER GDEM 和 AW3D30 DEM 数据的 FSR,结果如表 3-15 所示。

表 3-15　各 DEM 数据集的 FSR 基于海拔高度的统计对比

海拔等级/m	≤500	500～1 000	1 000～1 500	1 500～2 000	2 000～2 500	＞2 500	全部
ICESat/GLA14 点对数/个	79 076	638 873	1 385 513	514 367	36 718	835	2 655 382
SRTM1/％	10.37	8.15	5.32	3.71	2.98	1.20	5.80
SRTM3/％	9.57	9.73	8.08	7.00	5.35	4.19	8.27
ASTER/％	26.25	16.47	11.36	7.23	5.45	4.55	12.15
AW3D30/％	9.36	6.46	3.83	2.61	2.24	1.32	4.37

由表 3-15 可以看出:AW3D30 DEM 的 FSR 最小,为 4.37％;SRTM1 DEM 次之,为 5.80％;然后是 SRTM3 DEM,为 8.27％;ASTER GDEM 最大,为 12.15％。

四种 DEM 数据的 FSR 基本都是随着海拔高度等级的升高逐渐减小。由 FSR 值随海拔高度等级的变化幅度可以看出,FSR 受海拔影响很严重。其中,ASTER GDEM 变化最大,最大最小值相差 21.70％;SRTM3 DEM 变化幅度最小,最大最小值相差 5.54％。四种

数据相比,海拔大于 2 500 m 时,SRTM1 的 FSR 值最小,为 1.20%。其他海拔高度等级,AW3D30 DEM 的 FSR 值最小,其最小值为 1.32%、最大值为 9.36%。海拔小于等于 500 m 时,SRTM1 的 FSR 值高于 SRTM3,其他海拔高度等级 SRTM1 的 FSR 值都低于 SRTM3,它的最大值是 10.37%;SRTM3 的最小值是 4.19%、最大值是 9.73%。ASTER GDEM 的 FSR 在各个海拔高度等级都最大,最小值为 4.55%、最大值为 26.25%。

（二）FSR 基于坡度的对比分析

根据坡度分级统计 SRTM1 DEM、SRTM3 DEM、ASTER GDEM 和 AW3D30 DEM 数据的 FSR,结果如表 3-16 所示。

表 3-16 各 DEM 数据集的 FSR 基于坡度的统计对比

坡度分级	≤3°	3°~8°	8°~15°	15°~25°	>25°
ICESat/GLA14 点对数/个	466 094	472 355	683 542	747 469	285 922
SRTM1/%	10.80	5.27	4.50	4.65	4.66
SRTM3/%	9.34	7.34	8.16	8.41	7.97
ASTER/%	26.98	12.52	8.47	7.90	7.26
AW3D30/%	9.25	3.65	3.08	3.31	3.46

由表 3-16 可以看出:SRTM1 DEM 和 AW3D30 DEM 的 FSR 随着坡度等级的升高先减小再增大,在坡度 8°~15° 的区间内,SRTM1 DEM 和 AW3D30 DEM 的 FSR 统计结果较小,分别为 4.50% 和 3.08%;在坡度小于等于 3° 区间最大,分别为 10.80% 和 9.25%。SRTM3 DEM 的 FSR 随着坡度等级呈现先减小再增大再减小的趋势,在 3°~8° 区间最小,为 7.34%,在小于等于 3° 区间最大,为 9.34%,两者相差 2.00%。ASTER GDEM 的 FSR 随着坡度等级的增大一直减小,在小于等于 3° 区间最大,为 26.98%,在大于 25° 区间最小,为 7.26%,两者相差 19.72%。可以看出,AW3D30 DEM 的 FSR 在各个坡度等级都最小。在小于等于 3° 区间,SRTM1 DEM 的 FSR 高于 SRTM3 DEM;其他坡度等级,SRTM3 DEM 的 FSR 值都高于 SRTM1 DEM。在坡度大于 15° 后,ASTER GDEM 的 FSR 值略低于 SRTM3 DEM。

（三）FSR 基于地貌类型的对比分析

根据地貌类型统计 SRTM1 DEM、SRTM3 DEM、ASTER GDEM 和 AW3D30 DEM 数据的 FSR,结果如表 3-17 所示。

表 3-17 各 DEM 数据集的 FSR 基于地貌类型的统计对比

地貌类型	平原	台地	丘陵	小起伏山地	中起伏山地	大起伏山地
ICESat/GLA14 点对数/个	519 344	380 369	339 416	665 323	589 420	161510
SRTM1/%	10.66	6.02	5.15	4.37	4.00	3.58
SRTM3/%	10.22	7.44	8.61	8.14	7.48	6.64
ASTER/%	22.79	17.38	9.94	8.07	6.80	6.62
AW3D30/%	8.60	4.89	3.33	3.07	2.86	2.59

由表 3-17 可以看出：四种 DEM 数据的 FSR 都是随着平原、台地、丘陵、小起伏山地、中起伏山地和大起伏山地逐渐减小。四种数据相比，AW3D30 DEM 数据在各个地貌类型中的 FSR 值最小，最小值为 2.59%、最大值为 8.60%。在平原地区，SRTM1 DEM 的 FSR 值高于 SRTM3 DEM；其他地貌类型，SRTM1 DEM 的 FSR 值都低于 SRTM3 DEM，其最小值为 3.58%、最大值为 10.66%。SRTM3 DEM 的 FSR 最小值为 6.64%、最大值为 10.22%。ASTER GDEM 的 FSR 在平原、台地、丘陵高于 SRTM3 DEM，在三种起伏山地略低于 SRTM3 DEM；最小值为 6.62%、最大值为 22.79%，两者相差 16.17%。

（四）FSR 基于土地利用类型的对比分析

根据土地利用类型统计 SRTM1 DEM、SRTM3 DEM、ASTER GDEM 和 AW3D30 DEM 数据的 FSR，结果如表 3-18 所示。

表 3-18　各 DEM 数据集的 FSR 基于土地利用类型的统计对比

土地利用类型	耕地	林地	草地	水域	建筑用地	未利用土地
ICESat/GLA14 点对数/个	993 997	770 766	787 877	28 503	72 779	1 460
SRTM1/%	6.76	4.24	4.83	20.45	14.02	13.42
SRTM3/%	7.99	7.68	8.26	20.13	13.70	12.67
ASTER/%	16.69	7.88	8.88	28.67	23.91	23.29
AW3D30/%	5.40	3.06	3.33	16.79	10.45	8.90

从表 3-18 可以看出：SRTM1 DEM、ASTER GDEM 和 AW3D30 DEM 数据的 FSR 都是随着水域、建筑用地、未利用土地、耕地、草地和林地逐渐减小。SRTM3 DEM 数据的 FSR 是随着水域、建筑用地、未利用土地、草地、耕地和林地逐渐减小。四种数据相比，AW3D30 DEM 数据的 FSR 值在各个土地利用类型中都最小，最小值为 3.06%，最大值为 16.79%；在耕地、林地和草地，SRTM1 DEM 的 FSR 值都低于 SRTM3 DEM，在后面三种地类，SRTM1 DEM 的 FSR 值都高于 SRTM3 DEM，它的最小值为 4.24%、最大值为 20.45%；SRTM3 DEM 的 FSR 最小值是 7.68%、最大值是 20.13%；ASTER GDEM 的 FSR 值在各个地类都是最大的，其最小值为 7.88%、最大值为 28.67%。可以看出，这四种 DEM 数据的 FSR 在不同地类的差异很大，最大最小值都相差较大。

四、本节小结

基于 ICESat/GLA14 数据，本研究对山西省 SRTM1 DEM、SRTM3 DEM、ASTER GDEM 和 AW3D30 DEM 四种全球开放 DEM 数据的绝对误差、相对误差，以及 FSR 在整体、海拔高度、坡度、基本地貌类型和土地利用类型等方面的分布进行了深入分析和对比。通过本节研究，可以获得如下结论：

（1）在绝对误差上，AW3D30 DEM、SRTM1 DEM、SRTM3 DEM 和 ASTER GDEM 的 RMSE 分别为 5.0 m、6.2 m、9.8 m 和 10.8 m，AW3D30 DEM 最好，ASTER GDEM 最差。低坡度情况下，SRTM1 DEM 和 SRTM3 DEM 的绝对误差略低于 AW3D30 DEM，或者与 AW3D30 DEM 相当。低海拔和坡度较小地区，SRTM3 DEM 的绝对误差比 ASTER GDEM 高，而在高海拔、坡度较大和地形起伏较大的地区，ASTER GDEM 略低于

SRTM3 DEM。

（2）在相对误差方面，AW3D30 DEM、SRTM1 DEM、ASTER GDEM 和 SRTM3 DEM 的 RMSE 分别为 2.523％、3.399％、5.224％和 5.406％，AW3D30 DEM 最好，SRTM1 DEM 次之，SRTM3 DEM 和 ASTER GDEM 相接近。低坡度情况下，SRTM1 DEM 和 SRTM3 DEM 的相对误差相当。低海拔、低坡度和平原、台地地区，SRTM3 DEM 的相对误差比 ASTER GDEM 小，而高海拔、坡度较大和地形起伏较大的地区，ASTER GDEM 略小于 SRTM3 DEM。

（3）关于 FSR，AW3D30 DEM 的 FSR 最小，为 4.37％，SRTM1 DEM 为 5.80％，SRTM3 DEM 为 8.27％，ASTER GDEM 最大，为 12.15％。四种 DEM 数据的 FSR 随海拔等级和地貌类型变化的规律与垂直误差以及相对误差相反，表明 DEM 数据点对坡度方向的识别能力在低海拔和地势平坦的地区低于地形起伏较大的地区。

第三节　黄土高原典型地貌区 DEM 数据的误差分布分析

黄土高原位于中国中北部，是世界上黄土分布最广、厚度最大的地区；在强烈的土壤侵蚀和水土流失作用下，形成了世界上最典型的黄土地貌。黄土高原地区面临的最严重的问题是土壤侵蚀与水土流失问题（梁广林 等，2004），而黄土高原地区的地形地貌的形成正是土壤侵蚀与水土流失造成的结果（张莉 等，2010）。因此，对黄土高原地区的地形地貌研究一直备受广大地学研究者的关注（Tang et al.，2005）。

全球陆地数字高程模型（DEM）数据的出现和数字地形分析（DTA）技术的广泛深入应用，为利用 DEM 数据和 DTA 技术对黄土高原地区的地形地貌进行研究提供了一个重要的契机。航天飞机雷达地形测绘使命（SRTM）数据作为最重要的全球陆地 DEM 数据之一，在黄土高原地区数字地形地貌研究中发挥了重要作用，并产生了一系列研究成果，如黄土高原重点水土流失区的面积高程积分研究（祝士杰 等，2013）、坡谱转换模型的建立（詹蕾，2013）、地貌分区图的获取（张晖 等，2009）、河网提取及子流域划分（王岩 等，2011）、土壤侵蚀评价和定量分析（王超，2010；张会平 等，2006a）等。

作为 SRTM DEM 数据应用的重要参数，数据精度决定了研究结果的精度，因此对 SRTM DEM 数据进行精度评价至关重要，它是利用其进行数字地形地貌研究的前提和基础（杜小平 等，2013）。虽然 SRTM DEM 数据的精度评价在世界各地进行过大量研究（陈俊勇，2005；Gorokhovich et al.，2006；Schumann et al.，2008；Zhao et al.，2011；肖飞 等，2011），但黄土高原作为一个典型的地形地貌单元，SRTM DEM 数据在该地区的精度评价研究却较为薄弱（詹蕾，2008；蔡清华 等，2009）。因此，本研究拟基于黄土高原典型地貌区的典型黄土地貌分布特征，利用大比例尺地形图数据对最新处理的 SRTM DEM V4 数据在黄土高原典型地貌区的精度进行详细分析，从而为黄土高原地区的数字地形地貌分析研究提供精度基础，对其他区域基于 SRTM DEM 数据的地学研究也有一定的精度参考价值。

一、区域概况与主要数据源

（一）区域概况

本研究选取甘肃省庆阳市庆城县蔡家庙乡的蔡家梁及其周边地区为实验区域，研究区位置和地势图如图 3-6 所示。按照 1:5 000 地形图的图幅范围，实验区主要位于东经 107°45′00″~107°46′52.5″、北纬 36°01′15″~36°02′30″之间。实验区面积约 6 km²，长宽各约 2.5 km，近似正方形。

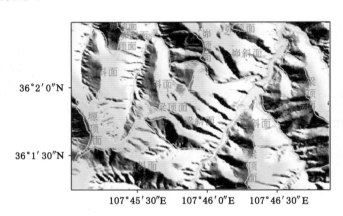

图 3-6 研究区位置和地势图

实验区位于马莲河中上游环江的西南部，紧邻环江。马莲河作为一条著名的多沙河流，是黄河中游的主要沙源之一，占黄河年输入量的 8%（贾工作，2004）。马莲河上游环江源于陕西定边县，全长 159 km，是含沙量最大的一条支流。因此，实验区内土壤侵蚀与水土流失极为严重，造成塬面支离破碎、梁峁起伏、沟壑纵横，呈残塬沟壑与丘陵沟壑地貌类型，如图 3-6 所示。在实验区内有蔡家梁、刘家塬、王家峁和李家梁等自然村，这些自然村的命名同时显示出研究区独特的典型黄土地形地貌特征，也为实验区典型黄土地貌类型的划分提供了参考与借鉴。

（二）主要数据源

本次研究中所用的数据源主要有实验区域 1:5 000 地形图和 SRTM3 DEM V4 数据。

（1）实验区 1:5 000 地形图主要为蔡家梁地区的纸质地形图。本地形图由长庆油田航测队于 1971 年进行航空摄影，并在 1973 年控制调绘，燃化部航测大队 1974 年采用全能法成图。地形图采用 1954 北京坐标系和 1956 黄海高程系，等高距为 5 m。

（2）SRTM3 DEM V4 数据：由美国国家航空航天局（NASA）和国防部国家测绘局（NI-MA）联合测量于 2002 年获得的航天飞机雷达地形测绘使命（SRTM）数据，水平分辨率有 2 种：一种是 1″（约 30 m），在美国境内；另一种是 3″（约 90 m），主要指美国以外的陆地区域，因此经常被称为 SRTM3 数据。SRTM3 数据是一种全球性的陆地 DEM 数据，覆盖范围包括 60°N 到 56°S 之间的广大陆地区域。本研究所用的 SRTM3 DEM 数据来自国际农业研究咨询小组的空间信息协会（CGIAR-CSI）处理的第 4 版数据，因此称为 SRTM3 DEM V4 数据，格式为 tiff，采用 WGS-84 为参考椭球和 EGM96 高程系，每景覆盖经纬度范围各 5°，水平和垂直精度分别为 20 m 和 16 m(Jarvis et al.,2008)。尽管 SRTM3 DEM V4 数据和地形图数据采用的高程基准不一致,但研究表明两者之间的垂直偏差约为 0.3 m,因此在本研究中忽略由此带来的影响。

除了地形图数据和 SRTM3 DEM V4 数据外,在本研究中用到的数据还有遥感影像数据、中国百万地貌数据库数据等多种数据。

二、研究方法

本研究的研究路线如图 3-7 所示。

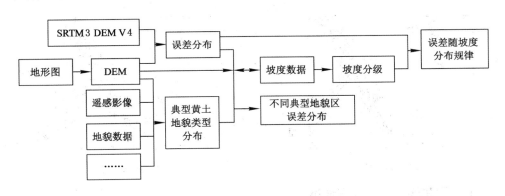

图 3-7　研究路线图

基于图 3-7 所示的研究路线,本次研究共包括三方面的内容:首先是整个研究区 SRTM3 DEM V4 数据的误差分布情况;然后是研究区不同典型黄土地貌类型区的误差分布情况;最后基于 DEM 数据生成的坡度数据,分析了误差随坡度变化的规律。具体如下:

(1) 地形图的处理。对获取的地形图数据进行扫描、校正和矢量化,获得研究区域 1∶5 000 地形图上的海拔高度信息,包括等高线、控制点、陡坎等,然后按照数字地形分析的一般程序(Pike et al.,2009),将这些数字信息通过插值生成栅格形式的 DEM 数据,从而可以与 SRTM3 DEM V4 数据进行比较。

(2) SRTM3 DEM V4 数据的误差分布。利用地形图的数字信息通过插值生成研究区的水平分辨率为 90 m 的 DEM 数据,用 SRTM3 DEM V4 数据减去用地形图生成的精确的 DEM 数据,得到研究区 SRTM3 DEM V4 数据的误差分布数据,从而获取 SRTM3 DEM V4 数据在研究区的误差分布情况。

(3) SRTM3 DEM V4 数据在研究区不同典型黄土地貌类型区的误差分布情况。首先基于利用地形图生成的 DEM 数据、研究区的遥感影像数据、中国百万地貌数据库数据、地貌晕渲图等多源数据,通过遥感目视解译等手段获取研究区域典型黄土地貌类型及其组成部位的分布信息;然后将其与 SRTM3 DEM V4 的误差分布数据进行叠加,得到 SRTM3 DEM V4 数据在研究区不同典型黄土地貌分布区的误差分布情况。

(4) SRTM3 DEM V4 数据的误差随坡度变化的变化规律。首先基于利用地形图生成的精确 DEM 提取研究区的坡度数据,然后按照黄土高原水土保持坡度分级方法(汤国安等,2006)对坡度数据进行分级,再将分级数据与 SRTM3 DEM V4 的误差分布数据进行叠加,得到 SRTM3 DEM V4 数据在不同坡度等级分布区的误差分布情况,进而分析误差随坡度的变化规律。

三、研究结果与分析

(一) SRTM3 DEM V4 数据在整个实验区的误差分布分析

基于 1∶5 000 地形图的数字海拔高度信息通过空间插值等处理,生成对应尺度的精确 DEM,空间分辨率为 5 m,如图 3-8(a)所示。

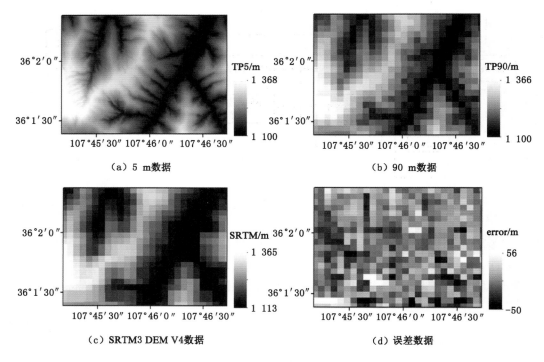

图 3-8　研究区高程及误差分布数据

在图 3-8(a)中,TP5 代表空间分辨率为 5 m 的精确 DEM 数据。由图 3-8(a)可以看出,TP5 可以比较清晰地显示研究区域的地形特征,特别是沟壑信息。

由于 SRTM3 DEM V4 数据的空间分辨率是 90 m,为了进行对比,将 TP5 进行空间重采样,重采到 90 m 的空间分辨率,以 TP90 表示。TP90 和 SRTM3 DEM V4 数据如图 3-8(b)和图 3-8(c)所示。由图 3-8(b)和图 3-8(c)可以看出:TP90 经过重采后,地形表达能力相比 TP5 有了较大下降,但在地形表达上仍比 SRTM3 DEM V4 数据要稍强一些。

将 SRTM3 DEM V4 数据减去 TP90,获得研究区域的误差数据(默认 TP90 为研究区准确的 90 m 采样的 DEM 数据),如图 3-8(d)所示。由图 3-8(d)可以看出:从单纯的误差数据分布图很难看出 SRTM3 DEM V4 数据的误差在研究区的分布规律。

对几种高程及误差数据进行数理统计分析,结果如表 3-19 所示。

表 3-19　高程及误差数据的数理统计计算结果

数据类型	最小值	最大值	均值	标准差
TP5/m	1 100	1 368	1 214.4	64.4
TP90/m	1 100	1 366	1 213.7	64.4
SRTM3/m	1 113	1 365	1 214.4	61.3
Error/m	−50	56	0.7	17.6

由表 3-19 可以看出:TP5 经过重采样变成 TP90 后,数据范围略有变化,但两者均比 SRTM3 DEM 的数据范围大;而整体上讲,三种 DEM 数据在数值分布上非常接近,只有 SRTM3 DEM 数据的标准差略小,说明 SRTM3 DEM V4 数据在高程变化上略微小于真实情况。对于误差数据,SRTM3 DEM 数据比真实值整体略大,平均误差为 0.7 m,而计算其均方根误差(RMSE)可得 17.6 m,说明研究区 SRTM3 DEM 的误差大于其官方统计的 16 m 的误差。

(二)SRTM3 DEM V4 数据在不同地貌区及其组成部分的误差分布

由于从误差数据分布图[图 3-8(d)]上很难发现 SRTM3 DEM V4 数据的误差分布规律,基于 DEM、遥感影像、中国百万地貌数据库数据等多源数据,通过人工解译方法获取研究区典型黄土地貌类型及其组成部位的空间分布状况,进而获取其误差分布情况,结果如表 3-20 所示。

表 3-20　SRTM3 DEM V4 误差数据在不同地貌区域及其组成部位的数理统计结果

类型	误差最大值	误差最小值	误差均值	RMSE
塬/m	52	−49	−0.2	18.7
塬顶面/m	18	−28	−3.9	11.1
塬斜面/m	52	−49	0.1	19.5
梁/m	57	−50	−1.9	18.7
梁顶面/m	12	−40	−13.0	18.5
梁斜面/m	57	−50	−1.0	18.6
峁/m	44	−27	4.5	14.2
峁顶面/m	28	−4	10.4	15.1
峁斜面/m	44	−27	4.1	14.3

表 3-20 给出了不同典型黄土地貌区及其组成部位的误差分布情况。由表 3-20 可以看出:黄土塬和黄土梁的误差相等,均为 18.7 m;黄土峁的精度则较高,均方根误差为 14.2 m;黄土塬与黄土梁小于真值,特别是黄土梁,平均误差为 −1.9 m;而黄土峁则大于真值,平均误差为 4.5 m。对于典型地貌的组成部位,塬斜面的误差远大于顶面;梁斜面的误差小于顶面;峁斜面的误差亦小于顶面。

(三)SRTM3 DEM V4 数据误差随坡度变化的变化规律

为了了解 SRTM3 DEM V4 数据随坡度变化而变化的规律,首先基于利用地形图生成的精确 DEM 数据,通过空间分析方法提取研究区的坡度数据;然后按照黄土高原地区水土保持坡度分级方法对坡度数据进行分类,分为 0°～3°、3°～8°、8°～15°、15°～25° 和大于 25° 共五个等级;最后将其与 SRTM3 DEM V4 数据进行空间叠加,获得不同坡度等级下 SRTM3 DEM V4 数据的 RMSE 值,结果如图 3-9 所示。

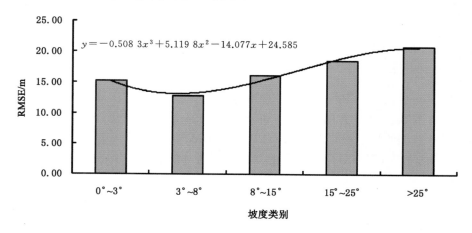

图 3-9   研究区高程及误差分布数据

由图 3-9 可以看出:在坡度为 0°～3° 时,RMSE 稍大,为 15 m;从坡度 3° 开始,随着坡度增大误差持续变大,在坡度 3°～8° 时 RMSE 为 12.7 m,到坡度大于 25° 时 RMSE 增大到大于 20 m。

四、本节小结

黄土高原是我国重要的地形地貌研究单元,而 SRTM3 DEM 数据是全球重要的陆地地形分析基础数据。因此,分析 SRTM3 DEM 数据的误差分布,特别是在黄土高原地区的误差分布,对利用 SRTM3 DEM 数据在黄土高原地区进行数字地形分析具有重要意义。但是,对于 SRTM3 DEM 数据在我国特别是黄土高原典型黄土地貌区的误差分布研究,目前还比较匮乏。对比已有的一些研究,本研究有如下特点:

(1) 以前的研究多基于 1∶5 万或者更小比例尺(如 1∶10 万或 1∶25 万)的地形图作为信息源与 SRTM3 DEM 数据进行比较,如蔡清华等(2009)对 SRTM3 DEM 与地形图在地形表达能力方面的对比,詹蕾(2008)对 SRTM3 DEM 数据在陕西省的精度评价及适用性研究等。而在本研究中,采用的是 1∶5 000 的地形图,更大比例尺的地形图提供了更精确的海拔高度信息,从而为精度评价提供了更具可信度的结果。

(2) 本研究中获得的关于整个实验区、实验区不同地貌类型及其组成部分的精度分布结果,以及精度分布随坡度的变化情况,与 SRTM3 DEM 数据本身的特性密切相关。由于雷达回波的质量问题等,SRTM3 DEM 数据在起伏度较大地区质量不好,因此 SRTM3 DEM 数据在黄土高原地区的精度低于其官方标称精度。同时,由于地形破碎程度的差异,在各典型黄土地貌分布区及其组成部分的精度分布差异也得到了解释。另外,由于 SRTM3 DEM 是地表高程模型,它代表植被顶端的海拔高度,因此在坡度小于 3° 的平坦地区,植被状况较好,从而使其误差稍微高于坡度在 3°～8° 的小起伏地区(陈俊勇,2005)。

(3) 本研究选取 1∶5 000 地形图作为基准进行 SRTM3 DEM V4 数据的精度分析,虽然大比例尺的地形图提供了精准的海拔高度信息,但同时其只能代表较小范围的研究区域,因此本研究成果还需在黄土高原其他地区进一步获得验证。

第四节　本章小结

基于高精度激光点云数据,本章首先在太原市对资源三号卫星 DEM 数据和典型全球开放 DEM 数据的绝对误差和相对误差进行了对比与评价;然后以山西省为实验区,对 SRTM1 DEM、SRTM3 DEM、ASTER GDEM 和 AW3D30 DEM 四种全球 DEM 数据的绝对误差、相对误差和 FSR 在整个区域、不同海拔等级、坡度等级、地貌类型和土地利用类型中的分布情况进行了对比分析;最后,在黄土高原典型地貌区对 SRTM3 DEM V4 数据在不同典型黄土地貌类型之中的误差分布进行了对比分析。通过本章研究,可以获得如下结论:

(1)资源三号卫星 DEM 数据与全球典型的开放 DEM 数据(AW3D30 DEM、SRTM1 DEM 和 ASTER GDEM)的误差分布均具有较好的对称性,即平均误差接近于 0 m;资源三号卫星 DEM 数据具有最高的精度,误差最小,其次为 AW3D30 DEM 数据和 SRTM1 DEM 数据,ASTER GDEM 数据误差最大、精度最差;资源三号卫星 DEM、SRTM1 DEM 和 AS-TER GDEM 数据的误差均随坡度的变大而增大,而 AW3D30 DEM 数据误差随着坡度增加呈现先减小后增大的趋势。与其他三种 DEM 数据相比,资源三号卫星 DEM 数据在任何坡度范围均具有最小的误差值。

(2)关于山西省的绝对误差,AW3D30 DEM 最好,ASTER GDEM 最差。低坡度 SRTM1 DEM 和 SRTM3 DEM 的绝对误差略低于 AW3D30 DEM,或者与 AW3D30 DEM 相当。低海拔和坡度较小地区,SRTM3 DEM 的绝对误差比 ASTER GDEM 高,而在高海拔、坡度较大和地形起伏较大的地区,ASTER GDEM 略低于 SRTM3 DEM。在相对误差方面,AW3D30 DEM 最好,SRTM1 DEM 次之,SRTM3 DEM 和 ASTER GDEM 相近。低坡度情况下,SRTM1 DEM 和 SRTM3 DEM 的相对误差相当。低海拔、低坡度和平原、台地地区,SRTM3 DEM 的相对误差比 ASTER GDEM 小,而高海拔、坡度较大和地形起伏较大的地区,ASTER GDEM 略小于 SRTM3 DEM。关于 FSR,AW3D30 DEM 的 FSR 最小,为 4.37%;SRTM1 DEM 为 5.80%;SRTM3 DEM 为 8.27%;ASTER GDEM 最大,为 12.15%。

(3)在黄土高原典型地貌区,SRTM3 DEM V4 的数据误差为 −50～56 m,平均误差0.7 m,RMSE 则为 17.6 m,略大于 SRTM3 DEM 数据的官方精度,这可能是由于实验区所处的黄土高原典型地貌区地形比较破碎,误差较一般区域大;对于三种典型黄土地貌分布区,黄土塬与黄土梁的误差一致(RMSE 均为 18.7 m),而黄土峁的精度相对另外两种地貌类型则有明显提高(RMSE 为 14.2 m),这是由于黄土峁的地形破碎程度相对较轻所造成的;SRTM3 DEM V4 数据的误差从坡度 3°开始,随着坡度增大误差持续变大,在坡度 3°～8°时,RMSE 为 12.7 m,到坡度大于 25°时,RMSE 增大到大于 20 m;在坡度为 0°～3°时,RMSE 为 15 m,这可能是由于在此区域的植被分布对精度产生了一定影响。

第四章　多源数字高程模型数据
误差建模与校正

　　DEM 数据的误差对比与评价多研究区域范围内的误差分布指标,如基于地形指标或不同要素空间分布的绝对误差或相对误差的 RMSE、STD、MAE 和 ME 等(Satge et al.,2015;赵尚民 等,2016,2020b;武文娇 等,2018b)。然而,很多 DEM 数据的应用是基于像素的地形指标计算,如坡度、坡向等(Wilson,2012),因此,通过数值建模获取 DEM 数据的误差在像素尺度上的分布,进而对 DEM 数据进行误差校正,对于基于 DEM 数据的数字地形分析与应用具有重要的意义(Zhao et al.,2017,2020)。

　　本章关于 DEM 数据像素尺度上的误差建模与校正研究,首先基于 ICESat/GLA14 数据,在黄土高原对 ASTER GDEM V2 数据进行了像素尺度上垂直误差的多分类逻辑回归(multinomial logistic regression,MLR)建模,获得了 DEM 数据在每个像素上的垂直误差分布情况(Zhao et al.,2017);然后以 ICESat/GLA14 为基准数据,在陕北高原对 SRTM3 DEM V4 数据进行了垂直误差像素尺度上的多重线性回归(multiple linear regression,MLR)建模,以此获得 SRTM3 DEM V4 数据每个像素上的误差值,并以此对 SRTM3 DEM V4 数据进行了误差校正;最后对校正结果进行了精度提升方面的简单评价(Zhao et al.,2020)。本研究不仅有益于基于这两种 DEM 数据的数字地形分析与应用,同时为不同地区 DEM 数据的精度评价提供参考,特别对发展中国家或地区更是如此。

第一节　ASTER GDEM V2 数据像素尺度上
垂直误差分布的 MLR 建模

　　与 SRTM DEM 数据相比,ASTER GDEM 数据具有更高的空间分辨率(1″,赤道处约 30 m)和更大的覆盖范围(83°N～83°S)。因此,ASTER GDEM 数据自发布后就受到科研人员的广泛关注(Hirt et al.,2010;Zhao et al.,2011;Gichamo et al.,2012;Guha et al.,2013)。ASTER GDEM V2 数据是 ASTER GDEM 数据的升级版,它在制作时采用了更先进的算法,并使用了更多的源数据,因此具有更高的质量(Suwandana et al.,2012)。

　　ASTER GDEM 数据应用的可靠性取决于它的数据精度(Mukherjee et al.,2013),因此对它的数据精度进行评价具有重要意义(Li et al.,2013;Rexer et al.,2014)。之前的数据精度评价研究多集中在区域范围内的误差指标,如 RMSE、MAE 和 STD 等,而较少对每个像素上的误差分布情况进行定量研究(Berry et al.，2007；Hirt et al.，2010；Rexer et al.，2014)。由于众多基于 DEM 数据的数字地形分析与应用研究均基于像素进行(Wilson，2012)，因此获取 DEM 数据在像素尺度上垂直误差的分布情况对了解数字地形分析成果可靠性具有重要作用(Zhao et al.，2017，2020)。

ICESat/GLA14 数据提供了全球大量高精度的高程点数据，它为 DEM 数据像素尺度上垂直误差分布的定量建模提供了可行性。因此，本研究旨在以具有独特地形特征、丰富自然资源和水土流失严重的典型地理单元——黄土高原(Tang et al.，2005)为实验区，通过多分类逻辑回归对 ASTER GDEM V2 数据像素尺度上垂直误差的定量分布进行数值建模，从而获得 ASTER GDEM V2 数据在每个像素上的垂直误差分布状况(Zhao et al.，2017)。

一、实验区概况

本研究选择黄土高原作为实验区。黄土高原位于中国中部偏北，太行山西部、青藏高原东侧、秦岭北侧和内蒙古高原南部，黄河穿过全境(图 4-1)(Zhao et al.，2014)。

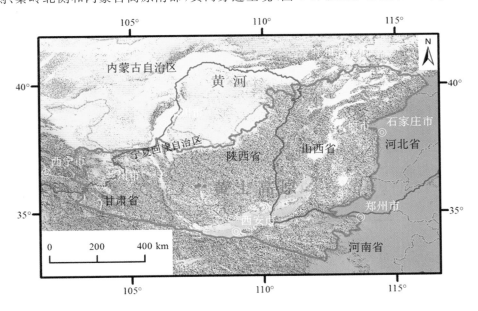

图 4-1　实验区位置与地势分布

在黄河中上游，黄土高原拥有世界上分布最广泛和最厚的黄土，从而形成最典型的黄土地貌。典型的黄土地貌与黄土高原地区严重的生态环境问题——水土流失具有密切关系(Zhao et al.，2014)。因此，本研究中关于 ASTER GDEM V2 数据像素尺度上垂直误差的定量研究对黄土高原利用 DEM 数据的相关研究具有一定意义。

二、主要数据源

本研究中所使用的主要数据源为黄土高原地区的 ASTER GDEM V2 数据和 ICESat/GLA14 数据。

（一）ASTER GDEM V2 数据

通过处理，本研究获得的黄土高原地区的 ASTER GDEM V2 数据的空间分布如图 4-2 所示。

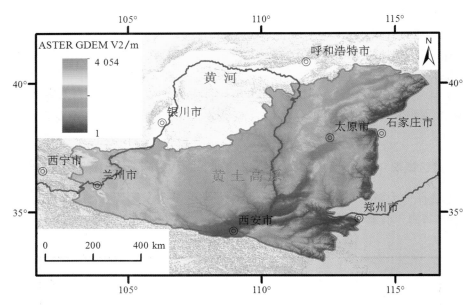

图 4-2　黄土高原区 ASTER GDEM V2 数据的空间分布

由图 4-2 可以看出：黄土高原高海拔地区分布在西部和东北部，低海拔地区主要分布在中部和南部。

对黄土高原地区的 ASTER GDEM V2 数据进行数理统计，结果如表 4-1 所示。

表 4-1　黄土高原 ASTER GDEM V2 和 ICESat/GLA14 数据的数理统计

数据集	最小值/m	最大值/m	平均值/m	标准偏差/m
ASTER GDEM V2	1	4 054	1 232.0	516.4
ICESat/GLA14 整体值	38.7	3 902.5	1 233.5	527.3
ICESat/GLA14 模拟值	38.7	3 890.0	1 236.6	528.4
ICESat/GLA14 检核值	45.3	3 902.5	1 233.3	527.2

由表 4-1 可以看出：黄土高原地区 ASTER GDEM V2 数据的范围为 1～4 054 m，平均值 1 232.0 m，标准偏差为 516.4 m。因此，黄土高原地区主要位于中海拔地区，地面受到较为严重的下切。

（二）ICESat/GLA14 数据

经过处理，黄土高原地区 ICESat/GLA14 数据在不同采样时期的采样点数目如表 4-2 所示。

表 4-2 黄土高原地区不同时期 ICESat/GLA14 数据的采样点数目

采样时间	采样点数目/个	采样时间	采样点数目/个
20030220	191 435	20060524	198 602
20030925	27 650	20061025	256 021
20031004	285 822	20070312	215 864
20040217	219 426	20071005	197 476
20040518	179 288	20080218	230 566
20041003	268 710	20081013	102 698
20050217	253 932	20081207	160 462
20050520	200 669	20090309	90 369
20051021	253 274	20091007	36 754
20060222	228 912		

注:20030220 表示 2003 年 2 月 20 日,其余以此类推。

由表 4-2 可以看出:从 2003 年到 2009 年,共有 19 期数据;不同期数据的采样点数目差异较大,如 20041003 有 268 710 个采样点,而 20030925 则只有 27 650 个采样点。

三、研究方法

本研究的技术路线如图 4-3 所示。

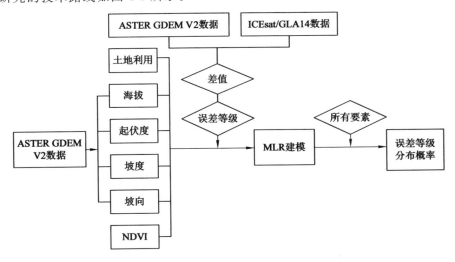

图 4-3 本研究的技术路线

由图 4-3 可以看出本研究的研究流程:首先基于 ASTER GDEM V2 数据,利用 ArcGIS 软件的空间分析工具生成不同的地形因子,如海拔、起伏度、坡度和坡向;然后,通过计算 ASTER GDEM V2 数据与 ICESat/GLA14 数据的差获取对应的误差数据,并将其分为 5 个等级;再将误差等级和地表要素数据覆被 ICESat/GLA14 模拟点,以此来构建 MLR 模型;最后基于 MLR 模型,利用各地表参数获取 ASTER GDEM V2 数据在像素尺度上的误差分布。

因此,在研究方法中首先对 MLR 模型进行了介绍,然后是 ICESat/GLA14 数据的处理结果,最后是如何获取 MLR 建模中的地表参数。

（一）MLR 模型简介

MLR 模型是二项逻辑回归（binomial logistic regression,BLR）模型的扩展,在很多领域中得到很好的应用,如分类、特征提取和医学等（Cawley et al.,2006；Cheng et al.,2006；Pal,2012）。BLR 模型假定因变量只有两种类型（例如,两种分类类型）,MLR 模型则不限制因变量的个数。

如果因变量有 J 类,选择其中一类用来作为参考类型,可以通过对比剩下的 $J-1$ 类与参考类型来构建剩下 $J-1$ 类的逻辑变换模型。例如,选择第 J 类（$y=J$）作为参考类型,第 i 类（$y=i$）的 MLR 模型为:

$$g_i = \log \frac{p(y=i)}{p(y=J)} = b_{i,0} + b_{i,1} * X_1 + b_{i,2} * X_2 + \cdots + b_{i,n} * X_n \quad (4\text{-}1)$$

在公式（4-1）中,$X_1,X_2,\cdots,X_n$ 是独立变量;$b_{i,0},b_{i,1},b_{i,2},\cdots,b_{i,n}$ 是相关系数;对于 $y=J$,所有的系数均为 0。

MLR 模型构建后,第 i 类（$y=i$）的概率可以用以下公式进行计算:

$$p(y=i) = \frac{\exp(g_i)}{\sum_{k=1}^{J} \exp(g_k)} \quad (4\text{-}2)$$

（二）ICESat/GLA14 数据处理

首先对黄土高原地区的 ICESat/GLA14 数据进行处理,并将其与 ASTER GDEM V2 数据作差,获得对应的差值。由 2009 年发布的《ASTER 全球 DEM 验证总结报告》可知 ASTER GDEM V2 数据的垂直误差约为 20 m,按照 3σ 原则将 ASTER GDEM V2 与 ICESat/GLA14 的差值的阈值设为 60 m（Gonzalez et al.,2010；杜小平 等,2013）。

通过去除差值的绝对值在 60 m 以上的 ICESat/GLA14 采样点,剩下的 ICESat/GLA14 采样点的数目为 952 508 个,约占区域 ICESat/GLA14 采样点总数的 95%。为了检核模拟结果的精度,本研究中选择的 ICESat/GLA14 采样点分为两部分:ICEsat/GLA14 模拟值和 ICESat/GLA14 检核值,分别用来进行 MLR 建模和模拟结果的精度检核。为了进行区分,对于 ICESat/GLA14 模拟值,按照 0.1 km 为半径,从总的 ICESat/GLA14 数据中在每个圆内提取出一个 ICESat/GLA14 模拟点,共得到 57 310 个采样点作为 ICESat/GLA14 模拟点用来进行 MLR 建模。剩下的 895 198 个 ICESat/GLA14 采样点作为检核点,用来检验模拟结果的精度。ICESat/GLA14 模拟点的分布如图 4-4 所示。

由图 4-4 可以看出:ICESat/GLA14 模拟点在整个黄土高原按照轨道线均匀分布,覆盖了整个黄土高原。与 ICESat/GLA14 模拟点相比,ICESat/GLA14 检核点的分布与 ICESat/GLA14 模拟点相似但分布密度更大。

对 ICESat/GLA14 数据的模拟点、检核点和所有点进行数理统计,结果如表 4-1 所示。由表 4-1 可以看出:ICESat/GLA14 所有点的数理统计结果与 ASTER GDEM V2 数据近似。ICESat/GLA14 检核值的标准偏差比 ICESat/GLA14 模拟值的标准偏差与 ICESat/GLA14 整体值更加接近,这是因为 ICESat/GLA14 检核点数目更多。

以 ICESat/GLA14 作为参考数据,ICESat/GLA14 数据与 ASTER GDEM V2 数据的

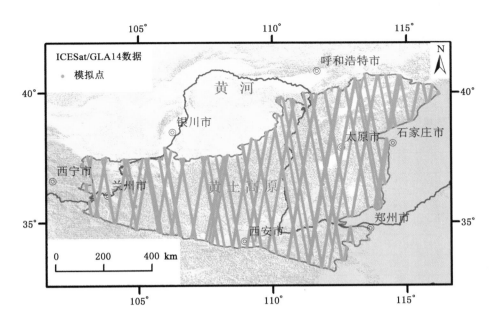

图 4-4 ICESat/GLA14 模拟点的分布

差值则是 ASTER GDEM V2 数据的垂直误差。通过不同 ICESat/GLA14 数据获得的 AS-
TER GDEM V2 数据的垂直误差的数理统计结果如表 4-3 所示。

表 4-3 基于不同 ICESat/GLA14 数据集获得的 ASTER GDEM V2 数据垂直误差的数理统计结果

数据集	采样点数目/个	平均值/m	标准偏差/m	RMSE/m
ICESat/GLA14 整体	952 508	−1.0	12.7	12.7
ICESat/GLA14 模拟	57 310	−1.2	13.0	13.0
ICESat/GLA14 检核	895 198	−1.0	12.7	12.7

由表 4-3 可以看出:平均误差为负值,因此误差值会呈现出左偏的趋势。标准偏差与
RMSE 数值一致,因此,本研究中忽略掉 RMSE 以免重复。

(三)地表参数的获取

在本研究中使用的地表参数包括地形参数、NDVI 和土地利用参数,其获取过程如下。

1. 地形参数的获取

基于 ASTER GDEM V2 数据,地形参数主要通过 ArcGIS 软件计算,包括海拔高度、坡
度、起伏度和坡向等要素。

海拔高度可以从 ASTER GDEM V2 数据中直接获得;坡度和坡向可以通过 ArcGIS 软
件的空间分析工具计算获得。为了计算起伏度,选择 20 像素×20 像素的窗口,通过计算窗
口中的最大值与最小值,再求差,最终获取窗口中的起伏度大小。

为了分析垂直误差与地形要素之间的关系,对地形要素进行分类,每一类的误差统计
结果如表 4-4 所示。

表 4-4 地表参数不同分类垂直误差的数理统计结果

要素	分类	平均值	标准偏差	要素	分类	平均值	标准偏差
坡度/(°)	≤3	0.5	6.8	坡向/(°)	Flat(−1)	1.6	11.4
	3～8	0.1	9.3		N(337.5～22.5) *	3.2	12.4
	8～15	−0.9	12.2		NE(22.5～67.5)	3.7	12.8
	15～25	−1.9	14.3		E(67.5～112.5)	2.5	13.1
	>25	−3.9	17.8		SE(112.5～167.5)	−0.8	12.5
起伏度/m	≤50	1.1	7.3		S(167.5～202.5)	−4.2	12.3
	50～200	−1.2	13.0		SW(202.5～247.5)	−5.9	12.7
	200～500	−5.3	17.5		W(247.5～292.5)	−3.9	12.0
	>500	−12.0	24.1		NW(292.5～337.5)	−1.3	12.1
海拔/m	≤500	3.2	10.5	土地利用/m	水田	−0.3	11.1
	500～1 000	0.1	12.7		旱地	0.2	10.7
	1 000～1 500	−1.4	13.3		林地	−2.2	15.3
	1 500～2 000	−2.6	12.9		草地	−2.4	13.9
	2 000～2 500	−5.7	12.7		水域	−0.1	11.7
	2 500～3 000	−7.3	13.6		建筑用地	0.2	7.8
	>3 000	−10.1	17.3		未利用地	−1.4	9.3
NDVI/m	<0.2	−4.2	12.3				
	0.2～0.4	−2.0	12.6				
	0.4～0.6	−1.1	12.4				
	0.6～0.8	0.3	12.1				
	>0.8	−1.2	14.5				

注：＊对于"N"，"337.5～22.5"表示"337.5～360"或"0～22.5"，其余以此类推。

由表 4-4 可以看出：随着海拔高度、坡度和起伏度增大，平均误差从正值变为负值，同时负值的绝对值也持续在增大；标准偏差基本上呈现持续增加的趋势。坡向被分为平地和八个方向。对坡向要素来说，误差正值的绝对值最大值分布在 NE 向，其次是 N 和 E 向；误差负值的绝对值最大值分布在 SW 向，其次为 S 和 W 向。因此，正误差和负误差沿坡向基本形成轴对称。

2. NDVI 的获取

NDVI 要素主要基于 Terra 卫星上 MODIS 传感器采集的数据计算获得，空间分辨率为 250 m。ASTER GDEM V2 数据的采集时间为 2003 年到 2009 年，因此，NDVI 数据的采集时间选择在 2005 年夏季。

通过镶嵌、转投影和裁剪等处理，最后获得的 NDVI 数据范围和空间分辨率与 ASTER GDEM V2 数据一致。根据 NDVI 数据的数值特征，将其分为 5 个等级，每个等级 ASTER GDEM V2 数据的垂直误差分布特征如表 4-4 所示。

由表 4-4 可以看出：随着 NDVI 数值增大，平均误差先从负值变为正值，且其绝对值持续减小；当 NDVI 大于 0.8 时，平均误差变为负值，同时标准偏差明显升高。这种变化可能来源于植被分布状况，它对 ASTER GDEM V2 数据和 ICESat/GLA14 数据的误差分布均有明显影响。

3. 土地利用的获取

NDVI 数据主要反映植被的分布状况,土地利用要素则可以综合反映地表覆被状况。通过遥感影像目视解译与野外验证相联合的方法,最终获得的土地利用数据被划分为 7 个类型:水田、旱地、林地、草地、建筑用地、水域和未利用地。不同土地利用类型中 ASTER GDEM V2 数据的垂直误差分布状况如表 4-4 所示。

由表 4-4 可以看出:对于土地利用要素,最大的垂直误差分布在林地和草地;其次为未利用地,其平均误差为 −1.4 m;除了旱地和建筑用地,其他土地利用类型均为负的平均误差。

（四）MLR 模型构建

为了构建 MLR 模型,将 ICESat/GLA14 模拟数据根据 ASTER GDEM V2 数据的垂直误差大小分为 5 个等级:<−20 m,−20～−5 m,−5～5 m,5～20 m,>20 m。通过将各地表参数的数值赋给 ICESat/GLA14 模拟数据的采样点,利用 SPSS 软件和 ICESat/GLA14 模拟点构建了 ASTER GDEM V2 数据垂直误差分布的 MLR 模型,其中各个参数的相关系数如表 4-5 所示。

表 4-5　MLR 模型中每个要素的相关系数

误差分类[a]	要素	B	Sig.	$\exp(B)$	误差分类[a]	要素	B	Sig.	$\exp(B)$
	截距	−1.086				截距	3.256		
	海拔	0.001	0.000	1.001		海拔	0.001	0.000	1.001
	坡度	−0.009	0.010	0.991		坡度	−0.072	0.000	0.931
	起伏度	0.006	0.000	1.006		起伏度	−0.004	0.000	0.996
	NDVI	−1.225	0.000	0.294		NDVI	0.403	0.003	1.496
	Flat	−1.064	0.270	0.345		Flat	−2.320	0.001	0.098
	N	−1.402	0.000	0.246		N	−0.687	0.000	0.503
	NE	−1.383	0.000	0.251		NE	−1.110	0.000	0.329
	E	−1.105	0.000	0.331		E	−1.026	0.000	0.358
	SE	−0.047	0.671	0.954		SE	−0.279	0.003	0.757
1	S	1.174	0.000	3.234	3	S	0.409	0.000	1.505
	SW	1.684	0.000	5.387		SW	0.477	0.000	1.610
	W	1.136	0.000	3.113		W	0.468	0.000	1.597
	NW	0[b]				NW	0[b]		
	林地	0.403	0.000	1.496		林地	−0.192	0.006	0.826
	草地	0.243	0.001	1.274		草地	−0.344	0.000	0.709
	水域	0.742	0.009	2.099		水域	0.104	0.642	1.110
	建筑用地	−0.163	0.654	0.850		建筑用地	0.713	0.002	2.039
	未利用地	0.596	0.251	1.815		未利用地	1.100	0.016	3.004
	水田	1.655	0.004	5.232		水田	0.888	0.085	2.431
	旱地	0[b]				旱地	0[b]		

表 4-5（续）

误差分类[a]	要素	B	Sig.	exp(B)	误差分类[a]	要素	B	Sig.	exp(B)
2	截距	1.716			4	截距	2.784		
	海拔	0.001	0.000	1.001		海拔	0.000	0.000	1.000
	坡度	−0.041	0.000	0.960		坡度	−0.048	0.000	0.953
	起伏度	0.001	0.133	1.001		起伏度	−0.003	0.000	0.997
	NDVI	−0.295	0.032	0.745		NDVI	0.224	0.104	1.252
	Flat	−3.900	0.001	0.020		Flat	−2.886	0.001	0.056
	N	−1.218	0.000	0.296		N	−0.258	0.010	0.773
	NE	−1.541	0.000	0.214		NE	−0.562	0.000	0.570
	E	−1.258	0.000	0.284		E	−0.638	0.000	0.528
	SE	−0.254	0.007	0.775		SE	−0.197	0.037	0.821
	S	0.758	0.000	2.134		S	0.101	0.356	1.106
	SW	1.015	0.000	2.759		SW	0.157	0.184	1.170
	W	0.762	0.000	2.142		W	0.260	0.028	1.297
	NW	0[b]				NW	0[b]		
	林地	−0.020	0.778	0.980		林地	−0.185	0.009	0.831
	草地	−0.126	0.029	0.882		草地	−0.309	0.000	0.734
	水域	0.120	0.611	1.127		水域	−0.174	0.447	0.840
	建筑用地	0.674	0.005	1.962		建筑用地	0.203	0.392	1.225
	未利用地	0.981	0.034	2.668		未利用地	0.731	0.114	2.077
	水田	0.627	0.239	1.871		水田	0.607	0.244	1.835
	旱地	0[b]				旱地	0[b]		

注：（a）第五种误差类型作为参项；（b）由于是参考向量，对应变量的参数设置为 0。

由表 4-5 可以看出：海拔高度、坡度、起伏度和 NDVI 是连续变量；其他要素被设置为类型变量。类型变量的分类情况与表 4-4 一致。误差分类被依次重新定义为 1、2、3、4 和 5 五种，第五种误差类型（＞20 m）被设置为参考类型。因此，对于第五种误差类型，所有参数的系数都被设置为 0。每个要素的重要性主要由 Sig.和 exp(B)来决定。

表 4-5 显示了每一种误差类型的模拟模型中的每个要素的重要性。随着 exp(B)增加和 Sig.减小，重要性随之增加。连续变量的重要性可以直接确定；对于类型变量，每一个分类的重要性取决于与其他分类之间的对比结果。这些要素的重要性在一定程度上表明了选择这些要素的合理性。

基于表 4-5 中各要素的系数，MLR 模型可以通过式（4-1）和式（4-2）随之进行构建。

四、研究结果

（一）MLR 模型模拟结果分析

基于 ICESat/GLA14 模拟点获得的 ASTER GDEM V2 数据的垂直误差分布频率与 ICESat/GLA14 检核点和整体 ICESat/GLA14 相似，其分布如图 4-5 所示。

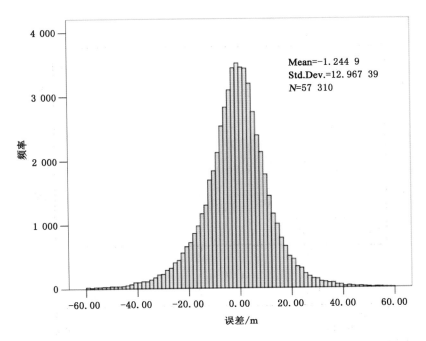

图 4-5　基于 ICESat/GLA14 模拟点获得的 ASTER GDEM V2 数据的垂直误差分布

图 4-5 显示：ASTER GDEM V2 数据的垂直误差是以 y 轴为对称轴的近似正态分布。不同等级垂直误差（<-20 m，$-20\sim-5$ m，$-5\sim5$ m，$5\sim20$ m，>20 m）的分布概率分别用 P_1、P_2、P_3、P_4 和 P_5 表示。

基于式(4-1)，首先计算出 MLR 模型的 g_i；然后利用式(4-2)获得各等级垂直误差的分布概率，如图 4-6 所示。

由图 4-6 可以看出：P_1 具有最大的数值范围(0.001～0.946)，但大部分区域数值较低，高数值区域主要分布在黄土高原的东北、东南和西部地区。P_2 的数值范围较小(0.001～0.613)，但大部分区域数值较高，特别是西部和北部区域。P_3 的数值范围较大(0.001～0.811)，高数值区域主要分布在西安市和太原市的东部和南部地区。P_4 具有最小的数值范围(0.002～0.497)，高数值区域主要分布在东部和中部地区。P_5 的数值范围中等(0.000～0.772)，但大部分区域数值较小，只有在东部边缘和东南部区域的数值较高。

对不同等级垂直误差的分布概率进行数理统计，结果如表 4-6 所示。

表 4-6　不同等级垂直误差分布概率的数理统计值

概率等级	最小值	最大值	平均值	标准偏差
P_1	0.001	0.946	0.069	0.077
P_2	0.011	0.613	0.257	0.109
P_3	0.001	0.811	0.376	0.118
P_4	0.002	0.497	0.252	0.095
P_5	0.000	0.772	0.046	0.049

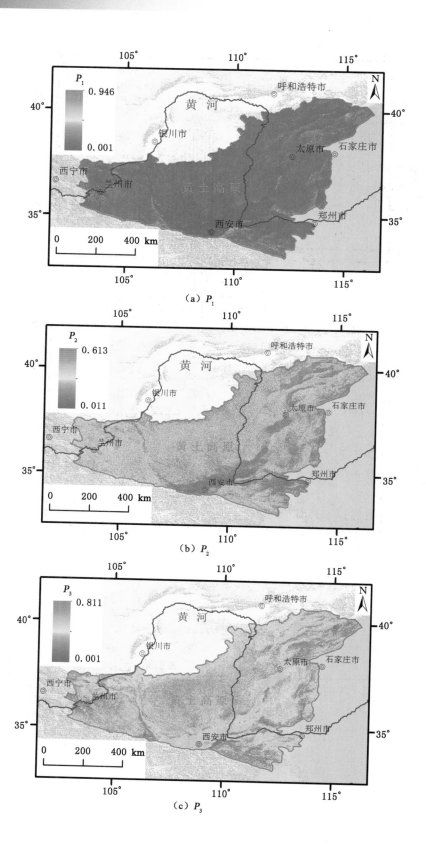

（a）P_1

（b）P_2

（c）P_3

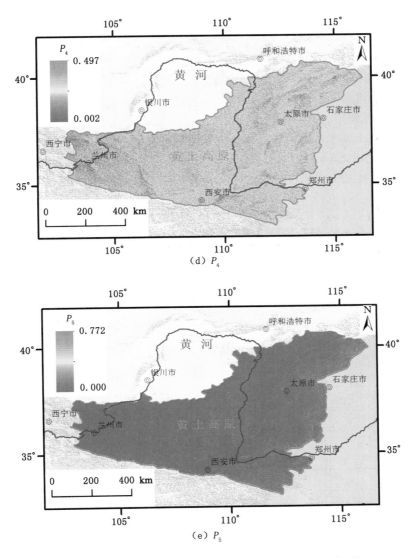

（d）P_4

（e）P_5

图 4-6　ASTER GDEM V2 数据不同等级垂直误差的分布

　　表 4-6 表明：五种等级平均值的和为 1.000，因此，正如期望，每个像素上五种等级的概率的和为 1.000。从 P_1 到 P_5，平均值和标准偏差显示出相似的分布状况：有些左偏的近似正态分布。这种分布状态与图 4-5 中 ASTER GDEM V2 数据的垂直误差的分布基本一致。

　　（二）MLR 模型模拟结果精度评价

　　本研究主要采用两种不同的数据集对 MLR 模型的模拟结果进行精度评价，分别是 IC-ESat/GLA14 数据的模拟值与检核值和从地形图上采集的地面控制点（ground control points，GCP）数据。

　　1. 基于 ICESat/GLA14 数据模拟值与检核值的精度评价

　　由于模拟结果是通过不同栅格数据集的计算获取的，因此模拟结果的界线与实验区域的界线会稍有出入，这导致模拟结果界线内 ICESat/GLA14 模拟点的数目从 57 310 变为

57 131；对于 ICESat/GLA14 检核点，其数目则从 895 198 变为 894 141。

按照 ICESat/GLA14 模拟点中 ASTER GDEM V2 数据垂直误差的等级划分，对 ICE-Sat/GLA14 检核点进行对应划分。同时，将不同等级垂直误差的分布概率赋给 ICESat/GLA14 模拟点和检核点。通过对比分析，不同等级垂直误差分布概率的阈值被确定为0.069、0.2、0.3、0.2 和 0.046。对于 P_1 和 P_5，阈值主要选择它们的平均值；对于 P_2、P_3 和 P_4，阈值进行了略微调整。

根据 ICESat/GLA14 数据模拟值和检核值的垂直误差等级，本研究评价了不同等级对应的分布概率：如果 ICESat/GLA14 采样点的概率值大于阈值，则认为其是正确的点，否则则是错误的点。对 ICESat/GLA14 模拟值和检核值的采样点中正确的点进行数理统计，结果如表 4-7 所示。

表 4-7 基于不同数据集的各等级垂直误差分布的精度评价

数据集	类型	垂直误差等级					总计
		1	2	3	4	5	
模拟点	正确数/个	2 566	11 368	17 498	10 115	1 304	42 851
	总数/个	4 153	15 270	21 505	13 770	2 433	57 131
	正确率/%	61.8	74.4	81.4	73.5	53.6	75.0
检核点	正确数/个	37 274	171 896	279 717	163 378	19 555	671 820
	总数/个	60 467	232 922	341 740	222 367	36 645	894 141
	正确率/%	61.6	73.8	81.9	73.5	53.4	75.1
控制点	正确数/个	51	116	83	82	18	350
	总数/个	103	124	127	107	26	487
	正确率/%	49.5	93.5	65.4	76.6	69.2	71.9

由表 4-7 可以看出：ICESat/GLA14 模拟点和检核点的精度近似。整体精度在 75.0% 左右，在中间的误差等级精度高一些，边缘的则低一些。因此，误差分布形成近似正态分布，以中间的误差等级为对称轴并有一些左偏。

2. 基于地形图控制点的精度评价

ICESat/GLA14 数据的模拟值和检核值均提取自总的 ICESat/GLA14 数据，而 MLR 模型则基于 ICESat/GLA14 数据的模拟值构建。因此，ICESat/GLA14 数据的模拟值和检核值与模拟结果具有比较密切的关系，单纯利用 ICESat/GLA14 数据的模拟值和检核值进行精度评价不够充分。因此，本研究采集了基于地形图的控制点，其分布如图 4-7 所示。

图 4-7 显示：控制点分布在黄土高原典型黄土地貌类型区的地形图上。控制点分布处沟谷纵横，侵蚀严重。因此，ASTER GDEM V2 数据在此区域的质量相对较差。

控制点共有 488 个，但有一个控制点在地形图上的高程与 ASTER GDEM V2 数据的差达到−71 m，因此作为异常值移除；其他控制点与 ASTER GDEM V2 数据的差值的绝对值均小于 60 m。以控制点作为基准数据，采用与 ICESat/GLA14 数据模拟值和检核值相似的精度评价方法，控制点的精度评价的数理统计结果如表 4-7 所示。

表 4-7 显示：控制点的精度在 70% 以上，但小于 ICESat/GLA14 数据模拟值和检核值

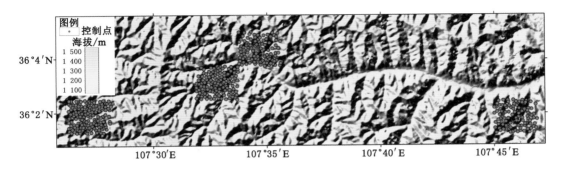

图 4-7　地形图上控制点的分布

的精度评价结果。控制点主要分布在中间的误差等级，在两侧则相对较少。控制点的误差分布呈现出近似正态分布，但显示出明显的左偏。例如，在 −20～−5 m 范围有 124 个控制点，在小于 −20 m 范围则有 103 个控制点。

五、讨论

本研究在 DEM 数据集于像素尺度上的垂直误差分布的定量分析研究方面有一定程度的突破，同时在一些地方还可以加强。因此，本研究的创新点和对未来相关研究的展望如下。

（一）创新点

（1）之前的 DEM 数据精度评价研究中，研究对象主要由一系列高精度基准点组成（如野外测量数据、地形图控制点数据和 GPS 数据等）（Carabajal et al.，2005；Gorokhovich et al.，2006），因此，之前的精度评价主要在小的局部区域进行（Bourgine et al.，2005；Miliaresis et al.，2005）。ICESat/GLA14 点在全球有大量的高精度高程点（Duong et al.，2009；Gonzalez et al.，2010；Zhang et al.，2011），因此可以获得大范围 DEM 数据集的垂直误差，如黄土高原地区等。同时，ICESat/GLA14 数据可以从 NSIDC 免费下载，因此能够节省大量的人力、财力和物力。

（2）本研究分析了不同要素的垂直误差分布情况。之前的研究主要计算实验区的垂直误差指标。然而，实验区内的地形和地表覆被条件是变化的，因此实验区内不同区域的垂直误差变化很大（Braun et al.，2007；Bhang et al.，2007）。在本研究的 MLR 模型构建中，定量分析了各要素的垂直误差分布。因此，本研究关于各要素垂直误差分布的分析结果可为其他区域的相关研究提供一定程度的参考。

（3）基于 MLR 模型和各要素，本研究获取了 ASTER GDEM V2 数据在要素尺度上的垂直误差分布。之前研究主要给出了垂直误差与各要素之间的相关关系（Carabajal et al.，2005；Bhang et al.，2007；Zhao et al.，2011），因此，本研究获取像素尺度上的垂直误差分布状况是一个重要的创新（Zhao et al.，2017）。

（二）展望

（1）ICESat/GLA14 数据虽然提供了大量的高精度控制点，但这些点都分布在固定的轨道线上（Zwally et al.，2002；Schutz et al.，2005）。ICESat/GLA14 数据的这种固定分布将在一定程度上影响模拟结果的精度和质量。

（2）本研究选择黄土高原作为实验区。黄土高原区域广袤，地形和地表覆被变化显著，这不仅影响垂直误差的分布，同时影响模拟结果的精度与质量。未来研究如果选择地形和地表覆被相对稳定的区域，模拟质量有望得到显著提高。

（3）本研究主要选择 MLR 模型进行 ASTER GDEM V2 数据的模拟。除了 MLR 模型外，还有很多其他的模型可以进行相似的模拟，如线性回归模型、非线性回归模型、曲线估计、指数模型等。因此，选择一个合理的模型对于获得满意的模拟质量至关重要。

六、本节小结

以 ICESat/GLA14 为基准数据，本研究通过 MLR 建模，获得了 ASTER GDEM V2 数据在黄土高原像素尺度上的垂直误差分布情况，并对其精度进行了评价。通过本研究，可以获得如下结论：

（1）获取了 ASTER GDEM V2 数据的垂直误差分布与地表状况之间的相关关系。关于地形参数，海拔、坡度和起伏度与垂直误差分布的相关关系相似：随着数值增大，平均误差从正值变为负值，标准偏差几乎持续增加；关于坡向要素，正误差和负误差沿坡向基本呈对称分布。整体来说，随着 NDVI 数值增加，平均误差先从负值到正值，且其绝对值持续减少。关于土地利用类型，垂直误差最大值主要分布在林地和草地。

（2）基于 ICESat/GLA14 数据和地表状况参数，利用 MLR 模型模拟了 ASTER GDEM V2 数据的垂直误差分布等级，并以此获得了不同等级垂直误差的分布概率（P_1、P_2、P_3、P_4 和 P_5）。误差分布概率的平均值分别为 0.069、0.257、0.376、0.252 和 0.046，以中间的误差等级（$-5 \sim 5$ m）作为纵轴，垂直误差分布概率显示出近似正态分布并有一些左偏。利用不同的数据集（ICESat/GLA14 数据和地形图控制点数据）对 MLR 模拟的垂直误差的精度进行评价，其精度整体在 70% 以上。

第二节　SRTM3 DEM V4 数据的垂直误差定量建模与校正

基于 ICESat/GLA14 数据的黄土高原地区 ASTER GDEM V2 数据的垂直误差的 MLR 建模研究虽然获得了像素尺度上的垂直误差分布状况（Zhao et al., 2017），但黄土高原地区范围很大，地表状况差异显著，同时获得的垂直误差分布状况是在不同等级的分布概率，而不是每个像素的真实数值，因此无法对 DEM 数据进行有效校正。

针对上述问题，本节研究选择黄土高原中的陕北高原为实验区，通过选择合适的模型获取 SRTM3 DEM V4 数据在像素尺度上的垂直误差数值，进而对 SRTM3 DEM V4 数据进行校正，并最终对 DEM 校正数据的精度提升状况进行评价，从而获得精度更高的 DEM 数据校正成果（Zhao et al., 2020）。

一、实验区概况

本研究选择中国中北部、陕西省北部的陕北高原作为实验区（图 4-8）。陕北高原位于西安市以北、黄河西部和内蒙古高原的南部。由于严重的水土侵蚀作用,陕北高原分布典型的黄土地貌类型,如黄土塬、黄土梁和黄土峁等(Zhao et al.,2014)。

由于陕北高原具有独特的地貌特征、丰富的自然资源、大量的人口和严重的水土侵蚀问题(Tang et al.,2005),在该地区开展了大量基于 DEM 数据的数字地形分析及相关应用研究(Tang et al.,2008;Zhou et al.,2010;Xiong et al.,2014)。

二、主要数据源

本研究所用的主要数据源包括陕北高原的 SRTM3 DEM V4 数据和 ICESat/GLA14 数据。

(一)SRTM3 DEM V4 数据

通过下载、处理,获得的陕北高原的 SRTM3 DEM V4 数据如图 4-8 所示。由图 4-8 可以看出:陕北高原 SRTM3 DEM V4 数据的数值范围为 $377 \sim 2\,005$ m。地形被河流切割严重,西部海拔高度比较大,东部海拔高度较小。

构建陕北高原地区 SRTM3 DEM V4 数据海拔高度分布的示意图,结果如图 4-9 所示。

由图 4-9 可以看出:陕北高原地区 SRTM3 DEM V4 数据的数值分布约以 1 178 m 为中心,呈 σ^2 在 0.5 到 1.0 同时有一些右偏的近似正态分布。

(二)ICESat/GLA14 数据

通过对陕北高原地区的 ICESat/GLA14 数据进行处理,最终获得 256 363 个高精度控制点,其空间分布如图 4-8(a)所示。

由图 4-8(a)可以看出:ICESat/GLA14 数据在陕北高原沿着轨道线均匀分布,为实验区 SRTM3 DEM V4 数据的垂直误差建模提供了坚实的基准数据基础。

三、研究方法

本节研究的技术路线如图 4-10 所示。

由图 4-10 可以看出:首先基于 SRTM3 DEM V4 数据计算获得海拔高度、起伏度、坡度和坡向等地形要素,它与土地利用、NDVI 联合组成地表要素;然后基于 ICESat/GLA14 数据通过计算其与 SRTM3 DEM V4 数据的差值获得 SRTM3 DEM V4 数据的垂直误差,并将垂直误差数据分为模拟点和检核点两类;利用地表要素数据和 ICESat/GLA14 数据可以构建表征 SRTM3 DEM V4 数据垂直误差的 MLR 模型,然后通过地表要素数据和 MLR 模型模拟 SRTM3 DEM V4 数据的垂直误差表面;将垂直误差表面与 SRTM3 DEM V4 数据进行叠加,获得 SRTM3 DEM V4 数据的校正成果;最后通过检核点,对 SRTM3 DEM V4 数据的校正成果进行精度评价。

这里,我们主要介绍 ICESat/GLA14 数据的处理与获取 SRTM3 DEM V4 数据的垂直误差、地表参数的获取及其垂直误差的分布和 MLR 模拟模型构建三方面内容。

(一)ICESat/GLA14 数据处理与 SRTM3 DEM V4 数据的垂直误差获取

在获得陕北高原地区的 ICESat/GLA14 数据后,通过 ArcGIS 的 Surface Spot 功能提取每个 ICESat/GLA14 点对应的 SRTM3 DEM V4 数据的海拔高度值。将 ICESat/GLA14 点本身的海拔高度值减去 SRTM3 DEM V4 的海拔高度值,获得对应点位置的 SRTM3 DEM V4 的垂直误差值。

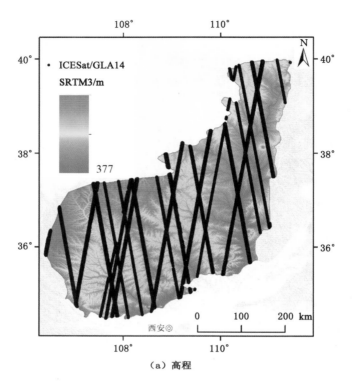

（a）高程

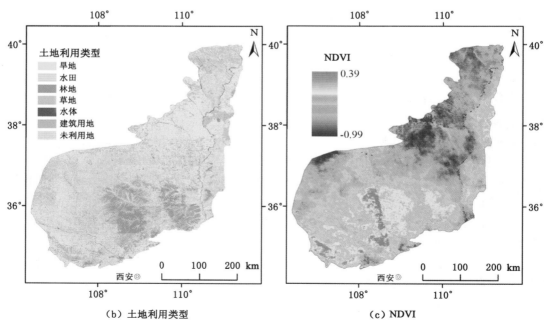

（b）土地利用类型　　　　　　　　　　　　　（c）NDVI

图 4-8　ICESat/GLA14 数据与 SRTM3 DEM V4 数据、土地利用数据和 NDVI 数据

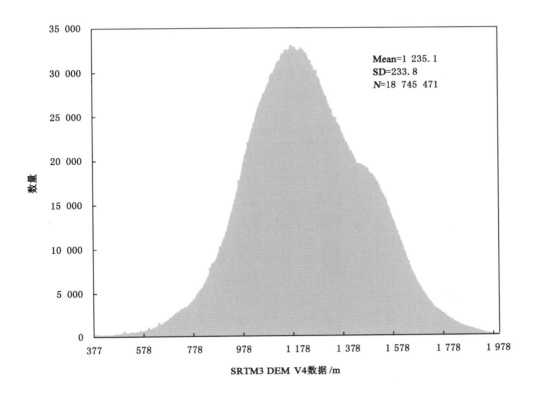

图 4-9　实验区 SRTM3 DEM V4 数据的数值分布示意图

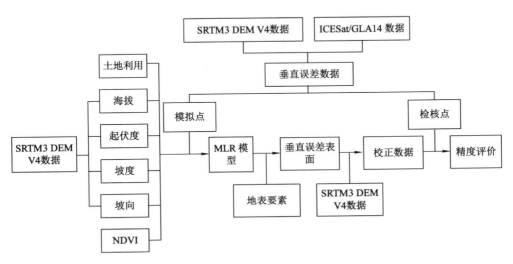

图 4-10　本研究的技术路线

　　由于云层反射、激光脉冲的饱和度、椭球转换和其他要素的影响,ICESat/GLA14 数据中存在一些异常值。为了去除这些异常值,首先将计算得到的 SRTM3 DEM V4 的垂直误差的绝对值大于 100 m 的点移除,ICESat/GLA14 点的数目因此从 256 363 减少到 247 591。然后按照 3σ 原则,将垂直误差分布大于 99.7% 和小于 0.3% 的 ICESat/GLA14 点移除,从而得到最终的 ICESat/GLA14 数据。

对于最终获得的 ICESat/GLA14 数据,按照任何两个点之间的距离均不小于 100 m,从中提取出 ICESat/GLA14 模拟点数据,剩下的则作为检核点数据。模拟点和检核点的数目相近,它们分别用于 SRTM3 DEM V4 数据的垂直误差建模和精度评价。通过对不同 ICE-Sat/GLA14 数据进行数理统计,其结果如表 4-8 所示。

表 4-8　不同 ICESat/GLA14 数据集的数理统计结果

数据类型	点数/个	百分比/%	最小值/m	最大值/m	平均值/m	标准偏差/m
ICESat/GLA14	245 337	100	414.2	1 967.7	1 229.8	235.4
模拟点	127 506	52.0	422.6	1 967.0	1 257.0	238.8
检核点	117 831	48.0	414.2	1 967.7	1 200.4	228.0

图 4-8 显示:经处理后最终的 ICESat/GLA14 数据有 245 337 个点。对于模拟点和检核点,它们的数目分别为 127 506 和 117 831。模拟点和检核点的数理统计值相近,而总的 ICESat/GLA14 则是二者的综合值。对于总的 ICESat/GLA14 数据,海拔高度数值范围在 414.2 m 到 1 967.7 m 之间,其平均值为 1 229.8 m,标准偏差则为 235.4 m。

（二）地表参数获取及其垂直误差分布

地表覆被状况,如土地利用、指标类型与结构、树冠密度等对接收 ICESat/GLA14 数据和 SRTM3 DEM V4 数据的传感器的穿透能力有重要影响(Braun et al.,2007;Miliaresis et al.,2009,2011)。同时,地形要素如海拔、起伏度、坡度和坡向等,与 SRTM3 DEM V4 数据的垂直误差有密切的关系(Miliaresis,2007;Hayakawa et al.,2008;Zhao et al.,2011)。不同地表覆被和地形要素的获取与垂直误差分布如下。

1. 海拔高度要素

海拔高度要素可以从 SRTM3 DEM V4 数据中直接获取,其分布如图 4-8(a)所示。对图 4-8(a)中的海拔高度数据进行数理统计,其结果如表 4-9 所示。

表 4-9　地表参数的统计结果

数据集	最小值	最大值	平均值	标准偏差
海拔 /m	377	2 005	1 235.1	233.8
起伏度 /m	20	612	207.3	61.8
坡度 /(°)	0	47.4	11.3	5.9
NDVI	−1.0	0.4	0.1	0.1

由表 4-9 可以看出:陕北高原的海拔高度范围为 377～2 005 m,其平均值为 1 235.1 m,标准偏差为 233.8 m。这说明陕北高原主要位于中海拔地区,且承受较严重的地形切割作用。

首先将海拔高度按照自然断点法并取整,选择 500 m、1 000 m 和 1 500 m 为间隔点,将其分为四个不同的等级,然后将其赋给 ICESat/GLA14 数据点,并获得不同等级的 SRTM3 DEM V4 数据的垂直误差分布状况,其统计值如表 4-10 所示。

表 4-10 不同要素各等级垂直误差的统计结果

要素	分类	百分比/%	平均值/m	偏差/m	要素	分类	百分比/%	平均值/m	偏差/m
坡度	≤3°	7.843	−2.1	4.9	坡向	Flat(−1)	0.004	1.2	5.0
	3°~8°	22.271	−1.0	14.3		N(337.5~22.5) *	2.994	11.9	18.1
	8°~15°	42.691	−0.6	21.5		NE(22.5~67.5)	10.860	−0.7	18.6
	15°~25°	25.511	−1.2	26.3		E(67.5~112.5)	15.910	−10.2	18.7
	>25	1.684	−2.3	29.7		SE(112.5~157.5)	15.171	−11.9	19.2
起伏度	≤100 m	3.554	−1.3	7.3		S(157.5~202.5)	15.465	−7.1	19.0
	100~200 m	36.629	−0.7	18.5		SW(202.5~247.5)	16.033	0.8	17.9
	200~400 m	59.003	−1.0	22.4		W(247.5~292.5)	14.388	11.2	17.3
	>400 m	0.814	−8.2	27.4		NW(292.5~337.5)	9.176	16.4	17.3
海拔	≤500 m	0.070	0.0	11.8	土地利用	旱地	11.762	1.4	20.6
	500~1 000 m	15.157	−0.2	20.5		水田	22.122	1.8	18.0
	1 000~1 500 m	71.862	−1.1	20.8		林地	12.705	−2.1	23.4
	>1 500 m	12.911	−1.6	20.4		草地	32.757	−3.1	21.5
NDVI	≤0	1.985	−1.5	16.5		水域	5.106	−2.5	19.9
	0~0.1	40.624	−0.7	19.5		建筑用地	4.123	−1.5	19.9
	0.1~0.2	43.670	−1.1	21.3		未利用地	11.425	−0.7	19.8
	>0.2	13.722	−1.4	22.8					

说明：* 对于"N"，"337.5~22.5"表示"337.5°~360°"或"0~22.5°"，其余以此类推。

表 4-10 显示：随着海拔高度增大，垂直误差的平均值从 0.0 m 降低到 −1.6 m，误差的绝对值持续增加；对于标准偏差，它们在低海拔地区较小，当海拔增加时（>500 m），标准偏差变化不大。

2. 起伏度要素

起伏度要素表征区域地表形态的起伏程度，主要通过计算 SRTM3 DEM V4 数据的海拔高度差值获得。利用 ArcGIS 软件空间分析工具的块统计功能，以 20 像素×20 像素为窗口获得窗口内的海拔高度最大值和最小值，将最大值与最小值相减得到对应像素的起伏度数值（郎玲玲 等，2007；周成虎 等，2009）。起伏度数据的统计指标如表 4-9 所示。表 4-9 显示：实验区属于中等起伏度地区，起伏度的平均值和标准偏差分别为 207.3 m 和 61.8 m。

按照自然断点法并取整将起伏度分为 4 个等级，分别以 100 m、200 m 和 400 m 为间隔点，然后统计每个等级 SRTM3 DEM V4 数据的垂直误差的分布状况，如表 4-10 所示。由表 4-10 可以看出：随着海拔高度增加，垂直误差的平均值整体降低，但其绝对值却在增加；同时，垂直误差的标准偏差基本上在持续增加。

3. 坡度要素

坡度是表征区域地表起伏程度的重要指标，它在很多研究中被广泛应用。基于 SRTM3 DEM V4 数据，坡度通过 ArcGIS 软件中的空间分析工具计算，其统计性指标如表

4-9 所示。由表 4-9 可以看出：坡度的平均值和标准偏差分别为 11.3°和 5.9°，因此，与起伏度情况相似，说明实验区处于中等起伏的地表形态。

将坡度按照自然断点法并取整，选择 3°、8°、15°和 25°为间隔点进行分类，并获得不同类型 SRTM3 DEM V4 数据的垂直误差，其分布如表 4-10 所示。由表 4-10 可以看出：随着坡度增加，垂直误差的标准偏差持续快速增加。

4. 坡向要素

坡向要素主要表征倾斜地貌的倾斜方向，主要利用 ArcGIS 软件中的空间分析功能计算 SRTM3 DEM V4 数据获得。通过对坡向数据进行分类，并统计每一种类型中 SRTM3 DEM V4 数据垂直误差的分布情况，结果如表 4-10 所示。

由表 4-10 可以看出：平地的垂直误差的标准偏差值最小；其他方向垂直误差的标准偏差值近似；对于垂直误差的平均值，南东（SE）方向具有最小值，而北西（NW）方向具有最大值，因此垂直误差的平均值沿 SE-NW 方向呈近似对称分布。

5. 土地利用要素

土地利用要素主要用来表达实验区的土地利用类型分布状况。基于 Landsat（美国陆地卫星）遥感影像目视解译和野外验证方法，实验区的土地利用被划分为七种类型，分别是：旱地、水田、林地、草地、水域、建筑用地和未利用地。这七种土地利用类型在实验区的空间分布如图 4-8(b)所示。通过将土地利用类型空间分布与 SRTM3 DEM V4 数据垂直误差的空间分布进行叠加，得到不同土地利用类型中垂直误差的分布状况，其数理统计结果如表 4-10 所示。

由表 4-10 可以看出：林地和草地有最大的标准偏差，这可能是由于这两种类型对 SRTM3 DEM V4 数据和 ICESat/GLA14 数据的垂直误差的影响最严重。

6. NDVI 要素

NDVI 要素主要用来评价植被的分布密度和生长状况，它严重影响 SRTM3 DEM V4 和 ICESat/GLA14 数据的精度（Braun et al.，2007；Miliaresis et al.，2011）。本研究的 NDVI 数据选择 Terra 卫星搭载的 MODIS 传感器采集的数据生成的 250 m 空间分辨率的 NDVI 数据，其精度在±0.025 之内。NDVI 数据在农业监测、牧草物候评价和作物分类等领域广泛应用（Skakun et al.，2018；Sesnie et al.，2012；Wardlow et al.，2007）。

SRTM3 DEM V4 数据的源数据采集于 2000 年，同时，考虑到 ICESat/GLA14 数据的采集时间，本研究的 NDVI 数据主要采用 2000 年夏季的数据以保证较大的区分度。通过下载、镶嵌、裁剪、投影转换和重采样等处理，最终生成的 NDVI 数据与 SRTM3 DEM V4 数据具有一致的投影和空间分辨率，其空间分布如图 4-8(c)所示。当 NDVI 值大于 0 时，表示有植被分布；随着 NDVI 值增大，植被分布密度也增大。

对实验区 NDVI 的数值进行数理统计，结果如表 4-9 所示。由表 4-9 可以看出：植被在实验区分布比较稀疏，但不同区域差别不大。

通过自然断点法并取整将 NDVI 数据分为四类，并统计各类 SRTM3 DEM V4 数据垂直误差的分布情况，统计结果如表 4-10 所示。表 4-10 显示：随着 NDVI 数值增大，垂直误差的标准偏差持续显著增加，因此，当植被覆盖密度增加时，垂直误差就会对应增大。

（三）MLR 模型构建

利用 ArcGIS 软件空间分析功能中的 Surface Spot 工具，将地表要素的数值赋给 ICE-

Sat/GLA14 数据模拟点。基于这些模拟点数据，按照回归模型的 Pearson 回归系数（r）和地表参数的 p 值对 SPSS 软件中的回归模型进行对比与评价，如线性模型、二次回归模型、复合模型、增长模型、对数模型、立方模型、s-曲线模型、指数模型、返回模型、幂函数模型和逻辑模型等。通过对比，本研究选择多重线性回归模型（MLR）：

$$v = b_{i,0} + b_{i,1}X_1 + b_{i,2}X_2 + \cdots + b_{i,n}X_n \qquad (4-3)$$

在公式（4-3）中，v 是垂直误差；$b_{i,0}$ 是常数项；X_1，X_2，$\cdots$，X_n 是常数项；$b_{i,1}$，$b_{i,2}$，$\cdots$，$b_{i,n}$ 是地表要素的常数项。

基于垂直误差和地表要素的数值，MLR 模型中各地表要素的系数如表 4-11 所示。

表 4-11　MLR 模型中各要素的系数

要素	系数	β	p 值	土地利用类型	系数	β	p 值
常数项	7.934			旱地	参考类型		
海拔	-3.186×10^{-3}	-0.037	0.000	水田	-0.543	-0.011	0.003
起伏	2.577×10^{-3}	-0.007	0.007	林地	-2.224	-0.035	0.000
坡度	-0.135	-0.039	0.000	草地	-2.718	-0.062	0.000
坡向正弦	-10.622	-0.384	0.000	水域	-2.458	-0.026	0.000
坡向余弦	10.075	0.304	0.000	建筑用地	-2.074	-0.020	0.000
NDVI	-1.321	-0.006	0.037	未利用地	-1.378	-0.021	0.000

在表 4-11 中，因为坡向代表坡度的方向，是方向值而非数值量，因此选择"坡向正弦"和"坡向余弦"分别代表坡向的正弦值和余弦值；同时，土地利用要素采用类型变量。每个要素的 β 值代表其重要性。因此，坡向是最重要的要素，接下来是坡度和海拔高度，NDVI 要素具有最小的重要性。对于土地利用类型，最重要的要素是林地、草地和水域，这些类型严重影响着传感器的穿透能力，因此影响 SRTM3 DEM V4 数据的垂直误差。

关于 MLR 模型的性能，决定性系数（R^2）达到 0.484。虽然不够理想，但已经是 SPSS 软件中适合模拟 SRTM3 DEM V4 垂直误差的模型表现最好的。对于地表要素，NDVI 要素（$p = 0.037$）的各个分类差异显著，其他要素（$p < 0.01$）的类型差异性更加显著。通过 p 值可说明本研究选择这些要素具有较大的合理性。

四、研究结果

本小节首先对 SRTM3 DEM V4 数据的垂直误差分布特征进行深入分析，然后基于构建的 MLR 模型和地表要素模拟 SRTM3 DEM V4 数据的垂直误差分布表面，最后利用垂直误差分布表面生成 SRTM3 DEM V4 数据的校正结果。

（一）SRTM3 DEM V4 数据的垂直误差分布特征

基于所有的 ICESat/GLA14 数据、模拟点和检核点分别计算 SRTM3 DEM V4 数据的垂直误差并进行数理统计，结果如表 4-12 所示。

表 4-12　基于不同 ICESat/GLA14 数据的 SRTM3 DEM V4 数据垂直误差的统计结果

数据类型	最小值	最大值	平均值	标准偏差	RMSE
ICESat/GLA14/m	−66.5	64.6	−1.0	20.70	20.72
模拟点/m	−66.5	64.6	−1.2	20.80	20.83
检核点/m	−66.5	64.6	−0.7	20.59	20.61

由表 4-12 可以看出：模拟点和检核点是从总的 ICESat/GLA14 数据中随机提取的，因此从三种数据中计算的 SRTM3 DEM V4 垂直误差的统计值结果相近。同时，由于平均误差的绝对值较小，因此 RMSE 和标准偏差的值相近。另外，RMSE 的值（约 20.7 m）与之前在相似地形用大比例尺地形图作为控制点计算的结果保持一致（Zhao et al.，2011）。

基于所有的 ICESat/GLA14 数据获取 SRTM3 DEM V4 数据的垂直误差分布直方图，如图 4-11 所示。

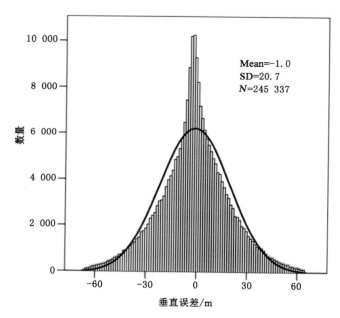

图 4-11　基于 ICESat/GLA14 的 SRTM3 DEM V4 数据的垂直误差分布直方图

图 4-11 中的黑色曲线代表与直方图对应的正态分布曲线。利用 SPSS 软件进行 Kolmogorov-Smirnov 正态检核表明，SRTM3 DEM V4 数据的误差分布呈现近似正态分布，并具有较高的峰度值（0.498）和稍微一点左偏，因为垂直误差的平均值为 −1.0 m。

（二）SRTM3 DEM V4 数据的垂直误差分布表面

基于构建的 MLR 模型，通过地表要素可以获得 SRTM3 DEM V4 数据的垂直误差分布表面，如图 4-12 所示。

图 4-12 给出了 SRTM3 DEM V4 数据在像素尺度上垂直误差的分布情况，同时提供了局部区域的起伏度和更加清晰的垂直误差分布状况。由局部区域的起伏度和垂直误差分布状况的对比可以发现二者之间有密切的关系[图 4-12(a)和(b)]。

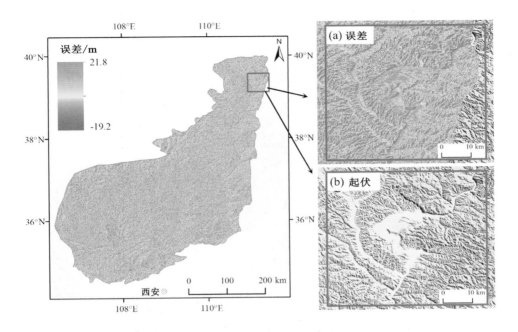

图 4-12 陕北高原及其局部区域 SRTM3 DEM V4 数据的垂直误差分布

对图 4-12 中陕北高原 SRTM3 DEM V4 数据的垂直误差分布表面进行数理统计发现，垂直误差表面的平均值为 0.6 m、标准偏差为 10.2 m。同时，误差分布表面的数值范围（—19.2～21.8 m）远小于 ICESat/GLA14 数据数值范围（—66.5～64.6 m）。

（三）SRTM3 DEM V4 数据的校正结果

将垂直误差分布表面与 SRTM3 DEM V4 数据相加，得到 SRTM3 DEM V4 数据的校正结果，其分布如图 4-13 所示。

图 4-13 显示：SRTM3 DEM V4 数据的校正结果与原始的 SRTM3 DEM V4 数据在地表形态上非常相似，这是因为校正结果的数值范围（367.7～2 014.6 m）远大于垂直误差表面的数值范围（—19.2～21.8 m）。

对陕北高原 SRTM3 DEM V4 数据的校正结果的海拔高度分布进行数理统计并以图形显示分布状况，结果如图 4-14 所示。

由图 4-14 可以看出：陕北高原 SRTM3 DEM V4 校正数据与原始数据有相似的分布和数理统计结果（图 4-9）。

五、讨论

（一）SRTM3 DEM V4 数据校正结果的精度评价

基于 ICESat/GLA14 数据的检核点进行计算，发现 SRTM3 DEM V4 数据校正结果的 RMSE 为 9.4 m。与 SRTM3 DEM V4 原始数据相比（RMSE＝20.6 m），校正结果的精度有明显提高，约提高了 54.4%。即使如此，可以通过采取如下各方面措施，使 SRTM3 DEM V4 数据校正结果的精度得到进一步提高。

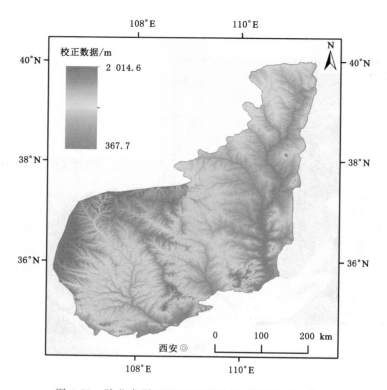

图 4-13　陕北高原 SRTM3 DEM V4 数据的校正结果

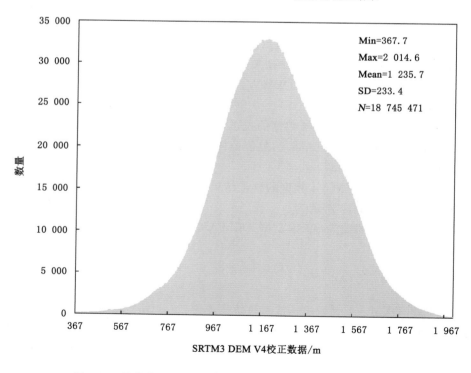

图 4-14　陕北高原 SRTM3 DEM V4 校正数据的海拔高度分布

（1）对 SRTM3 DEM V4 数据垂直误差来源的深度理解。SRTM3 DEM V4 数据的垂直误差来源于多方面，如基线旋转误差、相位误差、光束差分误差、时间和位置误差等（Becek，2008）。同时，还有很多数据源（如 SRTM30 1 km 产品）被用于修复 SRTM3 DEM V4 数据的空洞（Jarvis et al.，2005；Hall et al.，2005），这在一定程度上增加了垂直误差的随机性。SRTM3 DEM V4 数据复杂的误差分布状况在很大程度上将影响精度评价和误差校正的质量。

（2）提高模型的效果。通过对 SPSS 各种回归模型的效果进行评价，本研究选择 MLR 模型来表达垂直误差分布与地表参数之间的相关关系。MLR 模型既简单又具有一定的合理性，但其 0.484 的 R^2 值说明其远非理想。考虑到 SRTM3 DEM V4 数据垂直误差的复杂分布状况，未来相关研究中开发出一种新的、更加合理甚至理想的模拟模型是提高校正结果精度的重要途径。

（3）提高地表要素的质量。本研究中地形要素是基于 SRTM3 DEM V4 数据获取的，因此它们与 SRTM3 DEM V4 数据及其垂直误差是有一定的相关性的。对于土地利用要素，它们是类型变量和矢量数据，因此很难详细表征 SRTM3 DEM V4 数据的垂直误差分布。而源自 MODIS 产品的 NDVI 要素，其原始空间分辨率为 250 m，这远低于 SRTM3 DEM V4 数据的空间分辨率。同时，这些要素较高的 p 值也说明需要提高地表要素的质量。另外，还有其他的影响 SRTM3 DEM V4 数据垂直误差分布的要素，如空洞分布、水体分布和原始雷达影像上的纹理细节不充分区域等（Brown et al.，2005；Bhang et al.，2007；Becek，2014）。因此，选择更合适和质量更高的要素是数据源方面需要着重考虑的。

（4）修正 ICESat/GLA14 数据内部存在的误差。不理想的数据获取条件，如激光脉冲饱和度、不合理的海拔高度值和云层反射状况弧等状况会导致 ICESat/GLA14 数据内部存在异常值（Atwood et al.，2007；Duong et al.，2009；Gonzalez et al.，2010）。对不同的地表状况，ICESat/GLA14 数据和 SRTM3 DEM V4 数据的传感器具有不同的穿透能力（Carabajal et al.，2005），这也将影响垂直误差校正结果的精度（Braun et al.，2007；Miliaresis et al.，2007，2011）。同时，当利用 ICESat/GLA14 数据作为基准数据时，在椭球转换中存在的误差和数据点沿轨道线的固定分布都将加剧 SRTM3 DEM V4 数据校正中的误差（Bhang et al.，2007；Zwally et al.，2002）。

（二）与相关研究的对比

许多关于 DEM 数据精度评价的研究多集中在垂直误差的指标统计方面。如：Miliaresis 等（2005）利用地形图数据计算了 SRTM DEM 数据在希腊克里特岛的平均误差、平均绝对误差和 RMSE 等指标；Gorokhovich 等（2006）基于 GPS 数据确定了普吉岛和卡兹奇山 DEM 数据的绝对平均垂直误差；Rodriguez 等（2006）对 SRTM3 DEM 数据在全球各个大洲的绝对地理位置误差、绝对高度误差和相对高度误差进行了对比分析；Berry 等（2007）获得了全球每个大洲 SRTM DEM 数据的平均误差和标准偏差；Hayakawa 等（2008）在日本西部利用地形图数据对比了 ASTER GDEM 和 SRTM3 DEM 的海拔高度、坡度和曲率参数。

其他相关研究则侧重于获得 DEM 数据的误差校正结果。例如，基于 SRTM3 DEM 数据，Zhao 等（2011）对中国黄土高原地区的 ASTER GDEM 数据进行了误差校正；利用超分辨率网格方法，Yue（2015）融合了一种多尺度 DEM 数据；基于 SRTM3 DEM V4 数据和

ASTER GDEM V2 数据，Satge 等（2015）在阿尔蒂普拉诺高原构建一种融合的校正版 DEM 数据；通过移除偏差和噪声，Yamazaki 等（2017）基于 SRTM3 DEM V4 等源数据开发了一种新的 DEM 数据产品——Merit DEM，它在全球大范围数字地形分析中发挥着重要作用。利用多源数据和人工神经网络模型等方法，Yue 等（2017）也研制了一种高质量的无缝 DEM 产品。

与之前的研究相比，本研究建立了一种定量模型来表达地表要素与 DEM 数据垂直误差之间的相关关系，以此获得像素尺度上的垂直误差分布表面，并进而得到 SRTM3 DEM V4 数据较高精度的校正结果。与前人研究中提出的方法相比，本研究提出的方法在其他区域简单易用（Yamazaki et al.，2017；Yue et al.，2017）。因此，本研究在本领域做出了较为重要的突破。

全球 SRTM1 DEM 数据已于 2015 年开始可以在 USGS 的 Earth Explorer 上下载。同时，还有其他的全球高精度 DEM 数据可以免费下载，如 AW3D30 DEM、ASTER GDEM V3、Tandem-X 和 WorldDEM™等。即使如此，考虑到 SRTM3 DEM 数据的免费性和在不同领域的广泛应用，对于 SRTM3 DEM V4 数据的精度评价和误差校正仍具有重要的意义。同时，ICESat-2 卫星于 2018 年发射。因此，本研究可为 DEM 数据精度评价和应用的未来研究提供重要基础和参考。

六、本节小结

基于 ICESat/GLA14 数据，本节建立了一种定量模型（MLR 模型）来表达地表要素与 SRTM3 DEM 数据垂直误差之间的相关关系，以此获得像素尺度上的垂直误差分布表面，并进而得到 SRTM3 DEM V4 数据较高精度的校正结果。通过本节研究，可以获得如下结论：

（1）SRTM3 DEM V4 数据的垂直误差范围为 $-66.6 \sim 64.6$ m，平均值为 -1.0 m，RMSE 和标准偏差则均为 20.7 m。垂直误差分布显示出近似正态分布并有一些左偏。

（2）陕北高原地区地表要素与 SRTM3 DEM V4 数据的垂直误差之间有密切的关系。随着海拔高度、坡度、起伏度和 NDVI 的数值增大，垂直误差的标准偏差也随之增加；对于坡向要素，按照垂直误差中平均误差的正值和负值，显示出沿南东-北西向的对称分布；对于土地利用要素，在草地和林地类型的垂直误差的值则最大。

（3）通过对 SPSS 软件中的不同回归模型的性能进行对比，本研究选择 MLR 模型进行 SRTM3 DEM V4 数据垂直误差与地表要素之间相关关系的建模。基于 MLR 模型可以获得各要素在 SRTM3 DEM V4 数据垂直误差表达中的重要性：坡向是影响垂直误差分布的最重要的要素，然后是坡度、海拔高度和 NDVI。构建的 MLR 模型的 R^2 值为 0.484，所有地表要素的 p 值均小于 0.05。

（4）获得了实验区像素尺度上的误差分布表面，它与地形有密切的关系，并以此生成了 SRTM3 DEM V4 数据的校正成果。对于 SRTM3 DEM V4 的校正数据，通过 ICESat/GLA14 检核点进行精度评价发现，其 RMSE 从 20.6 m 提高到 9.4 m。本研究不仅获得了陕北高原地区 SRTM3 DEM V4 数据像素尺度上的误差分布表面，并以此生成了具有更高精度的 SRTM3 DEM V4 的校正版数据。因此，本研究不仅有益于数字地形分析领域的应用与研究，同时为 DEM 数据的精度评价，特别是地表状况相似区域的精度评价提供重要参考。

第三节　本　章　小　结

基于 ICESat/GLA14 数据,本章首先利用多变量逻辑回归模型和地表参数获得了 AS-TER GDEM V2 数据在黄土高原像素尺度上的垂直误差分布状况,并对其精度进行了评价;然后通过对 SPSS 软件中的回归模型进行性能对比,选择多重线性回归模型获得了 SRTM3 DEM V4 数据在陕北高原的垂直误差分布表面,并以此对 SRTM3 DEM V4 数据进行了误差校正,获得了更高精度的 SRTM3 DEM V4 数据校正成果。通过本章研究,可以获得如下结论:

(1) ASTER GDEM V2 数据在黄土高原地区的垂直误差分布与地表状况之间的相关关系:随着海拔、坡度和起伏度的数值增大,平均误差从正值变为负值,标准偏差几乎持续增加;正误差和负误差沿坡向呈对称分布;随着 NDVI 数值增加,平均误差从负值到正值且其绝对值持续增加;土地利用类型中垂直误差最大的是林地和草地。ASTER GDEM V2 数据在黄土高原地区不同等级垂直误差的分布概率的平均值分别为 0.069、0.257、0.376、0.252 和 0.046,垂直误差分布概率以中间的误差等级($-5\sim5$ m)作为纵轴显示出近似正态分布并有一些左偏。利用不同的数据集(ICESat/GLA14 数据和地形图控制点数据)对获得的不同等级的垂直误差的精度进行评价发现,其精度整体在 70% 以上。

(2) 陕北高原地区 SRTM3 DEM V4 数据的垂直误差数值范围为$-66.6\sim64.6$ m,平均值为-1.0 m,RMSE 和标准偏差则均为 20.7 m,垂直误差分布显示出近似正态分布并有一些左偏。SRTM3 DEM V4 数据的垂直误差与地表要素之间的关系:随着海拔高度、坡度、起伏度和 NDVI 的数值增大,垂直误差的标准偏差也随之增加;按照垂直误差中平均误差的正值和负值,显示出其沿南东-北西向对称分布;对于土地利用要素,在草地和林地类型的垂直误差的值则最大。通过对 SPSS 软件中不同回归模型的性能进行对比,选择多重线性回归模型进行 SRTM3 DEM V4 数据垂直误差与地表要素之间相关关系的建模。基于多重线性模型可以获得各要素在 SRTM3 DEM V4 数据垂直误差表达中的重要性:坡向是影响垂直误差分布的最重要的要素,然后是坡度、海拔高度和 NDVI。构建的 MLR 模型的 R^2 值为 0.484,所有地表要素的 p 值均小于 0.05。基于多重线性回归模型和地表要素获得了陕北高原地区 SRTM3 DEM V4 数据像素尺度上的误差分布表面,并以此生成了具有更高精度的 SRTM3 DEM V4 的校正版数据。对于 SRTM3 DEM V4 的校正数据,通过 ICESat/GLA14 检核点进行精度评价发现,其 RMSE 从 20.6 m 提高到 9.4 m,因此精度得到了较大程度的提高,这也是本研究中误差建模与校正的重要突破。

第五章 多源数字高程模型数据 应用的对比与评价

数字高程模型(DEM)数据的误差评价、模型模拟与误差校正等研究是进行数字地形分析的基础和可靠性的保障。为了获得 DEM 相关数据在应用中的性能状况并进行对比评价,本章首先基于 ICESat/GLA14 数据对黄土高原地区重要的水库水位进行了动态监测,并对监测精度进行了分析(武文娇 等,2018b);然后以数字地形剖面为指标,对比分析了各种全球开放 DEM 数据在山西省不同地貌类型下的地形剖面的精度状况(武文娇 等,2017);最后以遥感影像解译的河网为基准,对不同全球开放 DEM 数据提取的河网套合情况在整个山西省和局部区域进行了对比与评价(武文娇,2018a)。

第一节 ICESat/GLA14 数据在水库水位监测中的应用

随着卫星测高技术的发展,利用雷达测高技术获取海平面高度(陈国栋 等,2015)、冰盖量(Zwally et al.,2008;黄海兰 等,2012;李斐 等,2016)、陆地地形(万雷 等,2015;万杰 等,2015)等的研究越来越多,并且取得了很多成果。ICESat 是首颗载有激光雷达传感器的卫星,自 2003 年开始获取数据以来,得到了广泛的应用。在湖泊水位监测中,Wang 等(2013)利用 ICESat 获得了中国大型湖泊的水位变化;Zhang 等(2011)利用 ICESat 测高数据监测了青藏高原 261 个湖泊的水位变化;李均力等(2011)对中亚地区的湖泊水位变化的时空特征进行了分析;吴红波等(2012)研究了利用 ICESat 数据对长江中下游湖泊水位的监测,并对变化原因进行了分析;Song 等(2014)研究了青藏高原 105 个封闭湖季节性和突发性的水位变化及对气候变化的指示;Duan 等(2013)利用卫星测高和卫星影像数据估计了湖泊和水库的蓄水量。

黄土高原地区气候干旱,水土流失严重,水资源匮乏,对其重要水库水位变化进行有效监测有利于该地区水资源的合理分配和保护,对区域经济的可持续发展和社会稳定具有重要意义(姚文波,2007;Liu et al.,2016;Zhang et al.,2016)。但是,目前利用卫星测高数据对黄土高原地区重要水体水位变化的动态监测研究非常有限。因此,本研究尝试利用 ICESat/GLA14 数据对黄土高原地区重要水库的水位变化进行动态监测,并利用实测水位对 ICESat/GLA14 测高数据估测的水位进行验证,从而为了解黄土高原地区水资源空间分布的变化状况提供参考和依据(武文娇 等,2018b)。

一、实验区概况

黄土高原是世界最大的黄土沉积区,位于中国中部偏北,经纬度范围约为北纬 34°~40°、东经 103°~114°,包括了太行山以西、青海省日月山以东、秦岭以北、长城以南的广大地区,跨山西、陕西、甘肃、青海、宁夏、河南、内蒙古等省区,面积约 30 万 km²,分布范围如图 5-1 所示。黄土高原大部分地区为干旱半干旱气候区,属于温带(大陆性)季风气候,年平均气温在 8~14 ℃之间,冬季寒冷干燥,夏季炎热多雨,降水分布不均匀,西北部干旱、降雨量少,东南部降雨量多,年降雨量一般在 300 mm 到 600 mm 之间,且降水多集中在 6—10 月份(赵尚民,2014)。

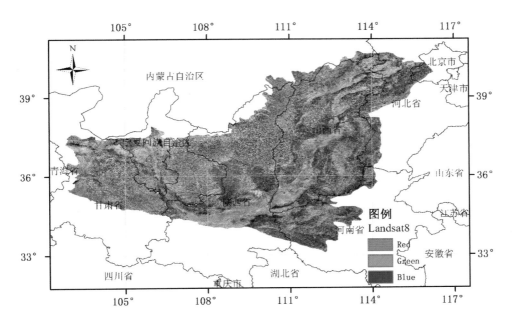

图 5-1　黄土高原位置与 Landsat8 遥感影像

二、主要数据源

本研究中所使用的主要数据源为黄土高原地区的 Landsat8 遥感影像数据和 ICESat/GLA14 数据。

(一)Landsat8 遥感影像数据

Landsat8 遥感影像从美国地质调查局下载。Landsat8 上携带有两个主要传感器:OLI (operational land imager,陆地成像仪)和 TIRS(thermal infrared sensor,热红外传感器) (Ke et al.,2015)。OLI 可以被动感应地表反射的太阳辐射和散发的热辐射,其包括 9 个波段,覆盖了从红外到可见光的不同波长范围,空间分辨率为 15 m(全色波段)和 30 m(多光谱波段),TIRS 有 2 个热红外波段,收集地球热量流失,目标是了解所观测地带的水分消耗,特别是干旱地区水分消耗,空间分辨率为 100 m。

（二）ICESat/GLA14 数据

ICESat/GLA14 测高数据从美国国家冰雪数据中心下载，版本为 34，从 2003 至 2009 年共 19 期数据，数据获取时间集中在春季、秋季和冬季（Phan et al.，2012）。ICESat 是 NASA 在 2003 年 1 月发射的第一颗专门用于测量极地冰量的星载激光测高卫星，其安装了最先进的地球科学激光测高系统（GLAS），飞行高度为 600 km、倾角为 94°、运行周期为 91 天的重复轨道。ICESat 主要用于监测极地冰盖质量变化，获取冰盖总量以及海平面变化所需的关键数据（聂琳娟 等，2011）。相对于其他雷达测高数据而言，ICESat/GLA14 具有覆盖范围广、垂直分辨率高、采样密集等特点（Zwally et al.，2002），其到达地面的激光脉冲形成直径约 70 m 的光斑，光斑之间的距离约为 172 m，地面垂直分辨率可达到 10 cm，能够对内陆较小的水体进行高精度量测（文汉江 等，2005；范春波 等，2005）。

三、研究方法

研究方法主要包括从遥感影像中提取重要水库的边界和通过 ICESat/GLA14 数据获取水库水位（以黄海基面为绝对基面）的变化两方面内容。

（一）基于 Landsat8 遥感影像的重要水库边界的提取

利用 Landsat8 遥感影像提取水库的边界，首先对原始的 Landsat8 数据进行几何校正、大气校正、图像融合和图像拼接等处理，处理后的影像数据空间分辨率为 15 m。然后利用黄土高原的矢量边界对影像进行裁剪，最后在 ArcGIS 中利用影像提取黄土高原水库的边界。

（二）基于 ICESat/GLA14 数据的水位变化的获取

首先下载、处理并最终获取黄土高原地区的 ICESat/GLA14 数据；然后用水库的矢量边界对 ICESat/GLA14 数据进行裁剪，并在 ArcGIS 中以 10 cm 为阈值对经过水库的 IC-ESat/GLA14 轨道数据剔除粗差，最后计算每个观测时段内的水库水位的平均值和标准差。

四、结果分析

（一）重要水库的选择结果及其分布

利用 Landsat8 遥感影像结合 ICESat/GLA14 轨道数据的分布，分别提取了黄土高原东部的册田水库，中部的文峪河和王窑水库，西部的刘家峡、寺口子和沈家河水库的水体边界。其中册田水库位于山西省大同市云州区许堡乡；文峪河水库位于山西省文水县开栅镇，王窑水库位于延安市安塞区；寺口子水库和沈家河水库位于宁夏固原市，刘家峡水库位于甘肃省临夏州永靖县。提取的水库位置和所经过水库的 ICESat/GLA14 数据如图 5-2 所示。

（二）水库水位变化及分析

用 ICESat/GLA14 数据提取水库水位平均值，然后构建 2003 年到 2009 年的水库水位变化趋势，结果如图 5-3 所示。

从图 5-3(a)可以看出：黄土高原东部水库水位基本呈下降趋势。以册田水库为例，其水位从 2003 年到 2008 年变化较大，在 2005 年 5 月水位最高，为 950.73 m；在 2008 年 10 月水位最低，为 945.88 m；平均水位呈逐渐降低趋势。

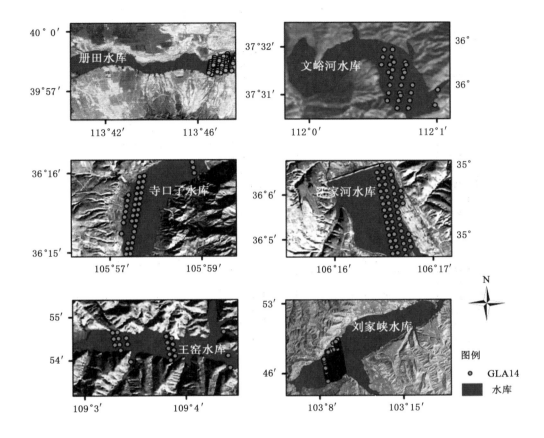

图 5-2 重要水库位置及其 ICESat/GLA14 数据点分布

从图 5-3(b)可以看出:黄土高原中部水库水位变化较大,整体呈下降趋势。以文峪河水库水位为例,在 2005 年 5 月最低,为 815.69 m,与 2003 年 10 月的最高水位 835.43 m 相比,降低了 19.74 m,变化较大,然后水位逐渐上升,到 2008 年又降低。

从图 5-3(c)可以看出:王窑水库水位年内变化显著,2005 年 5 月份和 2005 年 2 月份相比,水位降低了 7.95 m,2004 年到 2008 年的年际平均水位波动不大。

从图 5-3(d)可以看出:黄土高原西部水库水位变化较小,寺口子水库水位在 2004 年、2005 年、2007 年、2008 年这四年变化较小,2007 年与 2004 年相差最大,仅为 1.02 m。

从图 5-3(e)可以看出:沈家河水库从 2004 年到 2007 年水位基本呈下降趋势,最高水位与最低水位相差 3.05 m。

从图 5-3(f)可以看出:刘家峡水库从 2004 年到 2008 年水位变化不大,最高水位与最低水位相差 3.38 m,水位与季节有关,2 月份水位明显偏高。

(三)水库水位监测结果精度分析

为了验证 ICESat/GLA14 测高数据对水库水位测量的精度,本研究将获得的册田水库和文峪河水库的 ICESat/GLA14 监测水位与实测水位进行对比,结果如表 5-1 所示。

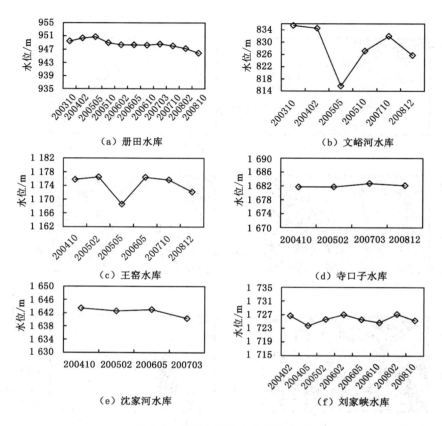

（a）册田水库　　（b）文峪河水库
（c）王窑水库　　（d）寺口子水库
（e）沈家河水库　　（f）刘家峡水库

图 5-3　重要水库的水位变化曲线

表 5-1　黄土高原重要水库 ICESat/GLA14 测高数据与实测水位精度对比分析

水库	时间	ICESat/GLA14 数据测量水位/m	水库实测水位/m	验证精度/m
册田	200310*	949.44	951.49	−2.05
	200402	950.36	952.39	−2.03
	200505	950.73	952.68	−1.95
	200510	948.94	949.92	−0.98
	200602	948.35	950.33	−1.98
	200605	948.32	950.32	−2
	200610	948.27	950.77	−2.5
	200703	948.59	950.65	−2.06
	200710	948.03	948.63	−0.6
	200802	947.26	949.21	−1.95
	200810	945.88	949.06	−3.18

表 5-1（续）

水库	时间	ICESat/GLA14 数据测量水位/m	水库实测水位/m	验证精度/m
文峪河	200310	835.43	832.95	2.48
	200402	834.55	833.80	0.75
	200505	815.69	915.46	−99.77
	200510	827.14	927.02	−99.88
	200710	831.94	831.34	0.6
	200812	825.77	827.59	−1.82

注：* 200310 表示 2003 年 10 月，其余以此类推。

从表 5-1 可以看出：多数 ICESat/GLA14 测量的水位比实测水位低 2 m 左右，与吴红波等（2012）和李均力等（2011）验证的精度在厘米级不太符合，且其中文峪河水库 2005 年 5 月和 2005 年 10 月相差将近 100 m，应该是数据错误。但是，本研究监测的水库水位，水库面积小，水体监测难度大，加上水库受人类活动影响频繁，比湖泊等的监测更加困难，再加上水库边界提取以及 ICESat/GLA14 测高数据的不确定性，都有可能影响 ICESat/GLA14 监测水位的精度。

五、本节小结

本节研究选择黄土高原地区进行水体变化监测的研究，利用 Landsat8 遥感影像和 ICESat/GLA14 测高数据获得了黄土高原 6 个重要水库一定时间序列的水位变化情况。通过本节研究，可以获得如下结论：

（1）黄土高原东部水库从 2003 年到 2008 年水位呈明显下降趋势；中部水库水位在 2005 年 5 月明显下降且整体呈下降趋势；西部水库水位变化较小。通过利用实测数据对册田和文峪河水库水位的验证，ICESat/GLA14 对水库水位的监测精度在 2 m 左右。

（2）由于研究区域面积较小，ICESat/GLA14 数据经过水库的轨道数可能很少，不能获得 2003 年到 2009 年水位的连续变化趋势，且 ICESat/GLA14 数据的获取时间集中在春季、秋季和冬季，不能获得一年内水位连续变化。但是 ICESat-2 应该会在测量精度方面有所改进，且随着遥感影像分辨率的提高，对于利用卫星测高和遥感影像对水资源的监测的应用会更加广泛。

第二节 多源全球开放 DEM 数据基于地形剖面的对比分析

通过对 DEM 数据的地形剖面进行分析，可以对比 DEM 数据的水平位置偏差和对地形的描述误差（Nikolakopoulos et al.，2006；郭笑怡 等，2011）。本研究以山西省为实验区，通过选择不同的地貌类型，将区域内的 ICESat/GLA14 数据轨道点连成线，以 ICESat/GLA14 数据为基准，对比分析 SRTM1 DEM、SRTM3 DEM、ASTER GDEM 和 AW3D30 DEM 等全球开放 DEM 数据在 ICESat/GLA14 轨道上的地形剖面的精度，从而对比它们在地形剖面表达上的能力差异。

一、地貌类型与剖面位置

基于山西省的地貌类型分布,同时参考区域内 ICESat/GLA14 数据点的位置,通过综合考虑确定本研究中不同地貌类型区域及其内 ICESat/GLA14 数据点形成的地形剖面的位置,最终结果如图 5-4 所示。

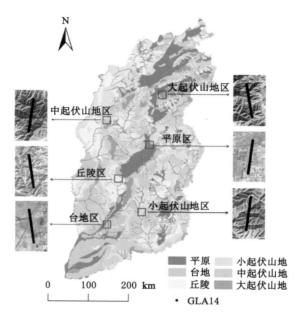

图 5-4　山西省地貌类型及地形剖面的位置

从图 5-4 可以看出:各种地貌类型在山西省基本均匀分布;同时,在每种地貌类型中间,都有一条由 ICESat/GLA14 数据点组成的轨道线作为地形剖面线,而 ICESat/GLA14 数据点形成的剖面点则可以作为评价的基准和参考。

二、不同 DEM 数据地形剖面的对比分析

基于图 5-4 中的地貌类型及地形剖面的位置,并以此获得的 ICESat/GLA14 和各种典型全球开放 DEM 数据(SRTM1 DEM、SRTM3 DEM、ASTER GDEM 和 AW3D30 DEM)在不同地貌类型分布区的地形剖面图,如图 5-5 所示。

从图 5-5(a)和图 5-5(b)可以看出:在平原和台地地区,ASTER GDEM 和 AW3D30 DEM 数据的高程值都有较多异常的波动,其中 ASTER GDEM 的异常值最多,也最为明显,而 SRTM1 DEM 和 SRTM3 DEM 数据的高程值没有出现明显异常,比较稳定,与 ICESat/GLA14 的高程值相接近。

从图 5-5(c)中位于丘陵地区的地形剖面可以看出:ASTER GDEM 对地形的表达普遍过高,AW3D30 DEM 在山峰过高、在山谷过低,在上坡和下坡的地方,AW3D30 DEM 和 SRTM1 DEM 表达趋势比较一致,而 SRTM3 DEM 则比较简略,曲线弯曲较少,省略了一

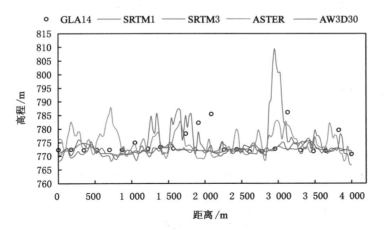

（a）平原地区剖面

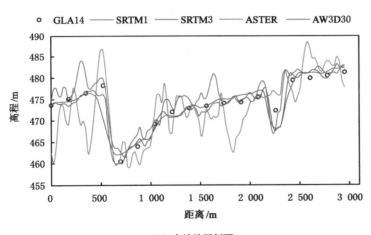

（b）台地地区剖面

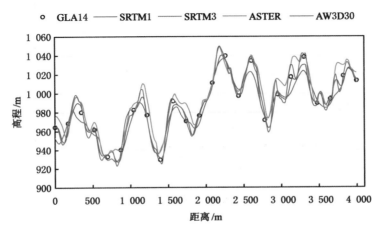

（c）丘陵地区剖面

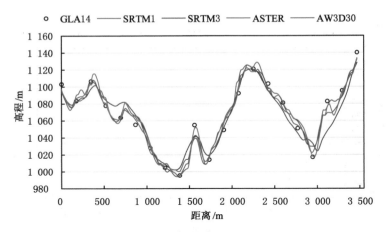

（d）小起伏山地剖面

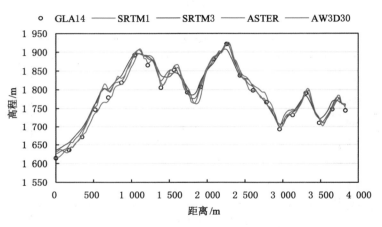

（e）中起伏山地剖面

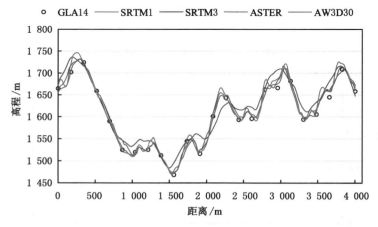

（f）大起伏山地剖面

图 5-5　各 DEM 数据在不同地貌类型中的地形剖面图

些地形细节。

从图 5-5(d)、图 5-5(e)和图 5-5(f)位于山地地区的地形剖面可以看出：SRTM1 DEM、ASTER GDEM 和 AW3D30 DEM 数据对地形的表达差距越来越小，SRTM3 DEM 由于分辨率的问题，对地形细节的丢失也越来越明显。

从图 5-5(d)位于小起伏山地地区的地形剖面可以看出：SRTM1 DEM 和 AW3D30 DEM 数据曲线比较接近，与 ICESat/GLA14 的吻合度比 ASTER GDEM 数据高，SRTM3 DEM 丢失了一部分地形信息，对山谷过高估计。

从图 5-5(e)和图 5-5(f)位于中起伏山地和大起伏山地地区的剖面可以看出：SRTM3 DEM 存在对山谷的过高估计很明显，在中起伏山地 SRTM1 DEM 也有这种情况（陈俊勇，2005；Hayakawa et al.，2008），而 ASTER GDEM 在上坡或是下坡的地方有些值与 ICESat/GLA14 吻合得不太好。

总体上，在地形起伏的山地，SRTM1 DEM 和 AW3D30 DEM 对地形的表达相近，与 ICESat/GLA14 比较一致，在大起伏山地 ASTER GDEM 与这两种数据也较一致，SRTM3 DEM 对地形表达较差，对于一些细致的地形起伏不能表达出来，对于山谷和山顶值的表达也不准确。

三、本节小结

本节通过选择山西省的典型地貌区，按照 ICESat/GLA14 数据点沿线构建地形剖面，并以此评价各种典型全球开放 DEM 数据在地形剖面表达上的能力差异。通过本节研究，可以获得如下结论：

在较平坦的地貌类型中，SRTM1 DEM 和 SRTM3 DEM 数据要精确一些，而在地形起伏地区，SRTM3 DEM 数据较差，ASTER GDEM、SRTM1 DEM 和 AW3D30 DEM 数据都较好，尤其是 SRTM1 DEM 和 AW3D30 DEM 数据较为一致。

第三节　多源全球开放 DEM 数据河网提取质量的对比分析

以遥感影像目视解译获得的河网为基准，将其与典型全球开放 DEM 数据提取的河网进行对比，获得不同 DEM 数据在河网提取质量方面的差异。

一、河网提取方法

河网提取方法包括基于 DEM 数据的河网提取和基于遥感影像的河网提取两部分内容。

（一）基于 DEM 数据的河网提取

利用 DEM 数据自动提取河网，其中水流方向的计算过程就是识别 DEM 数据相邻像元的高程大小关系的过程，能在一定程度上反映 DEM 数据的相对精度(Satge et al.，2016)。

本研究利用 ArcGIS 中的水文模型提取四种 DEM 数据在山西省内的河网，分为六个步骤：① 水流分析计算，输入是原始 DEM 数据，输出是水流方向，如果输出影像范围是 1～255，则不符合要求(D8 算法)，证明有洼地存在，需要进行填洼处理；② 填洼；③ 重新进行水流分析,输出影像有 8 个值,分别是 1、2、4、8、16、32、64 和 128,则符合要求;④ 流量计算;⑤ 利用栅格计算器提取河流网络,提取河网时的集水面积阈值为 64.8 km²;⑥ 栅格河流网络矢量化,将栅格格式的河网转成矢量格式(郭力宇 等,2016)。

按照上述过程,分别获得 SRTM1 DEM、SRTM3 DEM、ASTER GDEM 和 AW3D30 DEM 四种 DEM 数据的河网水系。

(二)基于遥感影像的河网提取

基于遥感影像的河网提取主要指利用 Landsat8 遥感影像和 Landsat 全球合成数据(1999—2003)进行河网的矢量化。同时使用这两种影像作为矢量化时的参考,是因为 DEM 数据的获取时间都比较早,Landsat 全球合成数据(1999—2003)获取的时间和 SRTM 数据的获取时间比较接近,所以有一定参考价值。Landsat8 是 2013 年发射的,与 Landsat 全球合成数据(1999—2003)相比,质量有了很大提升,所以本研究同时使用这两种数据作为河网矢量化的参考。

二、河网套合差计算方法

本次提取的河网,主要在 DEM 数据提取出河网的地方进行矢量化,也就是尽量保证了 DEM 提取的每一条河网都有参考河网,只有在个别地方,影像上不能解译出此处有河道,不能提供参考河网,这也是因为 DEM 数据自动提取河网是采用最大坡降的方法,在地形比较平坦的区域,水流方向可能是随机的,这样就容易生成较多本来不存在的河网,出现偏差和错误。

将 DEM 数据自动提取的河网与利用遥感影像矢量化得到的参考河网进行叠加,其结果如图 5-6 所示。

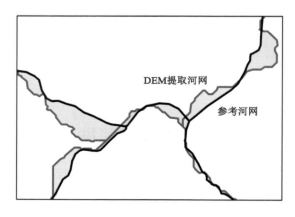

图 5-6　河网套合差计算示意图

从图 5-6 可以看出:由于 DEM 提取的河网与参考河网的线条不一致,因此会产生套合多边形。

基于套合多边形产生的河网套合差主要用以下公式表示(刘远 等,2012):

$$S = \frac{\sum_{i=1}^{n} A_i}{A} \qquad (5-1)$$

式中,S 为河网套合差值;A 为流域面积;A_i 为河网叠加所产生的小多边形的面积。

三、山西省不同 DEM 数据河网套合情况分析

用 SRTM1 DEM、SRTM3 DEM、ASTER GDEM 和 AW3D30 DEM 数据自动提取的河网分别与矢量化得到的参考河网进行叠加对比，其套合情况如图 5-7 所示。

在图 5-7 中：基于 SRTM1 DEM 数据提取的河网有 1 498 条；基于 SRTM3 DEM 数据提取的河网数量最少，为 1 408 条；基于 AW3D30 DEM 数据提取的河网则有 1 517 条；基于 ASTER GDEM 数据提取的河网数量最多，为 1 556 条。

从图 5-7 可以看出：由于 DEM 数据提取河网的精度受到地形影响非常严重，四种 DEM 数据与参考河网不一致最多的地方大都发生在地形比较平坦的地方。最为明显的三个地方是大同盆地、太原盆地和运城盆地。

因此，本研究基于不同地貌类型分析四种 DEM 数据提取河网的精度。精度分析主要通过式（5-1）计算四种数据提取的河网的套合差来表达，其计算结果如表 5-2 所示。

表 5-2　不同 DEM 数据在各种地貌下的套合差计算结果

地貌类型	平原/%	台地/%	丘陵/%	小起伏山地/%	中起伏山地/%	大起伏山地/%	全部/%
SRTM1	5.67	1.32	0.09	0.09	0.07	0.06	1.35
SRTM3	6.04	0.84	0.13	0.11	0.09	0.07	1.36
ASTER	12.23	1.87	0.15	0.3	0.1	0.07	2.75
AW3D30	6.85	1.34	0.08	0.07	0.05	0.05	1.56

在表 5-2 中：总体计算结果中 SRTM1 DEM 的套合差最小，为 1.35%；其次为 SRTM3 DEM，其套合差为 1.36%，次于 SRTM1 DEM；AW3D30 DEM 的套合差则为 1.56%；ASTER GDEM 数据的套合差最差，为 2.75%。因此，总体来看，SRTM1 DEM 提取河网的精度是最好的，SRTM3 DEM 次之，AW3D30 DEM 虽然分辨率比 SRTM3 DEM 高，但是提取的河网精度稍差，ASTER GDEM 提取的河网精度最差。

从表 5-2 中基于地貌类型分别统计四种 DEM 数据的套合差可以看出：地形对于 DEM 提取河网精度的影响很大，套合差值基本是随着平原、台地、丘陵、小起伏山地、中起伏山地和大起伏山地这几种地貌类型逐渐减小。在平原地区，套合差最大的是 ASTER GDEM，为 12.23%；其次是 AW3D30 DEM，为 6.85%；然后是 SRTM3 DEM，为 6.04%；最小的是 SRTM1 DEM，为 5.67%。在台地地区，SRTM3 DEM 的套合差最小，为 0.84%；SRTM1 DEM 次之；然后是 AW3D30 DEM；ASTER GDEM 的值仍然最大。在后面几种地貌类型中，可以发现四种 DEM 数据的套合差都比较小，只有百分之零点几。同时，对四种 DEM 数据进行对比发现：在后四种地貌类型中，AW3D30 DEM 的套合差是最小的，其次是 SRTM1 DEM，然后是 SRTM3 DEM，而 ASTER GDEM 最大。ASTER GDEM 的套合差在小起伏山地比丘陵地区的大，在大起伏山地和 SRTM3 DEM 相等。

表 5-2 中河网套合差随地貌类型的变化结果与第三章中关于 FSR 的相关研究结果一致：DEM 识别像元高程相对关系的能力随着平原、台地、丘陵、小起伏山地、中起伏山地和大起伏山地逐渐升高。在以平原为主的地貌类型区，DEM 识别像元之间高程变化方向的能力较低，河网提取就比较困难，甚至于不能分辨河网的主要流向而发生错乱，所以在平原

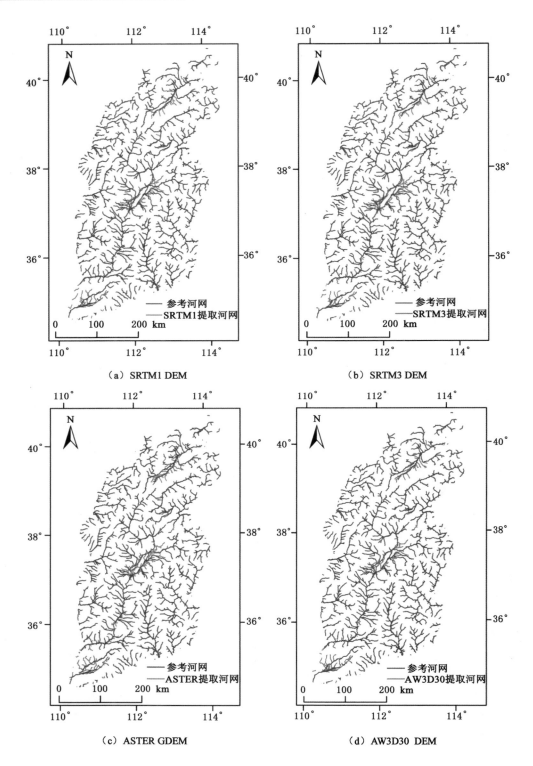

（a）SRTM1 DEM　　　　　　　　　　　（b）SRTM3 DEM

（c）ASTER GDEM　　　　　　　　　　（d）AW3D30 DEM

图 5-7　不同 DEM 数据提取河网套合情况对比

地区提取河网的精度比较差;而在地形起伏地区,虽然 DEM 数据在这些地区垂直精度低,但是由于地形起伏大,识别 DEM 像元高程变化趋势的能力较强,仍然能准确识别每条河流的流向,所以在以丘陵或是山地为主的地区,河网的提取精度比较高。

四、局部区域不同 DEM 数据河网套合情况分析

由于四种 DEM 数据河网套合比较差的地区主要分布在平原地区,也就是盆地区域。因此,分别选择大同盆地永定河附近的河网和太原盆地汾河与文峪河附近的河网对比不同 DEM 数据的河网套合情况。

（一）大同盆地不同 DEM 数据的河网套合情况分析

大同盆地永定河附近不同 DEM 数据提取的河网与遥感影像解译的河网套合情况如图 5-8所示。

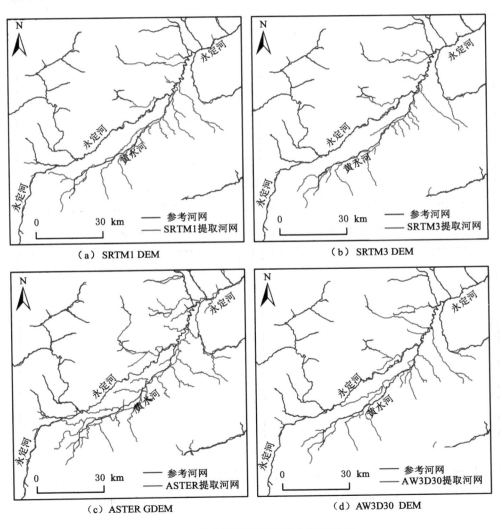

图 5-8 永定河附近河网套合情况对比

图 5-8 所示为大同盆地永定河附近部分区域的放大图。从图 5-8 可以看出：SRTM1 DEM 和 SRTM3 DEM 基本能识别永定河和黄水河，只是在黄水河附近都产生了偏差，也有一些错误的支流出现；而 ASTER GDEM 对于永定河的提取，中间有很大一部分缺失，黄水河主河道提取也有很大偏差，产生的错误支流很多；AW3D30 DEM 情况较 ASTER GDEM 稍好，提取的永定河主干也缺失了一部分，没有 ASTER GDEM 严重，在黄水河主干也有较大偏差，比 SRTM1 DEM 和 SRTM3 DEM 稍差。

（二）太原盆地不同 DEM 数据的河网套合情况分析

太原盆地汾河与文峪河附近不同 DEM 数据提取的河网与遥感影像解译的河网套合情况如图 5-9 所示。

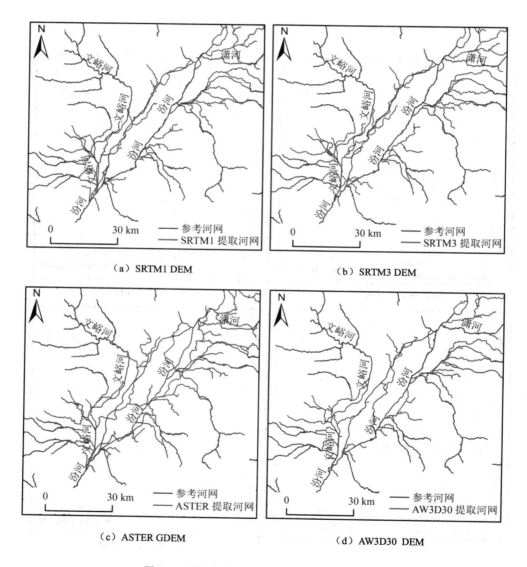

（a）SRTM1 DEM   （b）SRTM3 DEM

（c）ASTER GDEM   （d）AW3D30 DEM

图 5-9　汾河与文峪河附近河网套合情况对比

图 5-9 所示为太原盆地汾河与文峪河附近部分区域的放大图。由图 5-9 从下往上可以看出：进入太原盆地后，在汾河和文峪河的交汇处，河网发生了错乱，没有一种 DEM 数据可以清晰获取河网方向；紧接着在汾河上游可以看到，SRTM1 DEM 和 SRTM3 DEM 可以基本正确获取汾河流向，ASTER GDEM 的情况是最差的，与汾河干流偏离较远，AW3D30 DEM 在中间也发生了偏离，但是在上面又回归到了汾河上来。再向上到了汾河与潇河交汇处，没有能准确获取河流岔口的 DEM，提取的河流位置都与潇河偏离较远。

结合上面套合差计算结果可以看出，在这四种 DEM 数据中，虽然 SRTM3 DEM 分辨率是最低的，它的垂直精度比 AW3D30 DEM 差，但是它提取河网的总体精度与 SRTM1 DEM 接近。但是从基于地貌的套合差分析中可以发现，SRTM3 DEM 只是在较平坦的区域提取河网的精度比 AW3D30 DEM 高，而在地形起伏地区，AW3D30 DEM 提取河网的精度是四种 DEM 数据中最好的。

出现上述结果是因为 SRTM DEM 和 ASTER GDEM 以及 AW3D30 DEM 的数据生成机制不一样。SRTM DEM 是雷达影像，而 ASTER GDEM 和 AW3D30 DEM 都是利用立体像对生成的，数据的精度受地形特征和地表覆盖等影响因子的影响程度不一样。从本章第二节地形剖面的对比分析中也可以看出：在较平坦的地区，AW3D30 DEM 和 ASTER GDEM 相对于 SRTM1 DEM 和 SRTM3 DEM 来说地形表达能力是比较差的，而且 SRTM3 DEM 是从 SRTM1 DEM 重采样而来，在平坦的地方分辨率对数据精度的影响小，精度比 SRTM1 DEM 稍差。从图 5-7 可以看出：河网叠加产生较多较大面积细碎多边形的情况主要发生在地形较平坦的区域，在套合差总体计算中占有很大的比例，这可能导致了 AW3D30 DEM 的总体套合差统计结果高于 SRTM3 DEM。所以，综合起来，SRTM3 DEM 提取河网的精度超过了 AW3D30 DEM 和 ASTER GDEM。

五、本节小结

本节在六种地貌类型中通过河网的套合情况来分析 SRTM1 DEM、SRTM3 DEM、ASTER GDEM 和 AW3D30 DEM 数据在水系提取方面的精度情况。通过本节研究，可以获得如下结论：

（1）在这四种 DEM 数据中，总体来看，SRTM1 DEM 提取河网的精度是最好的，SRTM3 DEM 次之，AW3D30 DEM 虽然分辨率比 SRTM3 DEM 高，但是提取的河网精度稍差，ASTER GDEM 提取的河网精度最差。

（2）地貌类型对于 DEM 提取河网精度的影响很大，河网套合差基本是随着平原、台地、丘陵、小起伏山地、中起伏山地和大起伏山地这几种地貌类型逐渐减小。SRTM1 DEM、SRTM3 DEM 和 AW3D30 DEM 在平原地区的套合差能达到 5％～7％，ASTER GDEM 更是高达 12.23％，但是在丘陵和起伏山地，四种 DEM 数据的套合差只有百分之零点几和百分之零点零几，而且在丘陵及山地的四种地貌类型中，AW3D30 DEM 的套合差是最小的，其次是 SRTM1 DEM，然后是 SRTM3 DEM，最后是 ASTER GDEM。结合局部区域的目视对比结果可以得出：在平坦区域，SRTM1 DEM 和 SRTM3 DEM 在河网提取上精度优于 AW3D30 DEM 和 ASTER GDEM，但是在地形起伏较大的地区，AW3D30 DEM 是最好的数据源，ASTER GDEM 在水系提取这方面表现最差。所以，对于 DEM 数据在水文模型上的应用，一定要结合数据所在区域的地形地势特征区别选择数据源。

第四节　本　章　小　结

本章首先基于 ICESat/GLA14 数据对黄土高原地区重要水库的水位变化进行了动态监测；然后按照 ICESat/GLA14 数据点沿线构建地形剖面，并在山西省典型地貌区以此评价各种典型全球开放 DEM 数据在地形剖面表达上的能力差异；最后在山西省、典型地貌区和局部区域，利用河网套合差评价了不同全球开放 DEM 数据在河网提取方面的差异。通过本章研究，可以获得如下结论：

（1）黄土高原东部水库从 2003 年到 2008 年水位呈明显下降趋势；中部水库水位在 2005 年 5 月明显下降且整体呈下降趋势；西部水库水位变化较小。通过利用实测数据验证，ICESat/GLA14 对水库水位的监测精度在 2 m 左右。

（2）关于全球开放 DEM 数据在不同地貌类型下地形剖面表达能力上的差异：在较平坦的地貌类型中，SRTM1 DEM 和 SRTM3 DEM 数据要精确一些，而在地形起伏地区，SRTM3 DEM 数据较差，ASTER GDEM、SRTM1 DEM 和 AW3D30 DEM 数据都较好，尤其是 SRTM1 DEM 和 AW3D30 DEM 数据较为一致，质量最好。

（3）总体来看，SRTM1 DEM 提取河网的精度是最好的，SRTM3 DEM 次之，AW3D30 DEM 虽然分辨率比 SRTM3 DEM 高，但是提取的河网精度稍差，ASTER GDEM 提取的河网精度最差。

（4）不同全球开放 DEM 数据在各种典型地貌类型下的河网套合情况对比发现：河网套合差基本是随着地形起伏度增大而逐渐减小。在平坦区域，SRTM1 DEM 和 SRTM3 DEM 在河网提取上精度优于 AW3D30 DEM 和 ASTER GDEM，但是在地形起伏较大的地区，AW3D30 DEM 是最好的数据源，ASTER GDEM 在水系提取方面表现最差。

下篇　应　用　篇

第六章　数字地形指标的建立与分析

　　数字地形分析方法有多种不同的计算指标和算法,并对应着不同的应用领域。本章首先基于 ASTER GDEM V2 数据计算多种地形因子,通过进行相关性分析和 T 检验,利用模式识别模板匹配法对山西高原典型黄土地貌类型进行定量识别(王莉,2017);然后利用线状地形剖面和带状地形剖面对公格尔山的地形抬升特征进行了分阶段分析(赵尚民等,2009);最后在确定青藏高原西北缘典型山峰的基础上,寻找典型的地形剖面线,并以此研究地形抬升与地质及地貌成因分布的相关关系(赵尚民 等,2011b;Cheng Weiming et al.,2013)。

第一节　山西高原典型黄土地貌的定量识别

　　本研究在分析山西高原典型黄土地貌——黄土塬、黄土梁和黄土峁地貌实体及要素基本几何特征、地表形态特征的基础上,基于 ASTER GDEM V2 数据构建对应的数字指标体系,遴选适合定量表达三类黄土地貌的基础因子,再利用模板匹配法拟合研究区内三类地貌识别函数,并对其识别精度进行验证(王莉,2017)。

一、山西高原典型黄土地貌分布

(一)山西高原地理位置

　　山西高原处于黄土高原东部,与山西省范围近似。经纬度范围约为北纬 34°~41°,东经 110°~116°。山西高原北与内蒙古毗邻,西与陕西隔望,南入河南行政区,东有太行与河北镶嵌,整体呈东北-西南走向,其地理位置如图 6-1 所示。

　　从图 6-1 可以看出:山西高原内部地貌类型较为复杂,山地丘陵较多,山地之间形成盆地,分别位于大同、忻定、太原、临汾以及运城,以上区域也是山西省内主要的城市发展区和农业产业区。

(二)山西高原典型黄土地貌类型分布

　　中国科学院地理科学与资源研究所主持构建的百万地貌数据库以基础地理数据(1∶25 万)、Landsat TM/ETM+影像、DEM 数据、地质数据和以前的地貌图数据为基础数据,基于 ArcGIS 平台,由地貌图集编辑委员会历时 9 年共同编制而成,是我国的百万地貌基础数据源(中华人民共和国地貌图集编辑委员会,2009)。

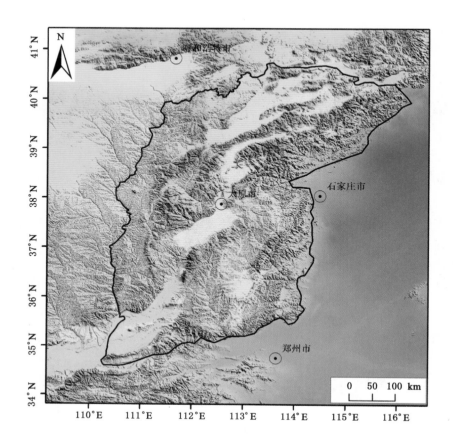

图 6-1　山西高原地理位置示意图

　　通过山西高原矢量边界范围对我国百万地貌基础数据进行裁剪,可以获得山西高原的地貌数据,再对其分析提取,得到山西高原三类典型的黄土地貌数据——黄土塬、黄土梁和黄土峁,作为本研究的基础地貌数据。山西高原典型黄土地貌数据的空间分布如图 6-2所示。

　　从图 6-2 可以看出:山西高原的典型黄土地貌主要分布在中西部的吕梁山和中间盆地附近,东部太行山地区则相对较少。其中黄土梁主要分布在中部,黄土塬主要分布在南部和北部,黄土峁的分布区域相对较小,主要分布在西部。结合全国百万地貌数据库数据,三种典型黄土地貌类型的分布和数据情况如下。

　　黄土塬主要分为完整塬、破碎塬和台塬。完整塬在山西高原分布极少,其特征主要是塬面平坦宽阔,四周一般为沟谷环绕,两者间界限明显,完整塬的厚度可高达 $100 \sim 200$ m。破碎塬在山西高原西南部的隰县分布较多,其特征主要是塬面切割破碎、相对平坦、四周轮廓线曲折复杂。台塬在山西高原神池五寨一带分布较多,其特征主要是塬面有较大的浅凹地,呈现出起伏状,边缘由于冲积物的堆积呈现扇形。

　　黄土梁主要有平梁、斜梁和峁梁。黄土梁主要分布在山西柳林。平梁多分布在黄土塬

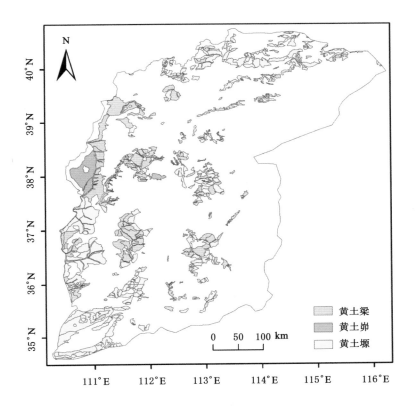

图 6-2 山西高原典型黄土地貌数据的空间分布示意图

的边缘,其特征为山顶平坦、宽度较窄、坡度较陡,通常在 10°以上。斜梁多表现为顶部倾斜,梁顶面积不大,坡度通常在 8°左右,整体呈穹形,起伏较大,梁顶以下坡度较大,最高可达 35°。峁梁集中分布在山西高原西北部,是丘与鞍状交替分布形成的,其特征为顶部呈不连续的小丘。

黄土峁是相对独立的丘陵,其外形呈馒头状,峁顶面积较小,以凸形坡为主,坡度较大,最大可达 35°。黄土峁分为连续峁和孤立峁,连续峁由多个孤立峁依次排列形成。连续峁由黄土梁侵蚀演变形成,而孤立峁通常是黄土堆积形成。

二、数字地形指标特征计算与分析

本研究中对于山西高原典型黄土地貌类型的定量识别采用的数字地形指标主要包括几何指标和地形指标两种。几何指标主要指地貌实体的外部形态,通常包括长度、宽度、周长、面积等;地形因子包括高程、坡度、坡向、起伏度、曲率(平面曲率和剖面曲率)、坡度变率、坡向变率、地形粗糙度、地形湿度指数、地表径流的侵蚀力。

（一）几何指标计算与分析

本研究使用的几何指标主要指地貌实体的周长和面积。通过对山西高原典型黄土地貌的数据进行周长和面积的统计,其结果如表 6-1 所示。

表 6-1　山西高原典型黄土地貌几何指标的统计结果

地貌类型	实体数/个	周长/km			面积/km²		
		最小值	最大值	平均值	最小值	最大值	平均值
黄土塬	260	7.201	277.010	49.091	0.081	1151.161	84.131
黄土梁	179	2.213	289.801	48.433	0.092	923.980	81.130
黄土峁	9	4.940	251.450	65.172	0.811	1598.581	249.11

从表 6-1 可以看出：在山西高原，三大典型黄土地貌的实体数由多至少依次为黄土塬、黄土梁、黄土峁。黄土塬和黄土梁的周长和面积两个几何指标差异不是很明显，但黄土峁与其他两类相差甚远，因此周长和面积可以用来作为区别三类地貌的基础因子。

（二）地形指标计算与分析

地形因子主要基于黄土高原地区的 ASTER GDEM V2 数据进行计算与分析，其结果如下。

1. 高程

高程是地面点沿铅垂线到大地水准面的距离，可直接反映地貌实体的高低起伏状态（李黎 等，2009）。山西高原高程范围为 1～3 072 m，本研究按自然断点将高程分为五个等级，依次为 0～500 m、500～1 000 m、1 000～1 500 m、1 500～2 000 m 和大于 2 000 m。因本研究中研究区内黄土塬、黄土梁和黄土峁三类地貌均为面状要素，因此取高程的平均值作为各类型的高程值，并对研究区内三类典型地貌高程值的最大、最小以及平均值进行统计，结果如表 6-2 所示。

表 6-2　山西高原典型黄土地貌的高程统计结果

地貌类型	最小值/m	最大值/m	均值/m
黄土塬	81.36	1 593.75	970.30
黄土梁	510.81	1 591.01	1 103.38
黄土峁	499.09	1 433.15	1 017.19

从表 6-2 可以看出：三类典型黄土地貌中黄土塬最小值在三类地貌中最小，最大值在三类地貌中最大，均值亦为最小，而黄土梁和黄土峁相差较小，说明高程可用来区分三类地貌。

2. 坡度

坡度是指过地表一点的切平面与水平地面的夹角，是地表地貌实体的基本因子之一，主要反映地表坡面的倾斜程度（周启鸣 等，2006）。山西高原坡度范围为 0°～78°，基于山西高原坡度空间分布状况，将坡度依次分为 0°～8°、8°～15°、15°～25°、25°～35° 和大于 35° 共五个等级。因本研究区内黄土塬、黄土梁和黄土峁三类地貌均为面状要素，因此取坡度的平均值作为各斑块的坡度值，并对研究区内三类典型地貌坡度值的最大、最小以及平均值进行统计，结果如表 6-3 所示。

表 6-3 山西高原典型黄土地貌的坡度统计结果

地貌类型	最小值/(°)	最大值/(°)	均值/(°)
黄土塬	4.0	20.0	9.7
黄土梁	7.0	26.0	13.7
黄土峁	7.0	18.0	12.5

由表 6-3 可知：三类黄土地貌中黄土塬的最小值在三类地貌中最小；黄土梁的最大值在三类地貌中最大，均值亦为最大。三类地貌坡度区别较大，可用来区分三类地貌。

3. 坡向

坡向是地面点法线与水平面投影与北方向之夹角，表征地表某一点高程值变化量最大的改变方向（朱伟 等,2008）。本研究中将山西高原内坡向分为北、东北、东、东南、南、西南、西、西北和平地共九类，其中 0°～22.5° 和 337.5°～360° 均为正北。按顺时针方向，每隔 45° 为一类，间隔度数依次为东北 67.5°、东 112.5°、东南 157.5°、南 202.5°、西南 247.5°、西 292.5° 和西北 337.5°。因本研究中黄土塬、黄土梁和黄土峁三类地貌均为面状要素，因此取坡向的平均值作为各斑块的坡向值，并对研究区内三类典型黄土地貌坡向值的最大、最小以及平均值进行统计，结果如表 6-4 所示。

表 6-4 山西高原典型黄土地貌的坡向统计结果

地貌类型	最小值/(°)	最大值/(°)	均值/(°)
黄土塬	118.1	239.1	177.0
黄土梁	94.1	231.8	176.5
黄土峁	145.7	180.3	167.3

由表 6-4 可知：三种典型黄土地貌中黄土梁最小值在三类地貌中最小；黄土峁最大值在三类地貌中最小，均值亦为最小。三类地貌坡向区别较大，可用来区分三类地貌。

4. 起伏度

起伏度，即在指定的研究区内，分析该区内栅格的最大值与最小值的差值（隋刚 等,2010）。该指标可用来描述地貌的发育阶段，是一宏观的地形指标，通常情况下地貌越老，其起伏程度越小。其计算公式为：

$$R_f = H_{max} - H_{min} \tag{6-1}$$

式中：R_f 是地形起伏度；H_{max} 是分析窗口内高程值中最大值；H_{min} 为分析窗口内高程值中最小值。

在提取起伏度时，由于窗口不同，其值也各不相同，本研究最终选择窗口大小为 14×14，统计各窗口范围内最大高程值和最小高程值，利用栅格计算器计算起伏度。因黄土塬、黄土梁和黄土峁三类地貌均为面状要素，因此取起伏度的平均值作为各斑块的起伏度，并对研究区内三类典型黄土地貌起伏度的最大、最小以及平均值进行统计，结果如表 6-5 所示。

表6-5　山西高原典型黄土地貌的起伏度统计结果

地貌类型	最小值/m	最大值/m	均值/m
黄土塬	118.1	239.1	177.0
黄土梁	94.1	231.8	176.5
黄土峁	145.7	180.3	167.3

从表6-5可以看出:三种典型黄土地貌中黄土梁最小值在三类地貌中最小;黄土塬最大值在三类地貌中最大,均值亦为最大。三类地貌起伏度区别较大,可用来区分三类地貌。

5. 曲率

曲率是用来反映局部地形扭曲程度的地形因子,其水平方向的曲率称为平面曲率,垂直方向的曲率称为剖面曲率。平面曲率对水流流动的汇聚和分散起决定作用;剖面曲率直接影响着水流流动的加速度,该加速度有正有负,间接影响到土壤的侵蚀和沉积。这两个因子在定量地貌中有着重要的应用价值。

通过计算,山西高原三种典型黄土地貌的曲率、平面曲率和剖面曲率的最小值、最大值以及均值如表6-6所示。

表6-6　山西高原典型黄土地貌的曲率统计结果

地形指标	地貌类型	最小值/(m^{-1})	最大值/(m^{-1})	均值/(m^{-1})
曲率	黄土塬	−0.034	0.066	0.000
	黄土梁	−0.024	0.161	0.003
	黄土峁	−0.009	0.058	0.013
平面曲率	黄土塬	−0.026	0.070	0.002
	黄土梁	−0.015	0.108	0.008
	黄土峁	−0.003	0.042	0.014
剖面曲率	黄土塬	−0.063	0.057	0.002
	黄土梁	−0.054	0.035	0.004
	黄土峁	−0.016	0.018	0.001

从表6-6可以看出:三类典型黄土地貌的曲率、平均曲率和剖面曲率均值相差并非很大,需后期结合因子相关性分析,选取需要进入模型的因子。

6. 坡度变率

坡度变率,即对坡度求坡度,它也是表征地表形态的基本地形因子(王秋良等,2008)。其计算方法为将前期获得的坡度图再求一次坡度即可。因本研究中黄土塬、黄土梁和黄土峁三类地貌均为面状要素,因此取坡度变率的平均值作为各斑块的坡度变率,并对研究区内三类典型地貌坡度变率的最大、最小以及平均值进行统计,结果如表6-7所示。

表 6-7　山西高原典型黄土地貌的坡度变率统计结果

地貌类型	最小值/(°)	最大值/(°)	均值/(°)
黄土塬	2.6	10.4	5.9
黄土梁	4.5	11.7	7.8
黄土峁	4.7	9.9	7.3

由表 6-7 可以看出：三类典型黄土地貌中黄土塬最小值在三类地貌中最小；黄土梁最大值在三类地貌中最大，均值亦为最大。三类地貌坡度变率区别较大，可用来区分三类地貌。

7. 坡向变率

坡向变率，即对坡向求坡度，它也是表征地表形态的基本地形因子。求取过程为在前期获取的坡向图的基础上对其再求一次坡度即可。本研究中黄土塬、黄土梁和黄土峁三类地貌均为面状要素，因此取坡向变率的平均值作为各斑块的坡向变率，并对研究区内三类典型地貌坡向变率的最大、最小以及平均值进行统计，结果如表 6-8 所示。

表 6-8　山西高原典型黄土地貌的坡向变率统计结果

地貌类型	最小值/(°)	最大值/(°)	均值/(°)
黄土塬	37.1	60.3	50.7
黄土梁	33.4	53.9	45.3
黄土峁	44.1	56.1	48.9

由表 6-8 可以看出：三类典型黄土地貌中黄土峁最小值在三类地貌中最大；黄土塬最大值在三类地貌中最大，均值亦为最大。三类地貌坡向变率区别较大，可用来区分三类地貌。

8. 地表粗糙度

地表粗糙度是反映地表起伏和侵蚀程度的宏观基础地形因子。通过基于 ASTER GDEM V2 数据的计算，山西高原范围内的地表粗糙度数值范围为 1～5。在本研究中黄土塬、黄土梁和黄土峁三类地貌均为面状要素，因此取地表粗糙度的平均值作为各斑块的地表粗糙度，并对研究区内三类典型地貌地表粗糙度的最大、最小以及平均值进行统计，结果如表 6-9 所示。

表 6-9　山西高原典型黄土地貌的地表粗糙度统计结果

地貌类型	最小值/m	最大值/m	均值/m
黄土塬	1.003	1.086	1.024
黄土梁	1.010	1.154	1.041
黄土峁	1.011	1.065	1.035

由表 6-9 可知：三类地貌中地表粗糙度差别并非很大，需后期结合因子相关性分析，来判断其是否进入模型。

9. 地形湿度指数

地形湿度指数是指静态土壤中的含水量，属于复合地形因子，主要基于 ASTER GDEM

V2 数据并通过 ArcGIS 软件的栅格计算器计算获得。对研究区内三类典型地貌地形湿度指数的最大、最小以及平均值进行统计,结果如表 6-10 所示。

表 6-10　山西高原典型黄土地貌的地形湿度指数统计结果

地貌类型	最小值	最大值	均值
黄土塬	4.204	6.645	5.160
黄土梁	4.264	5.441	5.015
黄土峁	4.481	5.129	4.924

由表 6-10 可知:三类地貌中地形湿度指数差别并非很大,需后期结合因子相关性分析,来判断其是否进入模型。

10. 地表径流的侵蚀力

地表径流的侵蚀力是表达地表水流的侵蚀力强弱的因子(周启鸣 等,2006)。对研究区内三类典型黄土地貌类型的地表径流侵蚀力的最大、最小以及平均值进行统计,结果如表 6-11 所示。

表 6-11　山西高原典型黄土地貌的地表径流的侵蚀力统计结果

地貌类型	最小值/[mm/(hm²·h·a)]	最大值/[mm/(hm²·h·a)]	均值/[mm/(hm²·h·a)]
黄土塬	−15 310.789	135 355.790	8 722.307
黄土梁	−57 624.848	505 258.850	9 062.304
黄土峁	−316.834	28 515.317	5 921.232

由表 6-11 可知:三类地貌的地表径流侵蚀力差别很大,其中黄土梁的最小值为最小,最大值也是三类地貌中最大的,均值是三类地貌中最大的。因此,地表径流的侵蚀力可以用来区别三类地貌。

(三)相关性分析

地貌形态与地形因子具有密切的对应关系,地形因子所携带的信息对地貌起着刻画作用。然而,用多个地形因子来表达地貌时,又会出现地形信息冗余的现象。因此,在选取多个地形因子之前需对各因子进行筛选,使其应用尽量少的地形因子表达尽可能多的地貌形态。

利用统计分析工具 SPSS 对山西高原黄土塬、黄土梁和黄土峁的几何因子和地形因子同时进行了双变量相关性分析,其分析结果分别见表 6-12、表 6-13 和表 6-14 所示。

由表 6-12 可知,研究区内黄土塬的因子中相关性较强的因子有:周长与面积、坡向变率与坡度变率、坡向变率与地表粗糙度、坡向变率与坡度、坡向变率与起伏度、坡度变率与地表粗糙度、坡度变率与地形湿度指数、坡度变率与坡度、坡度变率与起伏度、地表粗糙度与起伏度、地表粗糙度与坡度、地表粗糙度与地形湿度指数、地形湿度指数与坡度、地形湿度指数与起伏度、平面曲率与剖面曲率、坡度与起伏度、剖面曲率与曲率。

表 6-12 山西高原典型黄土地貌类型中黄土塬的因子相关性分析

	A	B	C	D	E	F	G	H	I	J	K	L	M	N
A	1													
B	0.854**	1												
C	-0.073	-0.095	1											
D	0.115	0.195**	-0.710**	1										
E	0.037	-0.001	0.112	-0.214**	1									
F	0.154*	0.255**	-0.730**	0.955**	-.188**	1								
G	-0.004	-0.010	0.488**	-0.605**	0.300**	-0.547**	1							
H	-0.104	-0.113	-0.160**	-0.056	-0.078	-0.046	0.035	1						
I	-0.001	-0.024	-0.063	0.168**	-0.005	0.080	-0.238**	-0.100	1					
J	0.117	0.210**	-0.758**	0.981**	-0.204**	0.980**	-0.573**	-0.010	0.110	1				
K	0.007	0.027	0.142*	0.146*	-0.153*	0.116	-0.123*	-0.116	0.058	0.112	1			
L	-0.020	-0.039	0.025	-0.074	0.137*	-0.133*	0.144*	0.032	0.686**	-0.087	-0.037	1		
M	0.129*	0.228**	-0.730**	0.984**	-0.208**	0.982**	-0.557**	-0.036	0.103	0.997**	0.125*	-0.102	1	
N	0.025	0.028	-0.098	0.273**	-0.189**	0.263**	-0.435**	-0.140*	0.056	0.233**	0.111	-0.685**	0.246**	1

注：(1) A：周长；B：面积；C：坡向变率；D：坡度变率；E：地表径流的侵蚀力；F：地表粗糙度；G：地形湿度指数；H：高程；I：平面曲率；J：坡度；K：坡向；L：剖面曲率；M：起伏度；N：曲率。

(2) * * 表示在 0.01 水平（双侧）上显著相关。* 表示在 0.05 水平（双侧）上显著相关。

表 6-13　山西高原典型黄土地貌类型中黄土梁的因子相关性分析

	A	B	C	D	E	F	G	H	I	J	K	L	M	N
A	1													
B	0.858**	1												
C	-0.032	-0.054	1											
D	0.204**	0.193**	-0.570**	1										
E	-0.019	-0.002	0.068	-0.013	1									
F	0.135	0.133	-0.663**	0.937**	-0.036	1								
G	0.015	-0.056	0.359**	-0.290**	0.132	-0.353**	1							
H	0.107	0.038	0.057	-0.156*	-0.085	-0.213*	0.170*	1						
I	-0.081	-0.076	-0.051	0.141	0.053	0.193*	-0.483**	-0.078	1					
J	0.176*	0.163*	-0.677**	0.972**	-0.036	0.975**	-0.370**	-0.164*	0.150*	1				
K	0.036	0.033	-0.087	0.181*	-0.041	0.109	-0.043	0.005	-0.133	0.184*	1			
L	0.155*	0.046	0.083	-0.025	0.094	-0.110	0.605**	0.183*	-0.100	-0.064	0.036	1		
M	0.161*	0.151*	-0.664**	0.973**	-0.035	0.981**	-0.334**	-0.181*	0.133	0.997**	0.163*	-0.062	1	
N	-0.159*	-0.082	-0.090	0.112	-0.029	0.205**	-0.736**	-0.174*	0.740**	0.145	-0.116	-0.743**	0.132	1

注:(1) A:周长;B:面积;C:坡向变率;D:坡度变率;E:地表径流的侵蚀力;F:地表粗糙度;G:地形湿度指数;H:高程;I:平面曲率;J:坡度;K:坡向;L:剖面曲率;M:起伏度;N:曲率。

(2) ＊＊ 表示在 0.01 水平(双侧)上显著相关。 ＊ 表示在 0.05 水平(双侧)上显著相关。

表6-14　山西高原典型黄土地貌类型中黄土峁的因子相关性分析

	A	B	C	D	E	F	G	H	I	J	K	L	M	N
A	1													
B	0.969 **	1												
C	−0.433	−0.381	1											
D	0.615	0.584	−0.940 **	1										
E	0.353	0.295	−0.404	0.350	1									
F	0.615	0.578	−0.921 **	0.993 **	0.279	1								
G	0.234	0.125	0.236	−0.261	0.314	−0.252	1							
H	0.288	0.145	−0.258	0.118	0.398	0.086	0.452	1						
I	−0.246	−0.193	−0.389	0.319	−0.212	0.317	−0.892 **	−0.375	1					
J	0.562	0.532	−0.949 **	0.997 **	0.312	0.992 **	−0.321	0.088	0.389	1				
K	0.558	0.424	0.066	0.084	0.473	0.096	0.730 *	0.266	−0.718 *	0.021	1			
L	0.443	0.295	−0.251	0.220	0.469	0.190	0.680 *	0.492	−0.543	0.169	0.673 *	1		
M	0.582	0.553	−0.933 **	0.998 **	0.319	0.995 **	−0.302	0.069	0.357	0.998 **	0.062	0.177	1	
N	−0.385	−0.276	−0.109	0.081	−0.374	0.097	−0.903 **	−0.489	0.900 **	0.152	−0.789 *	−0.854 **	0.128	1

注:(1) A:周长;B:面积;C:坡向变率;D:坡度变率;E:地表径流的侵蚀力;F:地表粗糙度;G:地形湿度指数;H:高程;I:平面曲率;J:坡度;K:坡向;L:剖面曲率;M:起伏度;N:曲率。

(2) ** 表示在0.01水平（双侧）上显著相关。* 表示在0.05水平（双侧）上显著相关。

由表 6-13 可知,研究区内黄土梁的因子中相关性较强的因子有:周长与面积、坡向变率与坡度变率、坡向变率与地表粗糙度、坡向变率与坡度、坡向变率与起伏度、坡度变率与地表粗糙度、坡度变率与坡度、坡度变率与起伏度、地表粗糙度与起伏度、地表粗糙度与坡度、地形湿度指数与剖面曲率、地形湿度指数与曲率、平面曲率与曲率、坡度与起伏度、剖面曲率与曲率。

由表 6-14 可知,研究区内黄土峁的因子中相关性较强的因子有:周长与面积、周长与坡度变率、周长与地表粗糙度、周长与坡度、周长与坡向、周长与起伏度、面积与坡度变率、面积与地表粗糙度、面积与坡度、坡向变率与坡度变率、坡向变率与地表粗糙度、坡向变率与起伏度、坡度变率与地表粗糙度、坡度变率与坡度、坡度变率与起伏度、地表粗糙度与起伏度、地表粗糙度与坡度、地形湿度指数与剖面曲率、地形湿度指数与曲率、地形湿度指数与平面曲率、地形湿度指数与坡向、平面曲率与曲率、平面曲率与坡向、平面曲率与剖面曲率、坡度与起伏度、坡向与剖面曲率、坡向与曲率、剖面曲率与曲率。

(四)t 检验

相关性的强弱仅靠相关系数大小来决定是不够的,因此,当相关系数求出之后,还需要对其进行检验,本研究利用统计分析工具 SPSS 软件对数据进行了显著性差异检验,即 t 检验。

山西高原典型黄土地貌中黄土塬的 t 检验结果如表 6-15 所示。

表 6-15　山西高原典型黄土地貌类型中黄土塬的 t 检验结果

因子对	Sig.(双侧)	因子对	Sig.(双侧)
周长—面积	0.000	地表粗糙度—起伏度	0.000
坡向变率—坡度变率	0.000	地表粗糙度—坡度	0.000
坡向变率—地表粗糙度	0.000	地表粗糙度—地形湿度指数	0.000
坡向变率—坡度	0.000	地形湿度指数—坡度	0.000
坡向变率—起伏度	0.000	地形湿度指数—起伏度	0.000
坡度变率—地表粗糙度	0.000	平面曲率—剖面曲率	0.474
坡度变率—地形湿度指数	0.000	坡度—起伏度	0.000
坡度变率—坡度	0.000	剖面曲率—曲率	0.283
坡度变率—起伏度	0.000		

注:该检验的置信水平为 0.01。

由表 6-15 可知:平面曲率与剖面曲率的不相关概率为 0.474,剖面曲率和曲率的不相关概率为 0.283,均大于 0.01,说明上述两对地形因子都没有明显的线性关系。结合表 6-12 可知:黄土塬可选取的因子有面积、坡度、坡向、地表径流的侵蚀力、高程、平均曲率、剖面曲率和曲率。

山西高原典型黄土地貌中黄土梁的 t 检验结果如表 6-16 所示。

表 6-16 山西高原典型黄土地貌中黄土梁的 t 检验结果

因子对	Sig.（双侧）	因子对	Sig.（双侧）
周长—面积	0.000	地表粗糙度—起伏度	0.000
坡向变率—坡度变率	0.000	地表粗糙度—坡度	0.000
坡向变率—地表粗糙度	0.000	地形湿度指数—剖面曲率	0.000
坡向变率—坡度	0.000	地形湿度指数—曲率	0.000
坡向变率—起伏度	0.000	平面曲率—曲率	0.000
坡度变率—起伏度	0.000	坡度—起伏度	0.000
坡度变率—坡度	0.000	剖面曲率—曲率	0.489
坡度变率—地表粗糙度	0.000	地表粗糙度—起伏度	0.000

注：该检验的置信水平为 0.01。

由表 6-16 可知：剖面曲率和曲率的不相关概率为 0.489，大于 0.01，说明这对地形因子没有明显的线性关系。结合表 6-13 可知：黄土梁可选取的因子有面积、坡度、坡向、高程、曲率、地表径流的侵蚀力。

山西高原典型黄土地貌类型中黄土峁的 t 检验结果如表 6-17 所示。

表 6-17 山西高原典型黄土地貌类型中黄土峁的 t 检验结果

因子对	Sig.（双侧）	因子对	Sig.（双侧）
周长—面积	0.185	坡度变率—地表粗糙度	0.133
周长—坡度变率	0.034	坡度变率—起伏度	0.185
周长—坡度	0.034	地表粗糙度—坡度	0.000
周长—坡向	0.034	地表粗糙度—起伏度	0.000
周长—起伏度	0.034	地形湿度指数—曲率	0.000
周长—地表粗糙度	0.034	地形湿度指数—剖面曲率	0.000
面积—坡度变率	0.185	地形湿度指数—坡向	0.000
面积—地表粗糙度	0.185	地形湿度指数—平面曲率	0.000
面积—坡度	0.185	平面曲率—坡向	0.000
面积—起伏度	0.133	平面曲率—剖面曲率	0.133
坡向变率—地表粗糙度	0.000	平面曲率—曲率	0.697
坡向变率—坡度	0.000	坡度—起伏度	0.000
坡向变率—起伏度	0.000	坡向—剖面曲率	0.000
坡向变率—坡度变率	0.000	坡向—曲率	0.000
坡度变率—坡度	0.175	剖面曲率—曲率	0.341

注：该检验的置信水平为 0.01。

由表 6-17 可知，周长和面积、周长和坡度变率、周长和坡度、周长和坡向、周长和起伏度、周长和地表粗糙度、面积和坡度变率、面积和地表粗糙度、面积和坡度、面积和起伏度、坡度变率和坡度、坡度变率和地表粗糙度、坡度变率和起伏度、平面曲率和剖面曲率、平面曲率和曲率、剖面曲率和曲率的不相关概率均大于 0.01，说明上述地形因子均没有明显的线性关系。结合表 6-14 可知：黄土峁可选取的因子有周长、面积、坡度、坡向、高程、坡度变率、起伏度、地表粗糙度、平面曲率、剖面曲率、曲率和地表径流的侵蚀力。

综合以上分析，本研究为定量研究山西高原黄土塬、黄土梁和黄土峁选取的地形因子为面积、坡度、坡向、高程、曲率和地表径流的侵蚀力。

三、典型黄土地貌类型定量识别

（一）模板匹配法

在本研究中，主要采用模板匹配法进行典型黄土地貌类型的定量识别。模板匹配法是模式识别中相对简单的一种计算方法，其计算过程通常为将某一未知类别与已知的标准类别进行对比，找出与其最相似的类别认定为未知类别属于该已知类别（杨淑莹，2019）。这一判断准则称之为近邻准则。

近邻准则将训练类别中所有类别均作为模板，用测试类别与每个模板做比较，看与哪个模板距离最近，即最相似。计算距离的方法很多，本研究主要使用最短距离法，其计算公式为：

$$D_{i,j} = \min(d_{ij}), d_{ij} = \| X_i - X_j \|, X_i \in \omega_i, X_j \in \omega_j \tag{6-2}$$

式中，$D_{i,j}$ 为两类间最短距离；ω_i 和 ω_j 为两个不同的样本集；d_{ij} 为 X_i 和 X_j 之间的距离。

本研究主要利用模板匹配法中的最短距离分类法进行三种典型黄土地貌类型的定量识别。通过计算待测样本和训练集中各已知各样本之间的距离，从而获取最终待测样本的类别。

（二）典型黄土地貌类型定量识别的计算过程

为了对典型黄土地貌类型进行定量识别，首先将山西高原地区黄土塬、黄土梁和黄土峁三类地貌类型的图斑进行随机分类，选取各类地貌 95% 的图斑作为训练数据，剩下的 5% 作为校验数据。由于最终选择的地形和几何因子共有六类，故典型黄土地貌类型的特征指标向量 u 为：

$$u = (u_1, u_2, u_3, u_4, u_5, u_6) \tag{6-3}$$

式中，$u_1, u_2, u_3, u_4, u_5, u_6$ 分别代表面积、地表径流的侵蚀力、高程、坡度、坡向和曲率六个特性指标的实际测试数据。

基于训练数据计算三种典型黄土地貌类型特征指标向量的平均值，黄土塬、黄土梁和黄土峁的特征指标向量的平均值分别为 a, b, c。

对于待识别样本 $v = (v_1, v_2, v_3, v_4, v_5, v_6)$，分别计算待识别样本与 a, b, c 间的欧拉距离 $d_1(v, a), d_2(v, b), d_3(v, c)$，其计算公式为：

$$d_1(v, a) = \sqrt{\sum_{j=1}^{6} (v_j - \bar{a}_j)^2}, d_2(v, b) = \sqrt{\sum_{j=1}^{6} (v_j - \bar{b}_j)^2}, d_3(v, c) = \sqrt{\sum_{j=1}^{6} (v_j - \bar{c}_j)^2}$$

$$\tag{6-4}$$

令 $D = d_1(v, a) + d_2(v, b) + d_3(v, c)$，则

黄土塬隶属函数 $A_1(v)$ 为：$A_1(v) = 1 - \dfrac{d_1(v, a)}{D}$；黄土梁隶属函数 $A_2(v)$ 为：$A_2(v) = 1 - \dfrac{d_2(v, b)}{D}$；黄土峁隶属函数 $A_3(v)$ 为：$A_3(v) = 1 - \dfrac{d_3(v, c)}{D}$。

　　通过计算三种典型黄土地貌类型校验数据的隶属函数,将隶属函数值最大的类型作为校验数据的识别结果,并与其本身的类型进行对比,从而获取此种定量识别方法的精度。

（三）典型黄土地貌类型的定量识别结果

　　基于黄土塬的训练数据得到其特征指标向量的平均值为:
$$a = (85.669, 8\,957.968, 968.165, 9.588, 177.203, 0.000) \qquad (6\text{-}5)$$

　　基于黄土梁的训练数据得到其特征指标向量的平均值为:
$$b = (82.524, 9\,048.016, 1\,100.392, 13.721, 176.715, 0.003) \qquad (6\text{-}6)$$

　　基于黄土峁的训练数据得到其特征指标向量的平均值为
$$c = (256.702, 3\,096.972, 986.263, 12.134, 165.713, 0.014) \qquad (6\text{-}7)$$

　　通过三种典型黄土地貌类型特征指标向量平均值,利用所有校验数据计算其三种隶属函数的数值,进而确定其识别结果,并通过与其本身的类型进行对比验证其识别精度,结果如表 6-18 所示。

表 6-18　山西高原典型黄土地貌类型定量识别结果

校验数据	$A_1(v)$	$A_2(v)$	$A_3(v)$	原类型	隶属类
1	0.930	0.928	0.142	$A_1(v)$	$A_1(v)$
2	0.833	0.520	0.647	$A_1(v)$	$A_1(v)$
3	0.547	0.541	0.912	$A_1(v)$	$A_3(v)$
4	0.748	0.741	0.511	$A_1(v)$	$A_1(v)$
5	0.925	0.825	0.250	$A_1(v)$	$A_1(v)$
6	0.548	0.542	0.910	$A_1(v)$	$A_3(v)$
7	0.740	0.727	0.533	$A_1(v)$	$A_1(v)$
8	0.896	0.791	0.313	$A_1(v)$	$A_1(v)$
9	0.972	0.105	0.923	$A_1(v)$	$A_1(v)$
10	0.956	0.194	0.850	$A_1(v)$	$A_1(v)$
11	0.882	0.744	0.374	$A_1(v)$	$A_1(v)$
12	0.922	0.303	0.775	$A_1(v)$	$A_1(v)$
13	0.955	0.255	0.790	$A_1(v)$	$A_1(v)$
14	0.334	0.912	0.753	$A_2(v)$	$A_2(v)$
15	0.515	0.508	0.978	$A_2(v)$	$A_3(v)$
16	0.925	0.971	0.104	$A_2(v)$	$A_2(v)$
17	0.522	0.516	0.962	$A_2(v)$	$A_3(v)$
18	0.350	0.866	0.783	$A_2(v)$	$A_2(v)$
19	0.091	0.974	0.936	$A_2(v)$	$A_2(v)$
20	0.721	0.724	0.555	$A_2(v)$	$A_2(v)$
21	0.314	0.904	0.782	$A_2(v)$	$A_2(v)$
22	0.690	0.692	0.618	$A_2(v)$	$A_2(v)$
23	0.641	0.643	0.716	$A_3(v)$	$A_3(v)$

从表 6-18 可以看出：在 23 组校验数据中，经过计算获得的隶属类型与原类型一致的数据量为 19 组，即校验准确率为 82.61％。该结果表明，模式识中模板匹配法能用来定量区分研究区内三类黄土地貌类型。

四、本节小结

本研究通过计算分析黄土高原典型黄土地貌类型的几何指标和地形指标，并通过相关分析和 t 检验确定了进行典型黄土地貌类型定量识别的六个因子——面积、坡度、坡向、高程、曲率和地表径流的侵蚀力。

利用模式匹配方法，通过计算六个因子之间的最短距离构建其对应的隶属函数，从而实现典型黄土地貌类型的定量识别。基于 23 组校验数据的验证表明，隶属函数判断正确的为 19 组，校验正确率达到 82.61％，说明能够在一定程度上实现典型黄土地貌类型的定量识别。

第二节　公格尔山地形抬升特征分析

公格尔山地区位于新疆维吾尔自治区阿克陶县境内，地理范围为东经 75.3°，北纬 38.6°，最高峰海拔高度在 7 500 m 以上，是青藏高原西北缘西昆仑山脉的第一高峰，其地势如图 6-3 所示。本地区山势险峻，周围河谷深切，西边是盖孜河上游康西瓦河，北部是盖孜河主流，盖孜河南部为库山河。高耸的山峰、深切的河谷以及紧邻塔里木盆地，使其从山顶到塔里木盆地边缘的海拔高度下降很快，拥有很大且多变的地形梯度。公格尔山地区山顶海拔高度在 7 000 m 以上，现代雪线约为 5 900 m。因而，冰川地貌广泛发育。由于深处内陆，而且有众多高大山脉如喜马拉雅山等阻隔着印度洋、太平洋暖湿气流的进入，因此气候十分寒冷干燥，降水主要来自高空西风带气流和极地冷湿气流的相互作用。在山顶处平均气温约在 −20 ℃，最低可达 −30 ℃；而且常有大风，通常风力是 7 级左右。天气频繁变化是这一地区气候的最大特点。恶劣的气候条件和较高的海拔为科学考察和地学研究带来了困难，独特的地形特征则为数字地形分析研究提供了良好的基础（赵尚民，2011a）。

因此，本研究拟以公格尔山为研究区，基于 SRTM3-DEM 数据，采用线状地形剖面法和带状地形剖面法等数字地形分析方法，对从塔里木盆地边缘经公格尔山山顶到康西瓦河河谷的地形抬升特征进行分析，为青藏高原地貌形成和隆升过程研究提供基础和依据（赵尚民 等，2009）。

一、地形剖面分析方法

数字地形分析方法有多种不同的计算指标和算法，并对应着不同的应用领域。通过对比分析，本研究主要采用地形剖面方法对从公格尔山顶到塔里木盆地边缘之间的地形抬升特征变化进行分析，为研究公格尔山地区地形的隆升特征提供启发和帮助。地形剖面法主要包括线状地形剖面法和带状地形剖面法（高明星 等，2008）。

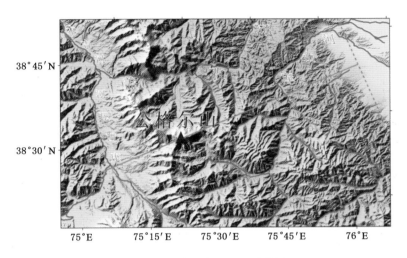

图 6-3　公格尔山地区地势图

（一）线状地形剖面法

线状地形剖面法是传统的地形剖面分析方法，它能以线代面来进行研究区域的地形起伏变化研究，不仅可以很好地反映地形沿某一方向地势的起伏和坡度的陡缓，且可了解研究区域的地貌形态、地势变化，以及地表切割程度等（张会平 等，2004；洪顺英 等，2007）。

基于 SRTM3-DEM 数据，利用线状地形剖面法生成的从柴达木盆地经祁连山脉到达河西走廊和巴丹吉林沙漠的地形剖面图如图 6-4 所示，从图 6-4 中可以清晰地看出沿剖面线地形高程的变化特征。

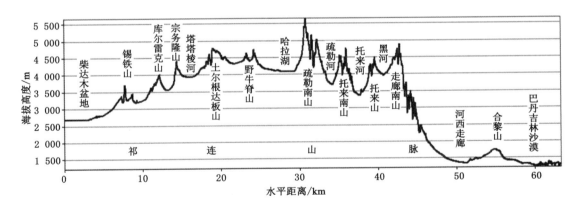

图 6-4　线状地形剖面图

（二）带状地形剖面法

线状地形剖面图具有直观、形象、操作简单和处理速度快等优点，是分析指定路径地形起伏变化的便捷工具（朱利东，2004）；但是在剖面线的选择上却存在较大的主观性和随意性，而且反映的是剖面线方向上的地形信息，对剖面线两旁的地形信息没有涉及。所以，对相关数据的解释也可能缺乏说服力（张会平，2006c）。因此，很多学者尝试利用带状地形剖面法进行地形剖面研究，以弥补线状地形剖面法的这一缺陷（Burbank，1992；Fielding et al.,1994；Kühni et al.,2001)。图6-5所示为李勇等(2006)利用带状地形剖面图对青藏高原东缘晚新生代表面隆升、河流下切的研究。

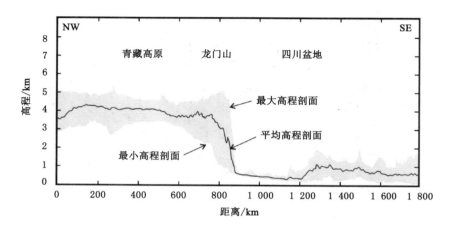

图 6-5　带状地形剖面图

带状地形剖面法的基本思想是：首先，选择一个剖面线方向；然后，在此剖面线两侧设定一个宽度，计算在此剖面线方向上每点在设定宽度内的最大值、最小值、平均值等统计数据，从而生成该方向上的最大值、最小值、平均值等剖面图。带状地形剖面法在一定程度上降低了线状地形剖面法在剖面线选择上的主观随意性，同时提供了更多的地形地貌信息。

二、地形抬升特征的地形剖面分析

如上所述，本研究分别利用线状地形剖面法和带状地形剖面法对公格尔山地区的地形抬升特征进行分析，其结果不仅反映了该区地势起伏、坡度变化，而且展示出其地形梯度的分布特征和规律，以及其与隆升过程的关系。

（一）线状地形剖面法的地形抬升特征分析

为能更好地反映公格尔山相对于塔里木盆地的抬升状况和地势梯度，选择了一条从康西瓦河河谷经公格尔山山顶到塔里木盆地的南西-北东方向上的地形剖面线，如图6-3中红实线所示，该剖面线是能较好反映公格尔山地形梯度的剖面线。在此剖面线方向上，地形剖面图如图6-6所示。

从图6-6可以看出：从康西瓦河河谷经公格尔山顶到塔里木盆地边缘，海拔高度先从4 000 m上升至约7 500 m，而后又下降到2 500 m以下。其中，康西瓦河河谷到公格尔山顶，海拔高度从3 500 m左右上升到约7 500 m；其海拔上升趋势先是在水平距离20 km范围内，从3 500 m上升到5 500 m，而后在约5 km范围内，从5 500 m迅速上升到约7 500 m的高度。由此可见，在公格尔山西南部，地面抬升可以分为两段，且第二段的抬升速度要明显快于第一段，而分割点为海拔5 500 m左右。

在公格尔山顶东北侧，从塔里木盆地边缘到公格尔山顶，在水平距离约30 km范围内，海拔高度从2 500 m上升到7 500 m左右，地面升高幅度达5 000 m。其地形抬升分为三段：第一段在水平距离约8 km范围内，海拔高度从2 500 m左右上升到约4 000 m；第二段

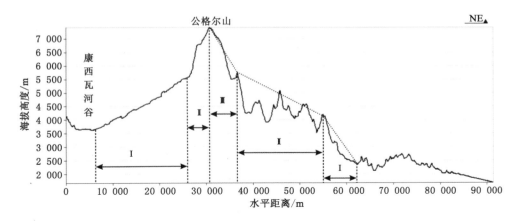

图 6-6　公格尔山地区线状地形剖面图

在水平距离约 20 km 范围内,海拔高度从 4 000 m 左右上升到约 5 500 m;第三段在水平距离约 5 km 范围内,海拔高度从 5 500 m 上升到约 7 500 m。从图 6-6 可看出,在这三段中,第二段的抬升速度最慢,第一段次之,第三段最快。

（二）带状地形剖面法的地形抬升特征分析

带状地形剖面法可通过计算剖面线上的每一点在宽度范围内的最大海拔高度、最小海拔高度、平均海拔高度、最大与最小海拔高度之差(即地形起伏度)等信息,从而揭示研究区域的整体地形起伏特征。其中,最大海拔高度剖面图显示了区域内残留的最高峰顶面的海拔高度剖面;最小海拔高度剖面图显示了区域内的河流下蚀残留的最低河床的海拔高度,标志了河流系统的高程及其变化规律;平均海拔高程剖面图显示了带状区域内平均海拔高程及其变化规律。结合本地区的地形和实验情况,本研究选定的宽度为 20 km,剖面线与线状地形剖面图生成时的剖面线相同,如图 6-3 中红实线所示,在红实线两侧各 20 km 生成的带状地形剖面,其范围如图 6-3 中剖面线外围红色虚线矩形框所示。在此框内沿剖面线方向生成的带状地形剖面图如图 6-7 所示。

在图 6-7 中,共显示了 3 条地形剖面,分别为最小海拔高度地形剖面,平均海拔高度地形剖面和最大海拔高度地形剖面。由于最大海拔高度地形剖面最能表达公格尔山抬升的地形抬升特征,因此,这里主要对最大海拔高度地形剖面图进行分析。

从图 6-7 中可以看出:对最大海拔高度地形剖面,从康西瓦河河谷到公格尔山顶,在 10 km 水平距离内,海拔高度从 4 500 m 迅速上升到约 7 500 m。而在公格尔山另一侧,从塔里木盆地到公格尔山顶,在水平距离约 60 km 范围内,海拔高度从 2 000 m 上升到约 7 500 m,并可分为三段:第一段在水平距离约 20 km 范围内,海拔高度从 2 000 m 上升到约 4 500 m,上升幅度约 2 500 m;第二段在水平距离约 35 km 范围内,海拔高度从约 4 500 m 上升到将近 6 000 m,上升幅度约 1 500 m;第三段在水平距离约 5 km 范围内,海拔高度从将近 6 000 m 上升到约 7 500 m,上升幅度达到 1 500 m。从中可以看出:在这三段中,第三段抬升速度最快,第一段次之,第二段最慢。

（三）结果分析

通过以上两种方法(线状地形剖面法和带状地形剖面法)对公格尔山的地形抬升特征

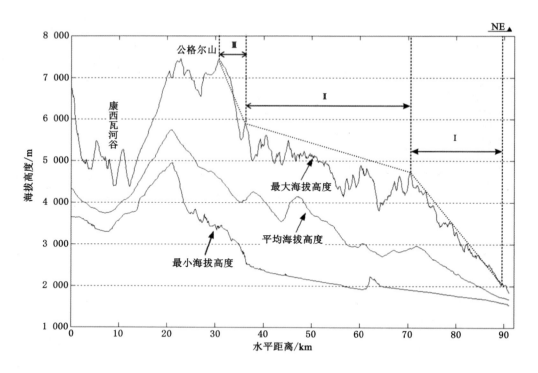

图 6-7　公格尔山地区带状地形剖面图

研究,认为:

(1) 在公格尔山西南侧,即从公格尔山山顶到康西瓦河河谷,海拔高度有一个较大的降落,从山顶海拔高度 7 500 m 下降到河谷海拔高度约 3 500 m,并在 5 500 m 处形成了一个转折点,在海拔 5 500 m 以下,地形下降较慢,在海拔高度 5 500 m 到 7 500 m 山顶,地形抬升则非常快。深切河谷的形成,一方面是由于河流的下切和侵蚀,另一方面是由于山顶的抬升造成的。

(2) 在公格尔山东北侧,即从塔里木盆地边缘到公格尔山山顶,海拔高度从 2 000 m 左右上升到约 7 500 m,经过一个很大的抬升,并可明显划分出 3 个不同的阶段:海拔高度从 2 000 m 左右上升到约 4 500 m,从 4 500 m 上升到将近 6 000 m,再从近 6 000 m 上升到约 7 500 m。这三段地形抬升的速度也有很大差异,这与青藏高原抬升过程的多阶段、非均匀、不等速的特点相对应(潘裕生,1999)。马钦忠等(2003)在研究青藏高原西北缘西昆仑山的隆升特征时,曾明确将晚新生代以来西昆仑山的隆升过程分为三个阶段,正是这三个阶段的隆升造成了西昆仑山现在的巨大海拔高度(李吉均,1999)。由于公格尔山地区气候严寒干旱,交通不便,对此地区隆升过程的科学考察并不深入。因此,公格尔山地区从塔里木盆地边缘到公格尔山山顶的地形抬升特征与本地区晚新生代以来的三次隆升过程之间有何关系,还需进一步探索。

三、本节小结

通过利用线状地形剖面图和带状地形剖面图对公格尔山的地形梯度进行分析,认为:

（1）上述两种研究方法各有其优缺点。线状地形剖面清晰直观，地学意义明显，操作简单；带状剖面法则蕴含更多地形信息，并能反映区域的地形起伏特征，若将两种方法联合起来共同进行区域地形研究，则会获得更好效果。

（2）公格尔山东北侧，即从塔里木盆地边缘到公格尔山顶，地形抬升共可分为三段：分别是从海拔高度2 000 m左右上升到约4 500 m，从4 500 m上升到将近6 000 m，从将近6 000 m上升到约7 500 m。其中第三段抬升速度最快，第一段次之，第二段由于水平距离最长，抬升速度最慢。本地区不同的地形抬升特征可能与隆升过程之间有重要关系。

第三节　青藏高原西北缘地质与地貌形态特征分析

青藏高原西北缘主要指西昆仑山脉与塔里木盆地的交界地带。本节通过利用SRTM3 DEM数据、1∶50万中华人民共和国数字地质图数据和地貌数据，采用数字地形分析技术，在对研究区山脊线和山麓线地形剖面、地势特征和组成物质地质年代分析的基础上，得到西昆仑山脉具有典型意义的山峰；再以公格尔山为例，探讨山峰地区典型地形剖面线的获取方法；最后利用典型地形剖面获取方法，通过在各个典型山峰地形剖面图上加载地质年代数据和地貌成因数据，分别分析青藏高原西北缘地形抬升速率与地质年代的关系和不同地貌带下的地形梯度特征。

一、青藏高原西北缘区域概况

青藏高原西北缘西昆仑山脉西起天山西南部的昆盖山，沿东南方向经公格尔山、慕士塔格山、塔什库尔干山、塔什库祖克山、慕士山和四岔雪峰等到达阿尔金山西部的托库孜达坂山，全长约1 500 km，山峰平均海拔高度约6 000 m，其地势如图6-8所示。

从图6-8可以看出：从塔里木盆地边缘到西昆仑山脉山顶，在水平距离很短范围内，海拔高度迅速抬升，地势抬升非常明显；而在山脊和山麓的不同区域，地势也有很大差异。

在图6-8中，蓝线AA′和BB′分别指青藏高原西北缘西昆仑山脉山脊线与山麓线的地形剖面线位置；各山峰M1、M2、M3、M4、M5、M6、M7和M8分别为西昆仑山从西北部的昆盖山，沿东南方向经公格尔山、慕士塔格山、塔什库尔干山、塔什库祖克山、慕士山和四岔雪峰等到达阿尔金山西部的托库孜达坂山；红线aa′、bb′、cc′、dd′和ee′分别指西昆仑山脉典型山峰地区昆盖山、慕士塔格山、塔什库祖克山、慕士山和托库孜达坂山的横向地形剖面线位置；红线pp′指公格尔山地区三条相邻的横向地形剖面线位置，间距约为5 km。

青藏高原西北缘独特的地势特征是在历史构造运动的基础上，经过新构造运动的决定性影响，并一直受到外营力不断改造的综合作用下形成的（中国科学院青藏高原综合科学考察队，1983）。在古生代及以前，本地区属于冈瓦纳大陆与劳亚大陆之间的特提斯海的一部分（李吉均，1983）。随着大陆地壳不断向南增生，特提斯海逐步向南退缩，到晚古生代-三叠纪，特提斯海退到金沙江缝合带以南地区，本地区开始浮出水面，真正成为陆地（高红山等，2004）。成为陆地后，海拔高度很长时间都在1 000 m以下。直到渐新世，由于受到印度板块向北汇聚的远程效应，开始脉动式隆升（中国地质调查局，2004），但快速抬升之后的长

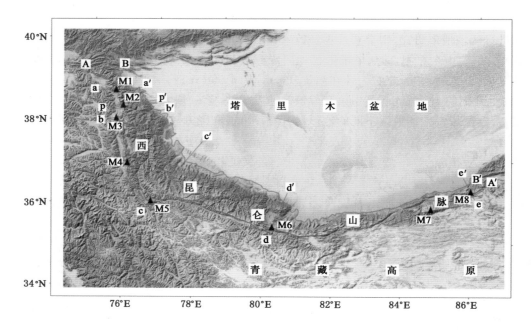

图 6-8　基于 SRTM3-DEM 的青藏高原西北缘地势图

期夷平过程则使研究区形成两级夷平面。到上新世末,经过几千万年的夷平作用,西昆仑山脉地区的海拔高度约在 1 000 m 左右。与喜马拉雅山区一致,西昆仑山脉地区于上新世末-第四纪初开始强烈隆起;在早更新世-中更新世,出现晚新生代以来最强烈的构造运动,山峰超过雪线高度并出现冰川;晚更新世,西昆仑山脉继续强烈上升,由于青藏高原对西风气流的阻挡作用逐渐变大,气候开始变干旱,北翼风成黄土堆积。全新世以来,海拔继续升高,气候趋向强烈的干旱化,湖面下降,冰川规模变小并消融迅速(郑度 等,1988;张青松等,1989)。

在地质构造上,西昆仑山脉南部属昆仑地体,北部属塔里木地体,中间则以西昆仑-阿尔金-祁连缝合带相隔。将西昆仑山脉北部划入塔里木地体,是由于它们在地质历史上是同一块体,具有相同的基底和古生代发展历史,现在的断层是晚近地质时期以后才形成的(孙鸿烈 等,1998)。在组成物质上,塔里木盆地西南缘及西昆仑山山麓多为第四纪冲积、洪积、风积复合成因堆积物,以黄土等物质为主,这是研究区气候急剧干旱化的重要标志;而山峰地区由于区域地质演变历史复杂,后期又经历了长期的剥蚀等外力作用,因此组成物质——岩石的形成从早元古代以来各个时代均有分布。

二、典型山峰的确定和典型地形剖面线的获取

本研究首先对青藏高原西北缘的整体地势特征进行分析,根据西昆仑山脉地区的山脊线及山麓线的地形剖面线及地质年代数据分析其地势特征和组成物质形成年代,并以此为基础,将青藏高原西北缘分成五段,并找出每一段的典型山峰;然后以公格尔山为例,探讨在典型山峰地区选择具有典型意义的地形剖面线位置的方法。

（一）典型山峰的确定

青藏高原西北缘是一绵延长达 1 500 km 左右的山峰-盆地交界地区，其地形剖面图如图 6-9 所示。

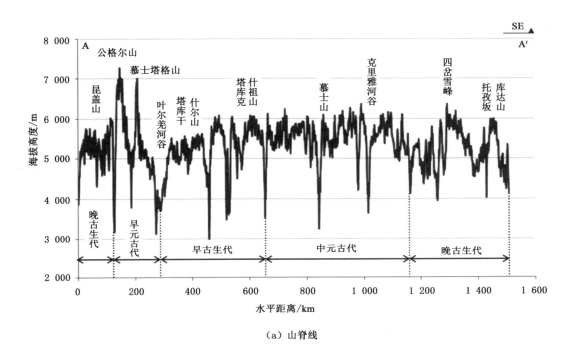

（a）山脊线

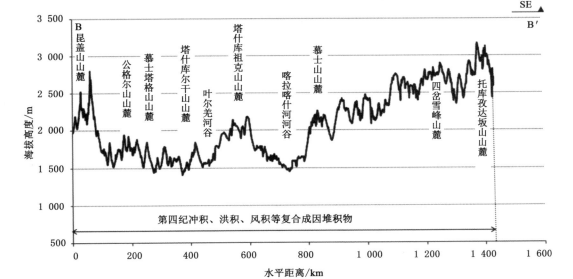

（b）山麓线

图 6-9　基于 SRTM3-DEM 的青藏高原西北缘地势图

从图 6-9 中可以看出：对于山脊线地形剖面图，从西北部天山山脉西南角的昆盖山山顶到东南部阿尔金山脉东部的托库孜达坂山山顶，水平距离约 1 500 km，除公格尔山和慕士塔格山海拔高度超出 7 000 m 以外，山峰平均海拔高度在 6 000 m 左右；在山峰之间的深切河谷海拔高度多在 3 000～4 000 m 之间，如叶尔羌河谷、喀拉喀什河谷、盖孜河谷等；山峰和河谷之间坡度很大，经常在水平距离极短范围内海拔迅速下降，形成一个个深切河谷。从山顶组成物质形成的地质年代来说，从昆盖山到托库孜达坂山，按照北西-南东方向，依次为晚古生代、早元古代、早古生代、中元古代和晚古生代五个不同的地质历史时期。由此可以看出：不同区域山顶处组成物质形成的时代差别很大。处于不同地质时代的山峰其形成过程中的构造运动应该有较大差异。一般来说，其组成物质形成的地质时代较早的山峰，其形成年代也可能较早。

对于山麓线地形剖面图，从西北部的昆盖山山麓到东南部的托库孜达坂山山麓，海拔高度经历了下降→小幅上升→再下降→持续快速上升的过程。具体表现在：在昆盖山山麓，海拔高度 2 500 m 左右；到慕士塔格山山麓海拔高度下降到 2 000 m 以下；再到塔什库祖克山山麓，海拔高度达到 2 000～2 500 m，有了小幅升高；然后进入喀拉喀什河谷，海拔高度降到 1 500 m；从慕士山山麓开始，海拔高度持续快速升高，从 2 000 多米升到托库孜达坂山山麓的海拔高度 3 000 m 以上。在组成物质上，主要为第四纪冲积、洪积、风积等复合成因堆积物。这主要是由于随着青藏高原的快速隆升，西昆仑山北部塔里木盆地气候强烈干旱化，大量风成黄土快速堆积，从而形成了中国面积最大的沙漠——塔克拉玛干沙漠。

在组成物质形成的地质年代基础上综合分析青藏高原西北缘的山脊和山麓处地势特征，认为青藏高原西北缘从昆盖山到托库孜达坂山在地势上可以分为五段，得到五个实验区，并从每个实验区选出具有典型地势特征意义的山峰：昆盖山、慕士塔格山、塔什库祖克山、慕士山和托库孜达坂山。它们之间既有一定的间距，而且组成物质处于不同的地质年代。根据这五个典型山峰的地势特征，可以进而推断青藏高原西北缘从西北端到东南端地势特征的变化趋势。

（二）典型山峰的确定

地形剖面图可以以线代面获取研究区域的地势变化、轮廓形状、坡度陡缓、地表形态及地表切割深度等信息，为使其具有区域地势特征更好的典型代表性，地形剖面线位置的选择非常重要（张会平 等，2004；甘淑 等，2004）。本研究以青藏高原西北缘西昆仑山的第一高峰——公格尔山为例，探讨山峰区域典型地形剖面线的获取办法。

公格尔山位于东经 75.3°，北纬 38.6°，海拔高度在 7 000 m 以上，处于新疆维吾尔自治区阿克陶县境内。为了更好地表达所选山峰地区从山顶到塔里木盆地边缘的整体地形变化特征，地形剖面线一般应通过山峰顶端并垂直于山体走向。根据本研究数据源的空间分辨率及山体地形特征，本研究选取垂直于山体走向、间距约为 5 km 的三条地形剖面线作为实验数据，这三条剖面线覆盖了整个公格尔山山顶地区，其位置如图 6-8 中红线 pp′ 所示。三条地形剖面线生成的地形剖面图如图 6-10 所示。

图 6-10 中的三条地形剖面线 p_1、p_2、p_3 分别为图 6-8 中公格尔山 pp′ 处自北向南的三条红线，走向南西-北东，间距约为 5 km。从图中可以看出：在地势变化上，p_2 变化最剧烈，它最高点海拔高度最大；其次为 p_1，地势变化也较强烈；p_3 地势变化程度最小。为了对三条地

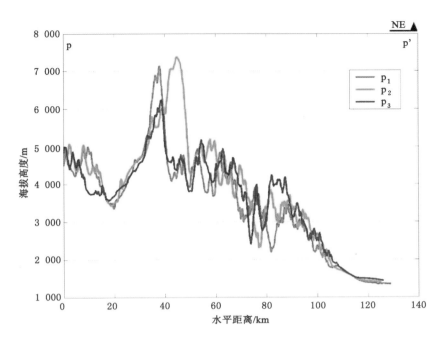

图 6-10　公格尔山地区的 3 条地形剖面线形成的剖面图

形剖面线进行数字定量分析,统计了每条地形剖面线的最大值、最小值等指标,并计算了平均值、极差和标准差等数量特征,结果如表 6-19 所示。

表 6-19　公格尔山地区三条地形剖面线数量统计特征

地形剖面线	最大值/m	最小值/m	平均值/m	极差/m	标准差/m
p_1	7 144.9	1 334.4	3 477.4	5 810.5	1 320.2
p_2	7 382.7	1 388.3	3 801.3	5 994.4	1 450.1
p_3	6 230.9	1 424.5	3 614.4	4 806.4	1 173.1

　　表 6-19 中最大值代表剖面山脊处海拔高度;最小值代表山麓或者塔里木盆地的海拔高度;平均值表示剖面海拔高度的平均水平;极差是最大值与最小值之差,表示剖面海拔高度的变化范围,也显示了地势变化的剧烈程度;标准差则反映了地势起伏偏离平均水平的总体程度,在一定程度上反映了地势起伏或地形切割的强烈程度,标准差越大,则地势起伏越强烈。通过这五个指标可以对地形剖面线的质量进行定量分析。通过对比这三条地形剖面线的指标值大小可知:p_2 地形剖面线最大值、极差和标准差三方面均优于 p_1 与 p_3,p_1 质量略次,p_3 则质量最差。这与通过观察得到的结论基本一致。

　　从以上分析可以得出:在公格尔山应该选取地形剖面线 p_2 进行地势特征分析。本方法为不同典型地区剖面线选择提供了途径,并在一定程度上避免了仅凭观察取舍地形剖面线的主观性和随意性。另外,若要提高所选地形剖面线的精度,可以通过减小选取地形剖面间的间距大小来实现。

三、地形抬升特征与地质年代的关系分析

参考公格尔山典型地形剖面线的获取方法,得到青藏高原西北缘五座典型山峰的典型地形剖面图;在地形剖面图中加载山体组成物质形成的不同地质历史年代,计算每座山峰不同地质年代山体物质的地形抬升特征,并对不同山峰之间的变化规律进行对比分析。

（一）昆盖山地形抬升特征与地质年代关系分析

昆盖山位于昆仑山最西端,呈北西-南东走向,与天山隔玛尔坎苏河相望;长约 150 km,海拔高度约 5 600 m,山上冰川广布;其东北部为塔里木盆地,西南部则为木吉河谷;高山峡谷众多,山两侧分布大量冲积洪积扇。

昆盖山典型地形剖面线位置如图 6-8 中红实线 aa′所示,为南西-北东向,水平距离约 105 km。在地形剖面线上加载山体组成物质形成的地质年代得到昆盖山地形剖面图（图 6-11）:在昆盖山东缘,从塔里木盆地边缘到昆盖山山顶,山体组成物质主要由石炭纪、蓟县纪和石炭纪三个地质年代形成,据此将昆盖山东缘的地形分为三段:第一段由石炭纪形成的岩石组成,在水平距离约 6 km 范围内海拔高度从 2 600 m 升高到 3 900 m,抬升幅度约 1 300 m;第二段由蓟县纪形成的岩石组成,在水平距离约 10 km 范围内海拔高度从 3 900 m 抬升到约 4 400 m,抬升幅度约 500 m;第三段由石炭纪形成的岩石组成,在水平距离约 16 km 范围内海拔高度从 4 400 m 抬升到约 5 600 m,抬升幅度约 1 200 m。

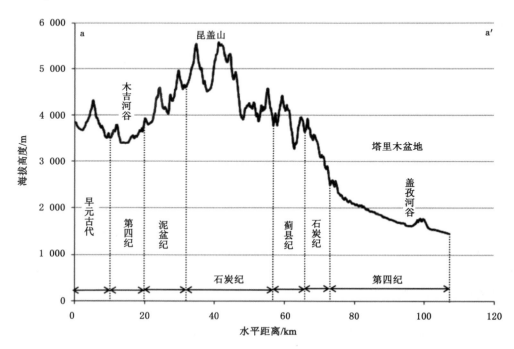

图 6-11　加载了地质年代数据的昆盖山地形剖面图

（二）慕士塔格山地形抬升特征与地质年代关系分析

慕士塔格山位于公格尔山西南部，山体浑圆，状似馒头；主峰海拔高度 7 546 m，呈穹窿构造，主要由片麻石、石英岩组成。图 6-12 为慕士塔格山地形剖面图，图中剖面线位置如图 6-8 中红实线 bb′所示，为南西-北东向，水平距离约 155 km。

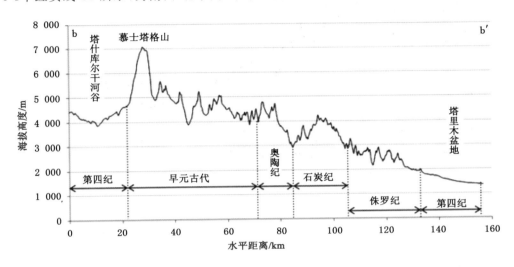

图 6-12　加载了地质年代数据的慕士塔格山地形剖面图

从图 6-12 中可以看出：在慕士塔格山东缘，从塔里木盆地边缘到慕士塔格山山顶，山体的组成物质自下而上分别由侏罗纪、石炭纪、奥陶纪和早元古代四个地质年代组成，因此可将慕士塔格山东缘的地势分为四段：第一段由侏罗纪形成的岩石组成，在水平距离约 27 km 范围内海拔高度从约 2 000 m 抬升到约 3 200 m，抬升幅度约 1 200 m；第二段由石炭纪形成的岩石组成，在水平距离约 20 km 范围内海拔高度从约 3 200 m 抬升到约 4 200 m，抬升幅度约 1 000 m；第三段由奥陶纪形成的岩石组成，在水平距离约 13 km 范围内海拔高度从约 4 200 m 抬升到约 4 800 m，抬升幅度约 600 m；第四段由早元古代形成的岩石组成，在水平距离约 43 km 范围内海拔高度从约 4 800 m 到抬升到约 7 100 m，抬升幅度约 2 300 m。

（三）塔什库祖克山地形抬升特征与地质年代关系分析

塔什库祖克山位于叶尔羌河东北部，海拔高度在 6 000 m 以上，从南北走向转变为近北西-南东走向。塔什库祖克山位于西昆仑山脉中段，是西昆仑山脉从近南北走向到近东西走向的过渡山脉。图 6-13 为塔什库祖克山地形剖面图。图中剖面线位置如图 6-8 红实线 cc′所示，为南西-北东走向，水平距离约 235 km。

从图 6-13 中可以看出：在塔什库祖克山北缘，从塔里木盆地边缘到塔什库祖克山山顶，山体的组成物质共由二叠纪、蓟县纪、石炭纪、志留纪和三叠纪共五个地质年代形成，由此将此边缘地势分为五段，分别为：第一段由二叠纪形成的岩石组成，在水平距离约 16 km 范围内海拔高度从约 2 400 m 抬升到约 3 100 m，抬升幅度约 700 m；第二段由蓟县纪形成的岩石组成，在水平距离约 24 km 范围内海拔高度从约 3 100 m 抬升到约 4 200 m，抬升幅度约 1 100 m；第三段由石炭纪形成的岩石组成，在水平距离约 26 km 范围内海拔高度从约 4 200 m 抬升到约 5 600 m，抬升幅度约 1 400 m；第四段由志留纪形成的岩石组成，水平距离

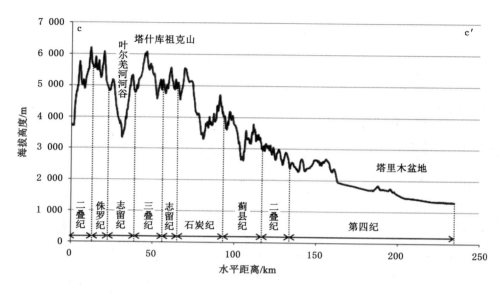

图 6-13　加载了地质年代数据的塔什库祖克山地形剖面图

约 9 km,形成山峰最高海拔仍为 5 600 m 左右,海拔高度没有明显抬升;第五段由三叠纪形成的岩石组成,在水平距离约 10 km 范围内海拔高度从约 5 600 m 抬升到约 6 100 m,抬升幅度约 500 m。

(四)慕士山地形抬升特征与地质年代关系分析

慕士山位于玉龙喀什河东北侧,海拔高度 6 638 m。从塔里木盆地边缘到慕士山山顶,北坡依次为冲积洪积倾斜平原、干燥剥蚀的低山丘陵带、干燥剥蚀的中山带、干燥半干燥作用高山带、冰缘作用高山带和冰川作用极高山带。图 6-14 为慕士山地形剖面图,图中剖面线的位置如图 6-8 中红实线 dd′ 所示,为南西-北东走向,水平距离约 125 km。

从图 6-14 中可以看出:从塔里木盆地边缘到慕士山山顶,由两个明显的山峰组成,形成双层边缘。对于外层边缘,山峰主要由古元古代形成的岩石组成,在水平距离约 18 km 范围内海拔高度从约 2 500 m 抬升到约 5 300 m,抬升幅度约 2 800 m。对于内层边缘,从山麓到山顶,组成物质形成的地质年代分别为早第三纪、新近纪和蓟县纪,因此将地势分为三段:第一段由早第三纪形成的岩石组成,在水平距离约 6 km 范围内海拔高度从 3 000 m 抬升到约 3 500 m,抬升幅度约为 500 m;第二段由新近纪形成的岩石组成,在水平距离约 20 km 范围内海拔高度从 3 500 m 抬升到约 4 300 m,抬升幅度约为 800 m;第三段由蓟县纪形成的物质组成,在水平距离约 12 km 范围内海拔高度从 4 300 m 抬升到约 6 400 m,抬升幅度约 2 100 m。

(五)托库孜达坂山地形抬升特征与地质年代关系分析

托库孜达坂山意为"九个山口的山",位于阿尔金山西南部,海拔高度在 6 000 m 以上,是西昆仑山最东端的山脉。图 6-15 所示中托库孜达坂山地形剖面,图中剖面线的位置如图 6-8 中红实线 ee′ 所示,为南东-北西向,水平距离约 66 km。

从图 6-15 中可以看出:从塔里木盆地边缘到托库孜达坂山山顶,山体由侏罗纪、二叠纪和石炭纪三个地质年代物质组成,因此可将托库孜达坂山北缘的地势分为三段:第一段由

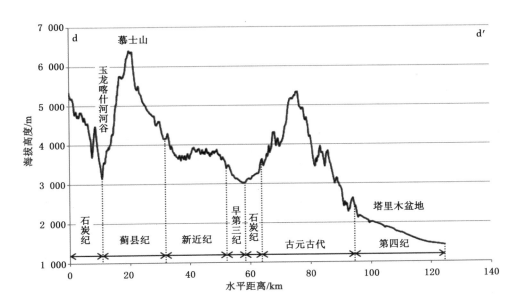

图 6-14　加载了地质年代数据的慕士山地形剖面图

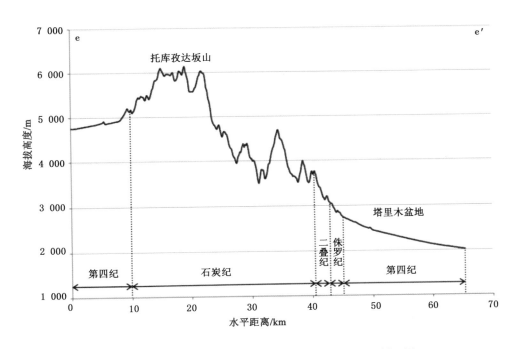

图 6-15　加载了地质年代数据的托库孜达坂山地形剖面图

侏罗纪形成的岩石组成,在水平距离约 2 km 范围内海拔高度从约 2 700 m 抬升到约 3 000 m,抬升幅度约 300 m;第二段由二叠纪形成的岩石组成,在水平距离约 3 km 范围内海拔高度从约 3 000 m 抬升到约 3 700 m,抬升幅度约 700 m;第三段由石炭纪形成的岩石组成,在水平距离约 22 km 范围内海拔高度从约 3 700 m 抬升到约 6 200 m,抬升幅度约 2 500 m。

（六）不同山峰地形抬升特征与地质年代变化对比分析

参考不同山峰山体组成物质形成的地质年代，将青藏高原西北缘五座典型山峰地区从塔里木盆地边缘到各个山顶的地势抬升状况分为对应的几段，并计算了每段的水平距离、起始海拔高度、末端海拔高度和抬升幅度。通过计算每个典型山峰每段的抬升速率（在单位水平距离内的海拔高度抬升量），将这些指标汇总，具体结果如表 6-20 所示。

表 6-20　青藏高原西北缘的典型山峰不同地质年代下的地形抬升特征

山峰	分段代码	水平距离/km	起始高度/m	末端高度/m	抬升幅度/m	抬升速率/(m/m)	地质年代
昆盖山	1	6	2 600	3 900	1 300	0.216 7	石炭纪
	2	10	3 900	4 400	500	0.050 0	蓟县纪
	3	16	4 400	5 600	1 200	0.075 0	石炭纪
慕士塔格山	1	27	2 000	3 200	1 200	0.044 4	侏罗纪
	2	20	3 200	4 200	1 000	0.050 0	石炭纪
	3	13	4 200	4 800	600	0.046 2	奥陶纪
	4	43	4 800	7 100	2 300	0.053 5	早元古代
塔什库祖克山	1	16	2 400	3 100	700	0.043 8	二叠纪
	2	24	3 100	4 200	1 100	0.045 8	蓟县纪
	3	26	4 200	5 600	1 400	0.053 8	石炭纪
	4	9	5 600	5 600	0	0.000 0	志留纪
	5	10	5 600	6 100	500	0.050 0	三叠纪
慕士山	外层边缘	18	2 500	5 300	2 800	0.155 6	早元古代
	内层边缘 1	6	3 000	3 500	500	0.083 3	早第三纪
	内层边缘 2	20	3 500	4 300	800	0.040 0	新近纪
	内层边缘 3	12	4 300	6 400	2 100	0.175 0	蓟县纪
托库孜达坂山	1	2	2 700	3 000	300	0.150 0	侏罗纪
	2	3	3 000	3 700	700	0.233 3	二叠纪
	3	22	3 700	6 200	2 500	0.113 6	石炭纪

在表 6-20 中，抬升速率是指在单位水平距离内海拔高度的抬升量，它反映了从塔里木盆地边缘到典型地区山峰的山顶，在垂直于山体走向的方向不同地势段海拔高度抬升的快慢程度。为了对各个山峰整体的抬升速度有个认识，对其每段的抬升速率进行平均，结果如图 6-16 所示。

通过对上述青藏高原西北缘不同典型山峰的地势剖面图反映的地形抬升特征以及对比结果进行分析，可以获得如下结果：

（1）在青藏高原西北边缘典型山峰地区的平均抬升速率方面，从昆盖山到慕士塔格山、塔什库祖克山持续减小，从塔什库祖克山到慕士山、托库孜达坂山则迅速增大，形成了一个近似"V"形。也就是说，在青藏高原西北缘，从两端到中部，从塔里木盆地边缘到西昆仑山脉山顶地面抬升速率持续减小，在中部最小，即西昆仑山脉从北西走向到东西走向

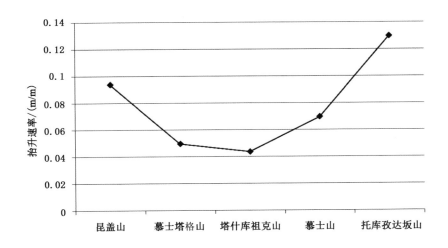

图 6-16　青藏高原西北缘不同典型山峰的平均抬升速率

转变处最小。

（2）在山体组成物质形成的地质年代上,昆盖山经历了三个地质年代、慕士塔格山经历四个地质年代、塔什库祖克山则为五个地质年代,组成山体物质的地质年代逐渐增多,而慕士山经历四个地质年代、托库孜达坂山经历了三个地质年代。因此,从西昆仑山脉的西北部到东南部,山体组成物质形成的地质年代经历了由少到多再减少的过程。这说明,青藏高原西北缘中部山体的形成过程较其两端要复杂,从中部到两端组成山体物质的地质年代呈逐渐减少的趋势。

四、不同地貌带下的地形梯度特征分析

从塔里木盆地边缘到西昆仑山脉的山顶,存在着不同的地貌带,从下到上一般为干燥地貌带、流水地貌带、冰缘地貌带和冰川地貌带。不同的地貌带有不同的侵蚀剥蚀特征,从而对地形产生不同的影响（张信宝 等,2006;Cheng et al.,2011）。因此,山体不同的地貌带具有不同的地形梯度特征。

有鉴于此,本研究在各典型山峰的典型地形剖面线上加载地貌成因数据,试图分析青藏高原西北缘各典型山峰不同地貌带下的地形梯度特征,从而为分析青藏高原整个西北缘不同地貌带下的地形梯度特征奠定基础。

（一）昆盖山不同地貌带下的地形梯度特征分析

在昆盖山的典型地形剖面图上加载了地貌成因数据后,结果如图 6-17 所示。

在图 6-17 中,"A"代表干燥地貌,"F"代表流水地貌,"G"代表冰川地貌,"P"代表冰缘地貌。基于地形剖面上地貌成因的分布特征,从塔里木盆地边缘到昆盖山山顶,昆盖山北缘可以分为 3 个部分:最下面为干燥地貌带,在水平距离 25 km 范围内海拔高度从 1 600 m 上升到 2 200 m,如图 6-17 中 P_2P_3 所示;中间是流水地貌带,在水平距离 10 km 范围内海拔高度从 2 200 m 上升到 3 600 m,如图 6-17 中 P_3P_4 所示;最上面是冰川地貌带,在水平距离 27 km 范围内海拔高度从 3 600 m 上升到 5 600 m,如图 6-17 中 P_4P_5 所示。

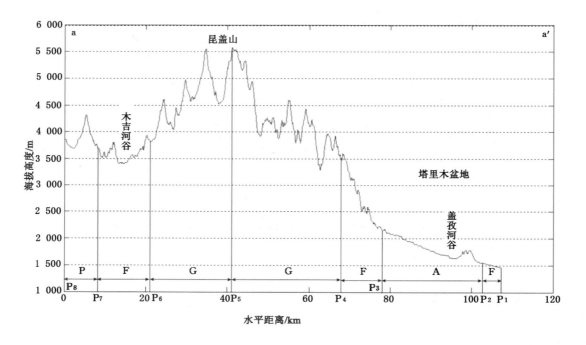

图 6-17 加载了地貌成因数据的昆盖山地形剖面图

（二）慕士塔格山不同地貌带下的地形梯度特征分析

在慕士塔格山的典型地形剖面图上加载了地貌成因数据后，结果如图 6-18 所示。

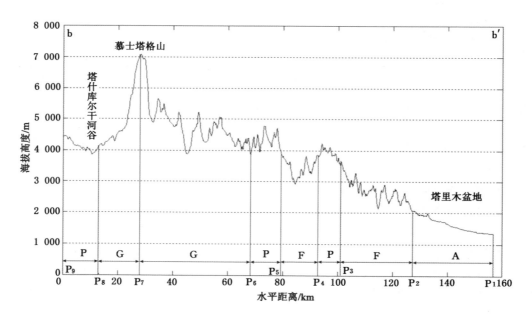

图 6-18 加载了地貌成因数据的慕士塔格山地形剖面图

图 6-18 中各项地貌成因代码的含义可以参见图 6-17。从图 6-18 可以看出：基于地形剖面上地貌成因的分布特征，从塔里木盆地边缘到慕士塔格山山顶，慕士塔格山北缘可以分为四个部分：最下面为干燥地貌带，在水平距离 29 km 范围内海拔高度从 1 300 m 上升到 2 000 m，如图 4-35 中 P_1P_2 所示；然后是流水地貌带，在水平距离 26 km 范围内海拔高度从 2 000 m 上升到 3 700 m，如图 6-18 中 P_2P_3 所示；接下来是冰缘地貌带，在水平距离 33 km 范围内海拔高度从 3 700 m 上升到 4 800 m，如图 6-18 中 P_3P_6 所示；在冰缘地貌带，中间的低海拔河谷处于流水地貌控制下，这是由于流水下切、海拔降低形成的，由于河谷两边均为冰缘地貌，因此将它们综合为冰缘地貌带；最上面是冰川地貌带，在水平距离 40 km 范围内海拔高度从 4 800 m 上升到 7 100 m，如图 6-18 中 P_6P_7 所示。

（三）塔什库祖克山不同地貌带下的地形梯度特征分析

在塔什库祖克山的典型地形剖面图上加载了地貌成因数据后，结果如图 6-19 所示。

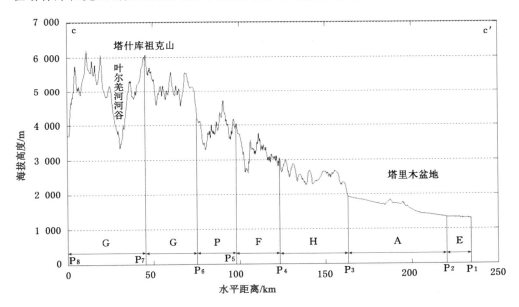

图 6-19　加载了地貌成因数据的塔什库祖克山地形剖面图

在图 6-19 中，"H"代表黄土地貌，其他各项地貌成因代码的含义可以参见图 6-17。从图 6-19 可以看出，基于地形剖面上地貌成因的分布特征，从塔里木盆地边缘到塔什库祖克山山顶，塔什库祖克山北缘可以分为五个部分：最低的部分为干燥地貌带，在水平距离 57 km 范围内海拔高度从 1 300 m 上升到 1 900 m，如图 6-19 中 P_2P_3 所示；较低的是黄土地貌带，在水平距离 40 km 范围内海拔高度从 1 900 m 上升到 3 000 m，如图 6-19 中 P_3P_4 所示；中间的部分是流水地貌带，在水平距离 25 km 范围内海拔高度从 3 000 m 上升到 4 000 m，如图 6-19 中 P_4P_5 所示；较高的为冰缘地貌带，在水平距离 23 km 范围内海拔高度从 4 000 m 上升到 4 700 m，如图 6-19 中 P_5P_6 所示；最高的部分是冰川地貌带，在水平距离 30 km 范围内海拔高度从 4 700 m 上升到 6 100 m，如图 6-19 中 P_6P_7 所示。

（四）慕士山不同地貌带下的地形梯度特征分析

在慕士山的典型地形剖面图上加载了地貌成因数据后，结果如图 6-20 所示。

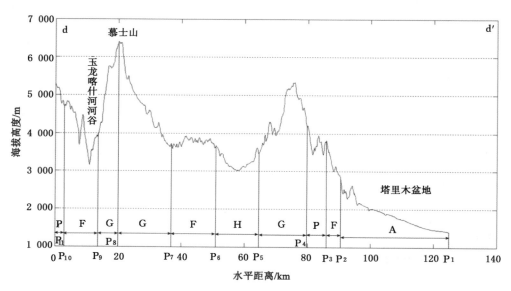

图 6-20　加载了地貌成因数据的慕士山地形剖面图

在图 6-20 中,各项地貌成因代码的含义可以参见图 6-17。从图 6-20 可以看出,基于地形剖面上地貌成因的分布特征,从塔里木盆地边缘到慕士山山顶,慕士山北缘可以分为四个部分:最低的部分为干燥地貌带,在水平距离 34 km 范围内海拔高度从 1 400 m 上升到 2 800 m,如图 6-20 中 P_1P_2 所示;较低的是流水地貌带,在水平距离 5 km 范围内海拔高度从 2 800 m 上升到 3 900 m,如图 6-20 中 P_2P_3 所示;较高的为冰缘地貌带,在水平距离 6 km 范围内海拔高度从 3 900 m 上升到 4 300 m,如图 6-20 中 P_3P_4 所示;最高的部分是冰川地貌带,如图 6-20 中 P_4 P_8 所示,它是 P_4P_5、P_5P_6、P_6P_7 和 P_7P_8 的综合结果,由于流水作用等相关营力,这部分中间存在流水地貌和黄土地貌作用区,在水平距离 60 km 范围内海拔高度从 4 300 m 上升到 6 400 m。

（五）托库孜达坂山不同地貌带下的地形梯度特征分析

在托库孜达坂山的典型地形剖面图上加载了地貌成因数据后,结果如图 6-21 所示。

在图 6-21 中,各项地貌成因代码的含义可以参见图 6-17。从图 6-21 可以看出,基于地形剖面上地貌成因的分布特征,从塔里木盆地边缘到托库孜达坂山山顶,托库孜达坂山北缘可以分为四个部分:最低的部分为干燥地貌带,在水平距离 21 km 范围内海拔高度从 2 000 m 上升到 2 700 m,如图 6-21 中 P_1P_2 所示;较低的是流水地貌带,在水平距离 9 km 范围内海拔高度从 2 700 m 上升到 4 000 m,如图 6-21 中 P_2P_3 所示;较高的为冰缘地貌带,在水平距离 10 km 范围内海拔高度从 4 000 m 上升到 4 700 m,如图 6-21 中 P_3P_6 所示;冰缘地貌带是 P_3P_4、P_4P_5 和 P_5P_6 综合的结果,由于侵蚀剥蚀作用,这部分中间被削低的区域存在流水作用地貌;最高的部分是冰川地貌带,在水平距离 7 km 范围内海拔高度从 4 700 m 上升到 6 200 m,如图 6-21 中 P_6P_7 所示。

（六）西北缘不同地貌带下的地形梯度特征分析

基于上面对各典型山峰加载了地貌成因数据的地形剖面图的分析,不同地貌带下的地形梯度特征整理结果如表 6-21 所示。

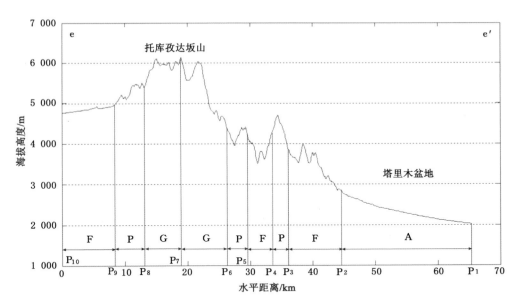

图 6-21 加载了地貌成因数据的托库孜达坂山地形剖面图

表 6-21 典型山峰在不同地貌带下的地形梯度特征

山峰	区间代码	水平距离/km	起始高度/m	末端高度/m	上升高度/m	地形梯度	地貌带
昆盖山	P_2P_3	25	1 600	2 200	600	0.024	干燥
	P_3P_4	10	2 200	3 600	1 400	0.140	流水
	P_4P_5	27	3 600	5 600	2 000	0.074	冰川
慕士塔格山	P_1P_2	29	1 300	2 000	700	0.024	干燥
	P_2P_3	26	2 000	3 700	1 700	0.065	流水
	P_3P_6	33	3 700	4 800	1 100	0.033	冰缘
	P_6P_7	40	4 800	7 100	2 300	0.058	冰川
塔什库祖克山	P_2P_3	57	1 300	1 900	600	0.011	干燥
	P_3P_4	40	1 900	3 000	1 100	0.028	黄土
	P_4P_5	25	3 000	4 000	1 000	0.040	流水
	P_5P_6	23	4 000	4 700	700	0.030	冰缘
	P_6P_7	30	4 700	6 100	1 400	0.047	冰川
慕士山	P_1P_2	34	1 400	2 800	1 400	0.041	干燥
	P_2P_3	5	2 800	3 900	1 100	0.220	流水
	P_3P_4	6	3 900	4 300	400	0.067	冰缘
	P_4P_8	60	4 300	6 400	2 100	0.035	冰川
托库孜达坂山	P_1P_2	21	2 000	2 700	700	0.033	干燥
	P_2P_3	9	2 700	4 000	1 300	0.144	流水
	P_3P_6	10	4 000	4 700	700	0.070	冰缘
	P_6P_7	7	4 700	6 200	1 500	0.214	冰川

在表 6-21 中，上升高度指末端高度与起始高度的差值；地形梯度则是上升高度与水平距离的商。基于表 6-21，通过计算可以获得这些典型山峰北缘整体的地形梯度特征和各个山峰不同地貌带的地形梯度特征，并对它们进行分析。

1. 典型山峰北缘的整体地形梯度特征

基于表 6-21，对青藏高原西北缘各个典型山峰北缘整体的地形梯度特征进行计算，结果如表 6-22 所示。

表 6-22　典型山峰北缘的整体地形梯度特征

山峰	区间代码	水平距离/km	起始高度/m	末端高度/m	上升高度/m	地形梯度
昆盖山	P_2P_5	62	1 600	5 600	4 000	0.065
慕士塔格山	P_1P_7	128	1 300	7 100	5 800	0.045
塔什库祖克山	P_2P_7	175	1300	6 100	4 800	0.027
慕士山	P_1P_8	105	1 400	6400	5 000	0.048
托库孜达坂山	P_1P_7	47	2 000	6 200	4 200	0.089

表 6-22 中各项的含义参见表 6-21。从表 6-22 可以看出：在青藏高原西北缘，从塔里木盆地边缘到西昆仑山山顶的水平距离从边缘向中间逐渐增大；而上升高度，整体上从边缘到中间也整体升高；由于水平距离的剧烈变化，地形梯度从边缘到中间迅速减小。

2. 不同地貌带的地形梯度特征

从塔里木盆地边缘到西昆仑山脉山顶，山脉北缘从上到下依次基本上经历不同的地貌营力，从而形成一个地貌带的系列：从干燥地貌带、流水地貌带到冰缘地貌带和冰川地貌带。尽管有些区划这种地貌带的变化会有缺失或增加，如昆盖山地区没有冰缘地貌带，塔什库祖克山地区在干燥地貌带之上还有黄土地貌带，但整体上，这种地貌带的变化规律对多数地区是合适的。通过对不同山峰各个地貌带的地形梯度特征进行整理、计算和平均，结果如表 6-23 所示。

表 6-23　不同地貌带的地形梯度特征

地貌带	水平距离/km	起始高度/m	末端高度/m	上升高度/m	地形梯度
干燥	33.2	1 520	2 320	800	0.024
流水	15	2 540	3 840	1 300	0.087
冰缘	18	3 900	4 625	725	0.040
冰川	32.8	4 420	6 280	1 860	0.057

表 6-23 中各项的含义参见表 6-21。从表 6-23 可以看出：干燥和冰川地貌带的水平距离较长，而流水和冰缘地貌带则较短；对于上升高度，冰川地貌带最大，其次为流水地貌带，干燥地貌带和冰缘地貌带最小。因此，流水地貌带的地形梯度最大，其次为冰川地貌带，接下来为冰缘地貌带，干燥地貌带处于山麓地带，地形梯度最小。

五、讨论

（1）青藏高原西北缘有约 1 500 km 长，为了分析西北缘的地貌形态变化特征，基于山脊线和山麓线加载了地质数据的地形剖面选择了五座典型山峰,然后对这五座典型山峰进行地形剖面分析。与其他在进行地形剖面分析时地形剖面线的主观选取相比,如在岷山构造带(张会平 等,2004)、龙门山冲断带(贾秋鹏 等,2007)和北天山(赵洪壮 等,2009)等,本研究中利用典型山峰的选择方法无疑更加客观和可靠。

(2)地形剖面分析一般包括两种方法:线状地形剖面法和带状地形剖面法(高明星 等,2008)。线状地形剖面法是传统方法,它可以以线代面地分析区域的地貌形态变化特征,如在阿尔泰山地区(洪顺英 等,2007)。传统的线状地形剖面法剖面线主要凭主观选择,因此获得能够反映区域地形特征的典型剖面线比较困难。随着 DEM 数据的出现和信息技术的发展,众多研究者提出了带状地形剖面图的概念。带状地形剖面法通过计算沿剖面线方向一定宽度的统计信息,从而提供更多的信息并在一定程度上避免了线状地形剖面法剖面线选择的困难,因此得到了比较广泛的应用(Burbank,1992;张会平 等,2006c;贾秋鹏 等,2007;赵尚民 等,2009)。但是,带状地形剖面图的数据没有明显的地面位置信息,这给地形分析造成了一定的困难。因此,在本研究中,作者提出了一种新的地形剖面分析方法:对于山峰地区,选择垂直于山体走向且具有一定间距的几条平行剖面线,然后对它们进行数理统计分析,从中选出典型的地形剖面线并对典型剖面线进行地形剖面分析。这种方法不仅降低了传统线状地形剖面法中剖面线选取的主观性,又能提供准确的地面位置信息,并且可以通过调整平行剖面线的间距来改变地形剖面线的精度。

(3)对青藏高原西北缘具有典型意义的五座山峰的地形抬升速率及其组成物质的地质年代进行分析后认为:从塔里木盆地边缘到山峰山顶,地形抬升速率在两端较大,在中间部位相对较小,在塔什库祖克山最小,呈近似"V"形;从昆盖山到托库孜达坂山,山体组成物质形成的地质年代数量先增多后减少,为 3-4-5-4-3,呈"Λ"形。从五座典型山峰地形抬升速率及其组成物质的地质年代数量之间的变化可以看出:地形抬升速率与山体组成物质的地质年代数量呈现负相关关系,即随着山体组成物质经历的地质年代数量的增多,从塔里木盆地边缘到山峰山顶,整体地形抬升速率减小。这种变化关系还需要分析更多山峰并揭示其变化机理才可确定,而这无疑为探索青藏高原西北缘隆升过程及其机制提供了一个新的视角,并为此区域科学考察提供了新的内容。

(4)地形是由内部构造隆升和外部侵蚀剥蚀的共同作用形成的(Zhang et al.,2008)。不同的地貌带外部的侵蚀剥蚀作用也各不相同,因此产生不同的地形特征。所以,在本研究中的青藏高原西北缘地区,按照地貌带的差异分析地形梯度特征是有一定的合理性的。

(5)地形剖面分析方法是研究区域地形变化的重要方法。本研究通过在地形剖面图上加载地质年代数据和地貌数据,分别研究了青藏高原西北缘地形抬升与地质年代的关系和不同地貌带下的地形梯度特征。除了地质年代和地貌数据,还有其他多种信息,如断层、气候等,也可加入进行对比分析,从而深入分析从塔里木盆地边缘到西昆仑山山顶之间地形剖面的变化规律,为研究青藏高原西北缘地形隆升特征提供依据。

(6)青藏高原地形变化复杂,除了垂直方向上的隆升外,还伴随着东西方向上的拉张和南北方向上的挤压(郑度 等,1988;张青松 等,1989)。因此,对于青藏高原西北缘绵延长达1 500 km 的西昆仑山脉,不同山峰之间地形特征及其变化均有很大差异;对不同山峰分别进行深入研究,然后探寻整个西昆仑山的地形变化规律,将是了解其地形变化和隆升特征的重要途径。

六、本节小结

通过本节研究可获得如下结论：

（1）利用地形剖面方法分析青藏高原西北缘的地貌形态特征时，通过山脊线和山麓线的地形剖面图以及地面组成物质形成的地质年代等确定了五座典型山峰。与其他利用地形剖面图分析时剖面线的主观选择相比，本研究典型山峰的确定具有更好的客观性和可靠性。

（2）在线状地形剖面法和带状地形剖面法的基础上，本研究以公格尔山为例，提出了山峰地区地形剖面图获取的新方法：通过对垂直于山体走向且具有一定间距的平行剖面图进行数理统计分析，得到最典型的地形剖面图。本方法不仅降低了线状地形剖面法剖面线获取的主观性，而且可以通过调整剖面线间距来改变获取地形剖面的精度，是当前地形剖面分析方法的一个补充。

（3）从塔里木盆地边缘到西昆仑山脉的山峰山顶，地形抬升速率在青藏高原西北缘的两端较大，中间部位相对较小，在中部的塔什库祖克山最小，呈近似"V"形；从西北部的昆盖山到东南部的托库孜达坂山，山体组成物质形成的地质年代数量先增多后减少，为3-4-5-4-3，呈"Λ"形。因此，地形抬升速率与山体组成物质的地质年代数量呈现负相关关系。

（4）通过对青藏高原西北缘不同地貌带下的地形梯度特征进行分析，对西昆仑山脉整个北缘，在两边山峰地形梯度大，中间山峰地形梯度小，在中部的塔什库祖克山最小；对于不同的地貌带，整体来说，流水地貌带地形梯度最大，其次为冰川地貌带，冰缘地貌带较小，干燥地貌带处于山麓地带，地形梯度最小。

第四节　本章小结

基于 ASTER GDEM V2 数据，本章首先利用数字地形指标对山西高原典型黄土地貌类型的定量识别方法进行了研究；再通过传统的线状地形剖面法和带状地形剖面法，对青藏高原西北缘的最高峰——公格尔山进行了地形抬升特征分析；最后基于 SRTM3 DEM 和其他数据，如地质、地貌等，采用数字地形分析方法，利用选取的五座典型山峰对青藏高原西北缘的地貌形态特征进行了研究。通过本章研究，可以获得如下结论：

（1）通过相关分析和 t 检验确定了进行典型黄土地貌类型定量识别的六个地形因子——面积、坡度、坡向、高程、曲率和地表径流的侵蚀力，并利用模式匹配方法通过计算六个因子之间的最短距离构建其对应的隶属函数，从而实现典型黄土地貌类型的定量识别。通过校验数据对识别结果的精度进行验证发现，正确率在82.6%以上。

（2）从塔里木盆地边缘到公格尔山顶，地形抬升共可分为三段：分别是从海拔高度 2 000 m 左右上升到约 4 500 m，从 4 500 m 上升到将近 6 000 m，从将近 6 000 m 上升到约 7 500 m。其中第三段抬升速度最快，第一段次之，第二段由于水平距离最长，抬升速度最慢。不同的地形抬升特征可能与隆升过程之间有重要关系。

（3）通过利用地形剖面方法对青藏高原西北缘的地貌形态特征进行分析认为：① 通过

利用山脊线和山麓线地形剖面图确定五座典型山峰的方法比线状地形剖面法的主观选取更具客观性和可靠性。② 通过对垂直于山体走向且具有一定间距的平行线进行梳理统计分析,从而获得典型地形剖面线的方法是当前地形剖面分析方法的一个改进。③ 青藏高原西北缘,从塔里木盆地边缘到山顶,地形抬升速率与山体组成物质所经历的地质年代的数量之间呈现负相关关系。④ 对于西昆仑山北缘整体来说,地形梯度在两边较大,中间较小,中部的塔什库祖克山最小;对于不同的地貌带,整体来说,流水地貌带地形梯度最大,其次为冰川地貌带,然后是冰缘地貌带,干燥地貌带处于山麓地带,地形梯度最小。

第七章 三维遥感影像图的制作研究

遥感影像可以表达地面覆被状况,DEM 数据则能够提供地面点的高程信息。将遥感影像与 DEM 数据进行叠加生成三维遥感影像图,能够动态、形象、多视角、全方位、多层次地描述客观现实(王家强 等,2017),进而虚拟化研究、再现和预测地学现象(罗火钱,2018),因此在地球科学各领域如地质解译(杨武年 等,2003)、地表岩性特征提取(陈国旭 等,2018)、岩性制图(尹春涛 等,2020)、地质调查(李胤 等,2015)、地貌形态(张明远等,2018)、灾害(杜伟超 等,2016;罗火钱,2018)等领域具有重要的应用价值。随着遥感影像数据源质量的不断提升和 DEM 数据精度的快速提高,各种新的三维遥感影像图制作方法也不断呈现,三维遥感影像图将在地学领域的研究和应用中发挥更大价值(陈飞等,2009)。

本章旨在基于高分辨率的高分遥感影像和资源三号卫星生成的 DEM 数据,以辽宁省典型地区为实验区域,探索不同软件组合下的三维遥感影像图研制方法,并以此生成对应的三维遥感影像图成果。本研究不仅有助于了解辽宁省典型区域的三维地表覆被特征,同时扩大了高分遥感影像的应用范围,并提高了 DEM 数据在地学三维应用研究中的理论和实践价值。

第一节 实验区域选择与数据源

为了制作辽宁省典型区域三维遥感影像图,首先需要选择不同地表类型的典型实验区域,然后确定本研究的基础数据源。

一、实验区域选择

通过实验,在辽宁省最终确定了 17 个实验区域,包括 5 座典型山峰、3 个大峡谷、2 个露天矿和 7 座水库。

(一)典型山峰

(1)医巫闾山;

(2)千山;

（3）凤凰山（丹东）；

（4）花脖山；

（5）关门山。

（二）大峡谷

（1）龙潭大峡谷；

（2）浑河西峡谷；

（3）红河峡谷。

（三）露天矿

（1）抚顺西露天矿；

（2）阜新海州露天矿。

（四）水库

（1）清河水库；

（2）柴河水库；

（3）石佛寺水库；

（4）大伙房水库；

（5）白石水库；

（6）观音阁水库；

（7）桓仁水库。

通过以上典型实验区域制作三维遥感影像图，可以加深对辽宁省区域三维地表特征的了解和认识，同时有助于宣传这些区域，提高这些区域的知名度和影响力。

二、基础数据源

本项研究使用的基础数据源主要包括辽宁省 2.5 m 分辨率的高分遥感影像和利用资源环境三号卫星（资三）2.5 m 分辨率立体像对制作的 5 m 分辨率的 DEM 数据。

（一）高分遥感影像

高分遥感影像（简称高分影像）包括省、市、县三级，其中辽宁省全省的高分影像如图 7-1 所示。

图 7-1 中辽宁省高分影像采用 GCS2000 投影，空间分辨率约为 2.5 m，包含 3 个波段，是市和县两级高分影像的数据基础。

利用市级行政界线对图 7-1 中的辽宁省高分影像进行裁剪，可以获得辽宁省各市的高分影像数据。辽宁省部分市级高分影像数据的文件列表如图 7-2 所示。

从图 7-2 中可以看出：高分影像主要采用 image 影像格式，同时使用了 rrd 金字塔文件；当影像数据大于 2 GB 时，将生成 ige 文件，用来实际存储影像数据，此时，img 文件就成了索引文件；当金字塔文件（rrd）也大于 2 GB 时，则会创建 rde 文件来存储信息。

利用县级行政界线对辽宁省市级高分影像进行切割，获得辽宁省各市的县级高分影像数据。

图 7-3 所示为辽宁省县级高分影像文件夹目录，文件夹中为对应市的各个县的高分

图 7-1　辽宁省高分影像

影像。

省级、市级和县级高分影像，为三维高分影像图研制提供了重要的基础数据源。

（二）资三 5 m 分辨率 DEM 数据

资三高分辨率 DEM 数据指由资源三号卫星研制的 DEM 数据，它首先基于 2.1 m 和 3.5 m 空间分辨率的立体像对（即 ZY3 NAD 和 ZY3 DLC 数据），利用网络分布式并行与多核并行计算以及匹配技术获取具备坐标信息的三维密集点云，并利用三维密集点云融合与地形提取技术获得初步 DSM。以区域网平差生成的 DOM 成果为平面定位控制检验依据，且以 TerraSAR 生成的 World DEM 数据为高程控制检验依据，对平面精度、高程精度、异常值、云区、水域、道路等进行检查，最终辅以智能化的人机交互编辑等手段生成合格的资三 DEM 数据。最终生成的数据空间分辨率为 5 m，平面中误差小于 5 m，高程中误差小于 8 m。

本研究中利用辽宁省的资三高分辨率 DEM 数据作为三维遥感影像图制作的地形数据，其空间分布如图 7-4 所示。

图 7-4 给出了资三 DEM 数据显示的辽宁省高程分布。以 DEM 数据作为高程基础，以高分影像作为地表覆被，两者联合可以生成辽宁省三维高分遥感影像图，因此资三 DEM 数据是本研究的主要基础数据源。

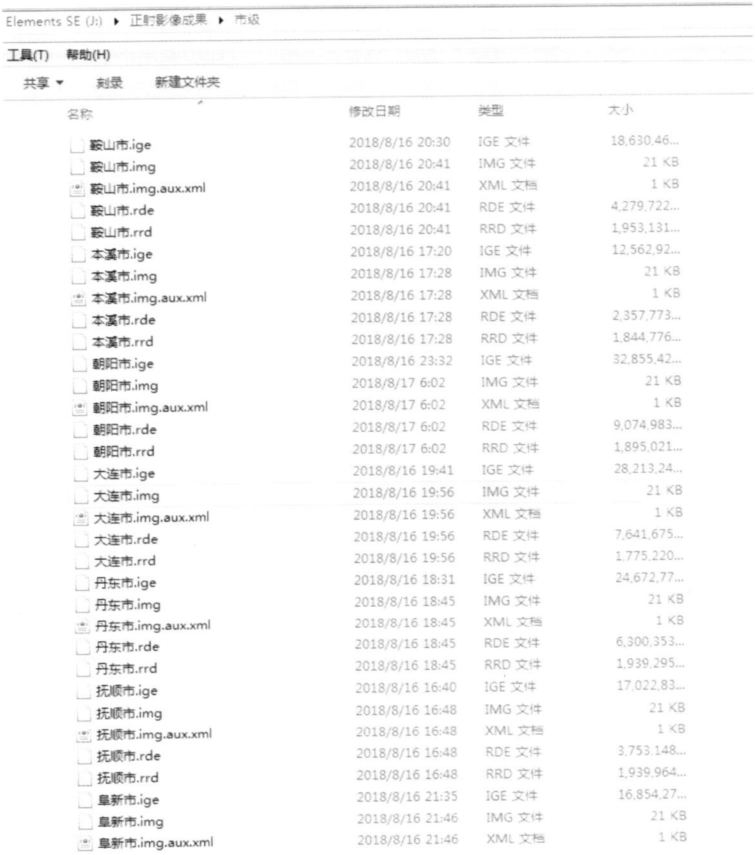

Elements SE (J:) ▸ 正射影像成果 ▸ 市级
工具(T) 帮助(H)
共享 ▾ 刻录 新建文件夹
名称 修改日期 类型 大小
鞍山市.ige 2018/8/16 20:30 IGE 文件 18,630,46...
鞍山市.img 2018/8/16 20:41 IMG 文件 21 KB
鞍山市.img.aux.xml 2018/8/16 20:41 XML 文档 1 KB
鞍山市.rde 2018/8/16 20:41 RDE 文件 4,279,722...
鞍山市.rrd 2018/8/16 20:41 RRD 文件 1,953,131...
本溪市.ige 2018/8/16 17:20 IGE 文件 12,562,92...
本溪市.img 2018/8/16 17:28 IMG 文件 21 KB
本溪市.img.aux.xml 2018/8/16 17:28 XML 文档 1 KB
本溪市.rde 2018/8/16 17:28 RDE 文件 2,357,773...
本溪市.rrd 2018/8/16 17:28 RRD 文件 1,844,776...
朝阳市.ige 2018/8/16 23:32 IGE 文件 32,855,42...
朝阳市.img 2018/8/17 6:02 IMG 文件 21 KB
朝阳市.img.aux.xml 2018/8/17 6:02 XML 文档 1 KB
朝阳市.rde 2018/8/17 6:02 RDE 文件 9,074,983...
朝阳市.rrd 2018/8/17 6:02 RRD 文件 1,895,021...
大连市.ige 2018/8/16 19:41 IGE 文件 28,213,24...
大连市.img 2018/8/16 19:56 IMG 文件 21 KB
大连市.img.aux.xml 2018/8/16 19:56 XML 文档 1 KB
大连市.rde 2018/8/16 19:56 RDE 文件 7,641,675...
大连市.rrd 2018/8/16 19:56 RRD 文件 1,775,220...
丹东市.ige 2018/8/16 18:31 IGE 文件 24,672,77...
丹东市.img 2018/8/16 18:45 IMG 文件 21 KB
丹东市.img.aux.xml 2018/8/16 18:45 XML 文档 1 KB
丹东市.rde 2018/8/16 18:45 RDE 文件 6,300,353...
丹东市.rrd 2018/8/16 18:45 RRD 文件 1,939,295...
抚顺市.ige 2018/8/16 16:40 IGE 文件 17,022,83...
抚顺市.img 2018/8/16 16:48 IMG 文件 21 KB
抚顺市.img.aux.xml 2018/8/16 16:48 XML 文档 1 KB
抚顺市.rde 2018/8/16 16:48 RDE 文件 3,753,148...
抚顺市.rrd 2018/8/16 16:48 RRD 文件 1,939,964...
阜新市.ige 2018/8/16 21:35 IGE 文件 16,854,27...
阜新市.img 2018/8/16 21:46 IMG 文件 21 KB
阜新市.img.aux.xml 2018/8/16 21:46 XML 文档 1 KB

图 7-2　辽宁省市级高分影像文件列表(部分)

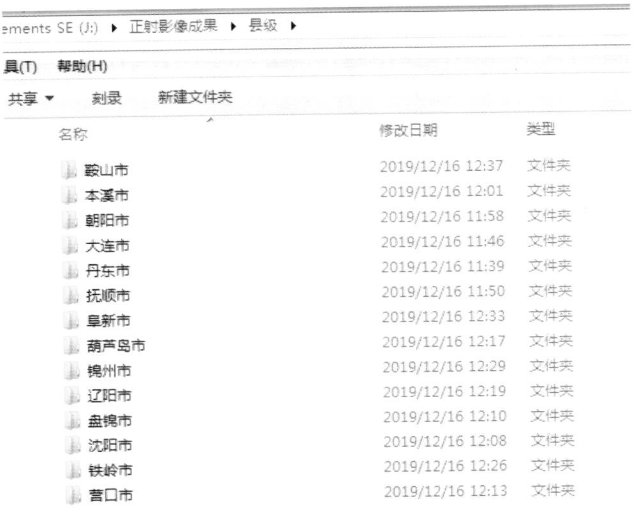

ements SE (J:) ▸ 正射影像成果 ▸ 县级 ▸
具(T) 帮助(H)
共享 ▾ 刻录 新建文件夹
名称 修改日期 类型
鞍山市 2019/12/16 12:37 文件夹
本溪市 2019/12/16 12:01 文件夹
朝阳市 2019/12/16 11:58 文件夹
大连市 2019/12/16 11:46 文件夹
丹东市 2019/12/16 11:39 文件夹
抚顺市 2019/12/16 11:50 文件夹
阜新市 2019/12/16 12:33 文件夹
葫芦岛市 2019/12/16 12:17 文件夹
锦州市 2019/12/16 12:29 文件夹
辽阳市 2019/12/16 12:19 文件夹
盘锦市 2019/12/16 12:10 文件夹
沈阳市 2019/12/16 12:08 文件夹
铁岭市 2019/12/16 12:26 文件夹
营口市 2019/12/16 12:13 文件夹

图 7-3　辽宁省县级高分影像文件夹目录

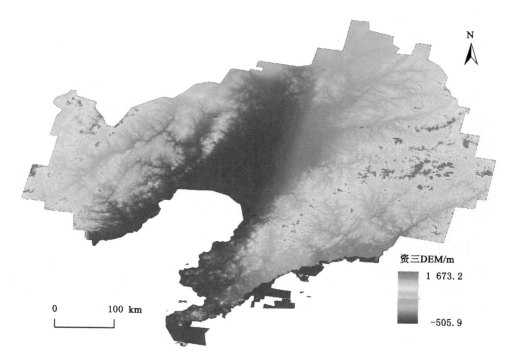

图 7-4　辽宁省资三 DEM 数据的空间分布

第二节　三维遥感影像图研制方法对比与评价

本研究中选择的三维高分遥感影像图制作的方法主要包括两种,基于 Google Earth(谷歌地球)和 Photoshop 的三维高分影像图制作方法和基于 ArcScene 和 Photoshop 的三维高分影像图制作方法。

一、基于 Google Earth 和 Photoshop 的制作方法

通过网络搜索等方式,发现了一些辽宁省的三维遥感影像成果图,其中效果较好、有代表性的参考案例如图 7-5 所示。

图 7-5 是辽宁省朝阳市和大连市的三维遥感影像图。从图 7-5 可以看出:网上的案例纹理细腻,立体感强,较好地呈现了区域的三维地表特征,具有很大借鉴作用和参考价值。

通过对图 7-5 中的参考案例产品进行分析,并利用多方渠道进行验证,最终判断参考案例中的产品应该是基于 Google Earth 前期生成的三维遥感影像图初级产品,然后在 Photoshop 里进行处理,从而获得三维遥感影像图最终成果。具体制作过程如下。

（一）基于 Google Earth 软件的三维遥感影像图初级产品制作

1. 网络参考案例制作方法

首先基于 Google Earth 软件,通过设置和调整,获得典型区域的三维遥感影像图。其

（a）朝阳市三维影像图

（b）大连市三维影像图

图 7-5 网络参考案例

中最重要的设置为在"工具"菜单下面的"选项"中进行设置,其弹出的窗口如图7-6所示。

图 7-6 给出了"选项"窗口中的各项应该如何设置,其中比较重要的是在"地形"项中,为了显示立体效果,将提升高度设为最大的"3",同时将下面两个选项框选中,以提高立体表达效果。

除了在选项中设定提升高度外,为了显示立体效果,还需要在视图中添加地形信息。

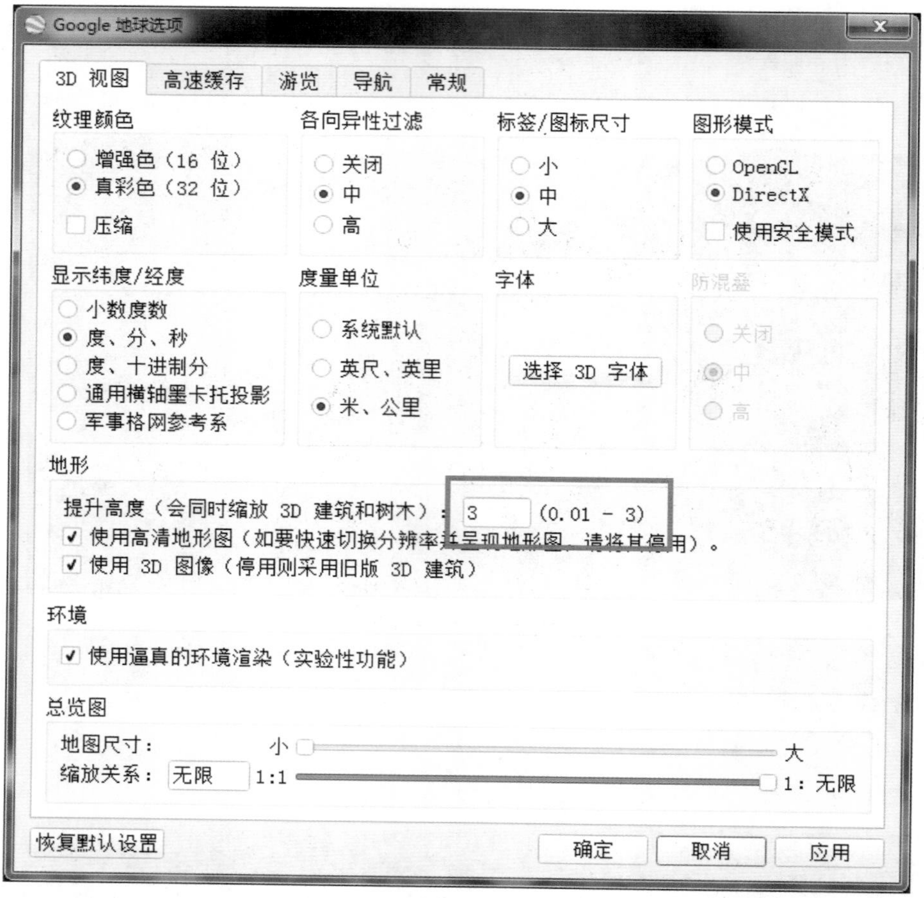

图 7-6　Google Earth 软件中的"选项"设置

具体设置为：打开"视图"菜单下的侧栏选框，打开侧栏；在最下面的地形选项框中打对勾，添加地形信息，否则没有立体效果。具体设置位置如图 7-7 所示。

在图 7-7 中设置了地形信息之后，然后选择三维遥感影像图的出图区域、高度、角度和范围等，最终生成三维遥感影像图的初稿。以辽河入海口区域为例，其在 Google Earth 软件中生成的三维遥感影像图初稿如图 7-8 所示。

从图 7-8 可以看出：Google Earth 软件生成的三维遥感影像图初稿具有比较细腻的纹理和三维特征信息，但是没有文字注释、指北针和天空，同时颜色也不够亮丽、丰富。

同时，图 7-8 所示初稿是利用 Google Earth 自带的遥感影像生成的，而本研究旨在展示基于高分影像生成的三维立体图的效果。因此，需要以高分影像为基础数据源，探索基于高分数据的三维遥感影像图的制作方法。

2. 基于高分影像的制作方法

为了生成基于高分数据的三维遥感影像图，首先需要对高分影像数据进行处理，然后将高分影像导入 Google Earth 软件，在 Google Earth 软件中生成初步的三维高分影像图，并最终在 Photoshop 软件中进行处理与整饰，从而生成基于高分数据的三维遥感影像图。

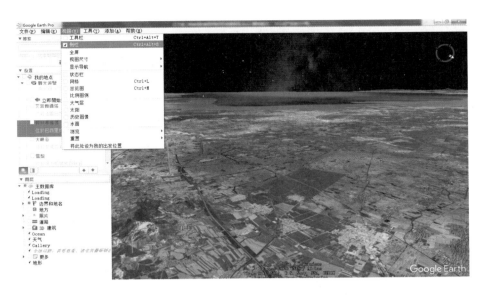

图 7-7　Google Earth 软件中的"地形"信息添加

图 7-8　Google Earth 软件生成的辽河入海口三维遥感影像图初稿

　　通过实验,可以导入 Google Earth 软件中的影像的大小不应该大于 500 MB(超过 500 MB 的数据在 Google Earth 中无法打开)。为了保证影像质量(分辨率),实验选择抚顺市的大伙房水库地区作为实验区。

　　在 ArcGIS 中,利用方框从高分影像图中采取对应的大伙房地区(方框区域可以避免周边的黑色),如图 7-9 所示。

　　从图 7-9 可以看到,高分影像纹理清晰,分辨率较高。同时,对大伙房水库周边区域进行重采,获得以大伙房水库区域为中心的分辨率重采(30 m)的高分影像,作为背景影像,如图 7-10 所示。

　　从图 7-10 可以看出:经过重采后的大伙房水库周边地区高分影像与原始影像相比,清

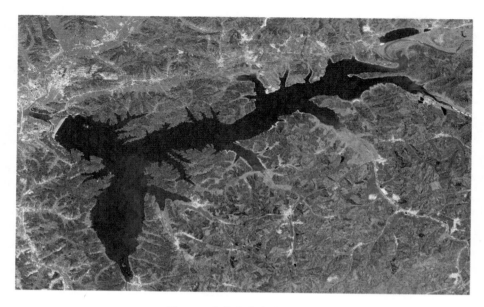

图 7-9　大伙房水库高分影像

图 7-10　大伙房水库周边高分重采影像

晰度和纹理均有了不同程度的下降,如果放大则可以看得更加清晰。

　　高分影像处理完成后,在 Google Earth 软件中通过"文件"菜单下的"打开"子菜单,选择高分影像的"img"格式,打开对应的高分影像,结果如图 7-11 所示。

　　对图 7-11 中导入的高分影像通过调整角度、高度、范围和方向等,可以生成大伙房水库地区的高分影像图,然后导出对应的图像,输出效果如图 7-12 所示。

　　从图 7-12 可以看出:与图 7-8 相比,这里输出的三维遥感影像核心区域采用高分影像,色彩更加鲜艳、亮丽和逼真。

图 7-11 Google Earth 中导入的大伙房地区高分影像

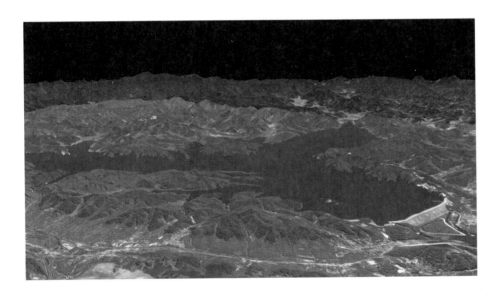

图 7-12 大伙房水库在 Google Earth 软件中输出的效果

（二）基于 Photoshop 软件的三维遥感影像图最终效果生成

对 Google Earth 软件中导出的三维遥感影像，需要对其显示效果进行提高，同时添加标题、天幕和指北针等信息，这些要素主要在 Photoshop 软件中完成。首先对基于参考案例，利用 Google Earth 自身影像生成的三维影像图初级产品，再利用 Photoshop 软件进行修饰，最终效果如图 7-13 所示。

从图 7-13 可以看出：用此方法生成的三维遥感影像图色彩丰富、纹理细腻、立体感强，能够较好地显示区域的三维地表特征，在一定程度上甚至超过了参考案例的效果。

图 7-13　Google Earth 自身影像生成的三维影像图最终效果

　　通过对图 7-12 中三维高分影像效果进行调整,再利用渐变色工具加上天空颜色,同时加上标题、指北针等内容,生成最终的大伙房水库三维高分影像图,如图 7-14 所示。

图 7-14　大伙房水库三维高分影像图

　　在图 7-14 中,核心区域采用高分影像,外围的背景使用的是 Google Earth 自带的影像,所有的影像均为高分辨率遥感影像,只是两种不同影像之间有比较明显的边界。

　　同时,为了使所有影像均为高分影像,可以在核心区域利用高分影像,在边缘和背景区域采用经过重采的大范围的高分影像,利用这种方法最终生成的大伙房水库地区三维高分影像图如图 7-15 所示。

　　图 7-15 为基于 ArcGIS、Google Earth 和 Photoshop 软件联合生成的大伙房水库地区

图 7-15　大伙房水库全部为高分数据的三维高分影像图

全部为高分数据的三维遥感影像图。

（三）对比分析

首先利用 ArcMap 工具处理高分影像，然后在 Google Earth 软件中生成三维高分影像图，最终在 Photoshop 中进行整饰，生成高分与 Google 影像相结合和全部为高分数据的两种三维遥感影像图，分别如图 7-14 和图 7-15 所示。对这两种不同方法生成的影像图进行对比，发现：

（1）核心区域使用高分数据、背景使用 Google 影像的方法生成的三维遥感影像图（图7-14）由于全部使用高分辨率遥感影像，因此图像比较清晰、分辨率高；缺点在于由于是两种数据组合而成，色调、纹理不一致，且两种数据之间有明显界线。

（2）全部为高分数据生成的三维影像图（图 7-15）优点在于全部使用高分数据，色调、纹理基本一致；缺点在于作为背景的高分数据区域分辨率相对较低，不如 Google 本身的影像清晰。

二、基于 ArcScene 和 Photoshop 的制作方法

利用 ArcScene 制作三维遥感影像图的方法虽然在区域太大时影像质量会降低，但它可同时提供遥感影像图生成的三维数据模型。通过与利用 Google Earth 软件生成的三维遥感影像图进行对比，最终决定采用基于 ArcScene 软件制作的三维高分影像图。其基本制作流程如下。

（一）制图区域位置确定及源数据生成

以实验区域阜新海州露天矿为例，为了确定实验区的位置，首先在百度地图中输入对应地图点；然后点击"百度地图"按钮，即在百度地图中显示出对应实验区域阜新海州露天矿的位置；参考实验区域在百度地图中的位置，在 ArcMap 中打开对应影像，确定三维地图点在高分影像中的位置,如图 7-16 所示。

图 7-16　实验区域在高分影像中的位置

　　根据图 7-16 中标注的阜新海州露天矿的位置,来确定制图区域的范围。在 ArcMap 软件中,按照实验区域的位置及其周边的地形地貌和地表覆被信息,首先建立"边界.shp"文件,然后通过编辑器(Editor)中编辑窗口(Editing Windows)的建立新要素(Create Features)中的创建工具(Construction Tools)里的矩形工具(Rectangle)进行创建,如图 7-17所示。

图 7-17　制图区域范围

　　图 7-17 是基于实验区域位置获得的制图区域范围。利用制图区域范围,可以裁剪获得对应区域的遥感影像和 DEM 数据,为三维遥感影像图制作提供基础数据。其中获得的制图区域资三高分 DEM 数据如图 7-18 所示。

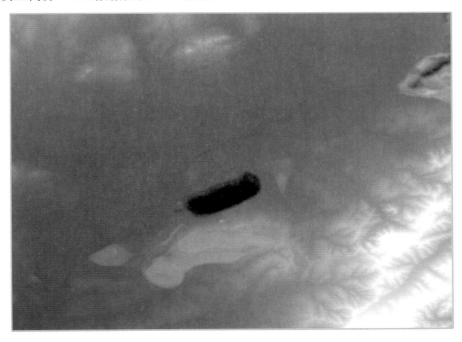

图 7-18　制图区域资三高分 DEM 数据

　　从图 7-18 可以看出:整个制图区域的海拔整体呈西北-东南高、中间低的分布特征,其中地图点“阜新海州露天矿”的海拔高度最低,明显低于周边其他地区,这是由于露天矿开采造成的。

　　由于制图区域的遥感影像数据在图 7-17 中已有显示,因此这里省略制图区域的高分影像数据。

　　(二) 基于 ArcScene 的三维遥感影像图初始产品制作

　　为了制作三维高分遥感影像图,首先在 ArcGIS 软件中打开 ArcScene,并点击添加数据(Add Data)工具,找到对应的文件夹,添加制图区域的高分影像数据与资三 DEM 数据;再选择高分影像数据,点击右键,选中属性(Properties),打开高分影像数据,进行属性设置,如图 7-19 所示。

　　在图 7-19 中,首先选择最上面的基准高程(Base Heights)菜单,在表面高程(Elevation from surfaces)中选择在自定义表面上浮动(Floating on a custom surface),如图中左上红色方框所示,然后在红色方框下面的文件中选择对应的资三 DEM 数据。然后设置将图层中海拔高度的数值转为影像中单位的比例(Factor to convert layer elevation values to scene units),由于海拔高度的单位是米(m),而影像由于投影系统(CGCS2000),单位是度(°),需要设定一个合适的比例。在本研究中,如果制图区域地形起伏较大,比例可以设置为 0.000 03 左右,如果地形较平缓,可以适当增大,根据高分影像图的三维显示效果进行调整。

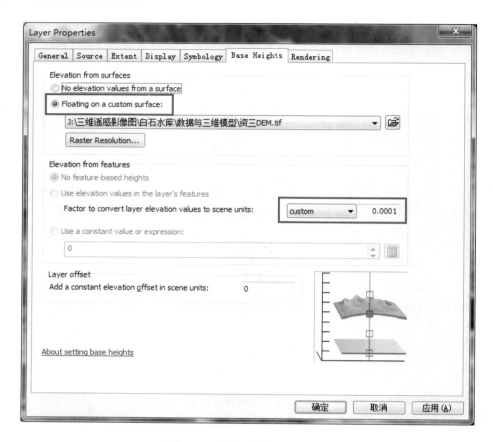

图 7-19　高分影像数据属性设置

基准高程确定后,将菜单转移到呈现(Rendering)菜单,将影像质量增强(Quality enhancement for raster images)和最小透明阈值(Minimum transparency threshold)两项设为最大值,这将提高影像的显示质量。基于 ArcScene 的三维遥感影像图制作在区域比较大时质量无法保证,即此处无法设置为最高。

在将资三 DEM 数据的显示取消后(将左边的方框不要勾选),利用导航(Navigate)进行旋转和调整,同时辅之以移动和伸缩工具,对三维影像图的显示效果进行调整,从而最终确定制图区域的三维影像图的显示效果,保存对应的三维影像模型并输出三维遥感影像图,如图 7-20 所示。

图 7-20 所示为 ArcScene 软件中生成的三维高分遥感影像图初级产品。从图 7-20 可以看出:三维遥感影像图图像清晰,立体感强,较好地表现了河流、山脉和城市之间的相互位置关系和地表起伏特征。

(三)基于 Photoshop 的三维遥感影像图最终产品生成

在 ArcScene 中输出的三维高分遥感影像图还需要进行修饰和完善,这个工作主要在 Photoshop 软件中进行。首先打开 Photoshop,在文件主菜单下选择"新建",建立新的图像文件。在新建菜单设置中,将图像大小设置为 A0(宽度 118.9 cm、高度 84.1 cm),分辨率设置为 300 像素/英寸,RGB 颜色设置为 16 位,背景内容选为白色,图像大小约为 798.2 MB。

图 7-20　ArcScene 软件中输出的三维遥感影像图

根据此设置,建立新的空白图像文件,并在文件中插入需要修饰的三维遥感影像图。

由于空白图像文件为 A0 大小,在 ArcScene 中输出的三维遥感影像图远小于空白图像文件。可以利用长宽调整工具进行调整,在本研究中一般将宽度调整为 900%,长度调整为1 100%。对于不同的地图点制图区域生成的三维遥感影像图,由于图像的空白部分大小不一致,可在上述调整范围的基础上进行微调。经过长宽调整后的三维遥感影像图如图 7-21所示。

图 7-21　Photoshop 软件中经过长宽调整的三维遥感影像图

对图 7-21 中的三维遥感影像图,首先在 Photoshop 软件图层菜单的子菜单中选择拼合图像,将三维遥感影像图与背景图层拼合在一起,以方便处理;然后通过工具框中的魔棒工具选择影像图上方的白色区域;最后利用选择菜单下的反向选择子菜单选中遥感影像图区域,对遥感影像图的显示效果进行调整,这主要利用图像菜单下的一系列子菜单来实现,如自动模式(如自动色调、自动颜色、自动对比度等),也可以进行手动调整,在调整子菜单下,典型的如曲线、色阶、亮度/对比度、色彩平衡等。经过效果调整后的三维遥感影像图如图 7-22所示。

图 7-22　Photoshop 软件中效果调整后的三维高分遥感影像图

从图 7-22 可以看出:调整后的三维高分影像图显示效果相比调整前(图 7-21),色彩更加明亮和丰富,显示效果具有较大程度的提高。

然后选择遥感影像图上方白色区域,打开渐变工具,在本研究中主要使用蓝色到白色的渐变工具对遥感影像图中的白色区域进行处理;添加标题和指北针(通过高分影像确定方向调整状况),得到最终的制图区域三维高分遥感影像图,如图 7-23 所示。

图 7-23 即为经过调整的最终生成的三维高分遥感影像图。最终生成的三维遥感影像图不仅色彩丰富、立体感强,同时增加了天空渐变色彩、标题和指北针等重要要素。

三、本节小结

本节首先利用 Google Earth 与 Photoshop 软件联合,提供了三种三维遥感影像图成果;然后利用 ArcScene 与 Photoshop 软件结合,提供了另外一种三维高分遥感影像图成果。

通过对不同的三维遥感影像图成果进行对比,最终确定 ArcScene 与 Photoshop 软件相结合的三维遥感影像图制作方法。

图 7-23　最终生成的三维高分遥感影像图

第三节　三维遥感影像图制作成果

按照第二节中确定的 ArcScene 与 Photoshop 软件相结合的三维遥感影像图制作方法，对第一节中选择的 4 类共 17 个实验区域进行三维遥感影像图的制作研究。由于篇幅所限，本书中对于每一类的实验区域，仅提供一个实验区域的三维遥感影像图制作成果作为代表性成果。

一、实验区域中山峰的三维遥感影像图制作成果

本研究的 17 个实验区域中山峰共有五座。通过对每座山峰的三维遥感影像图制作成果进行对比，最终选择凤凰山（丹东）作为山峰的代表。

凤凰山（丹东）属于国家级风景名胜区和 4A 级旅游景区，位于辽宁省丹东市凤城市郊，距市中心仅 3 km，南与朝鲜妙香山相望，北与本溪水洞呼应。其最高峰攒云峰海拔 836 m，面积 182 km²，被誉为"国门名山""万里长城第一山""中国历险第一名山"。因此，对其进行三维高分影像图制作具有比较重要的意义。通过本研究制作的高分与资三 DEM 数据和三维高分遥感影像图如下。

（一）凤凰山（丹东）的制图区域与数据

首先在百度地图中找出凤凰山（丹东）在辽宁省的位置，再在 ArcMap 软件中在辽宁省高分影像中标出，具体位置如图 7-24 所示。

图 7-24 凤凰山（丹东）在辽宁省的位置

从图 7-24 可以看出：凤凰山（丹东）位于辽宁省东南部，属长白山脉南部地区，接近朝鲜边界。根据凤凰山（丹东）的位置，利用 ArcMap 数据编辑功能获取凤凰山（丹东）的制图区域，并根据制图区域裁剪与镶嵌获得其对应的高分影像数据，如图 7-25 所示。

从图 7-25 可以看出：凤凰山（丹东）地区西北部为城市，应为凤城；南部为山谷平原，东部则分布峡谷，地形地貌较为丰富。基于图 7-25 中的制图区域，利用 ArcGIS 的裁剪功能对辽宁省资三 DEM 数据进行裁剪，获得凤凰山（丹东）的资三 DEM 数据，如图 7-26 所示。

从图 7-26 可以看出：凤凰山（丹东）地区海拔高度从 100 多米到将近 1 000 m，地势起伏较大，海拔高度最高的凤凰山位于制图区域中部偏西地区。

（二）凤凰山（丹东）的三维高分影像图成果

基于凤凰山（丹东）地区的高分影像数据与资三 DEM 数据，利用 ArcScene 软件和制图方法制作区域的三维高分影像图，输出结果如图 7-27 所示。

从图 7-27 可以看出：生成的凤凰山（丹东）三维高分影像图调整了方向，改为从西北到东南的视角，左下是丹东市，凤凰山位于中部，具有很强的立体感和三维效果。基于 ArcScene 中输出的凤凰山（丹东）三维高分影像图，利用 Photoshop 软件对其显示效果进行调整，最终生成的凤凰山（丹东）三维高分影像图如图 7-28 所示。

从图 7-28 可以看出：与图 7-27 相比，最终生成的凤凰山（丹东）三维高分影像图色彩更丰富，立体感更强，很好地表现了凤凰山与其周边区域的三维地势特征，同时增加了标题、指北针和标注等地图要素。

图 7-25　凤凰山(丹东)的制图区域与高分影像

图 7-26　凤凰山(丹东)的资三 DEM 数据

二、实验区域中峡谷的三维遥感影像图制作成果

本研究的 17 个实验区域中大峡谷共有三个。通过对每个大峡谷的三维遥感影像图制作成果进行对比,最终选择浑河西峡谷作为峡谷的代表。

浑河西峡谷位于浑河沈阳段下游,距离沈阳市中心 19 km,东起铁西区翟家街道郎家村,西至大青中朝友谊街道大挨金村,北接大堤路,南临浑河,河岸线全长 7 km。浑河西峡

图 7-27　输出的凤凰山(丹东)三维高分影像图

图 7-28　最终生成的凤凰山(丹东)三维高分影像图

谷为沈阳经济技术开发区的发展提供重要的绿色基础设施。本研究基于高分遥感影像和资三 DEM 数据获得的浑河西峡谷制图区域与对应数据和生成的三维高分遥感影像图如下。

（一）浑河西峡谷的制图区域与数据

打开百度地图并输入浑河西峡谷,确定浑河西峡谷在辽宁省的位置,再打开 ArcMap 软件和辽宁省高分影像,在影像上找出浑河西峡谷的位置,如图 7-29 所示。

从图 7-29 可以看出:浑河西峡谷位于辽河平原东部和沈阳市的西部,区域地势较为

图 7-29 浑河西峡谷在辽宁省的位置

平坦。

　　根据浑河西峡谷在辽宁省的位置，利用 ArcMap 的矩形数据编辑功能，参考浑河西峡谷的地势与地表覆被特征，确定浑河西峡谷的制图区域，并利用制图区域对辽宁省高分遥感影像进行裁剪与拼接，获得浑河西峡谷的高分影像，如图 7-30 所示。

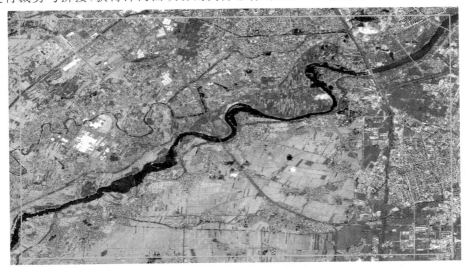

图 7-30 浑河西峡谷的制图区域与高分影像

　　从图 7-30 可以看出：浑河西峡谷地区地势平坦，浑河从东到西横贯整个制图区域，浑河在经过中央大街跨浑河桥时，有几个拐弯。

利用图 7-30 中的制图区域对辽宁省资三 DEM 数据进行裁剪,获得浑河西峡谷制图区域的资三 DEM 数据,如图 7-31 所示。

图 7-31　浑河西峡谷资三 DEM 数据

从图 7-31 可以看出:浑河西峡谷制图区域地势平坦,海拔高度从 168 m 到 222 m,地势起伏只有 50 多 m。其中浑河西峡谷及其周边地区地势更加平坦,主要的高差分布在浑河西峡谷及其与两岸的对比。

（二）浑河西峡谷的三维高分影像图

基于浑河西峡谷的高分影像数据与资三 DEM 数据,在 ArcScene 中利用制图方法制作浑河西峡谷地区的三维高分影像图,输出结果如图 7-32 所示。

图 7-32　输出的浑河西峡谷三维高分影像图

从图 7-32 可以看出:由于区域地势平坦,在很大程度上很难显示出区域的三维地势特征。

对图 7-32 中输出的浑河西峡谷三维高分影像图利用 Photoshop 软件进行修饰与调整，最终获得的成果如图 7-33 所示。

图 7-33 最终生成的浑河西峡谷三维高分影像图

从图 7-33 可以看出：最终生成的浑河西峡谷三维高分影像图色彩亮丽，图像清晰，较好地反映了浑河西峡谷的河谷变化特征。

三、实验区域中露天矿的三维遥感影像图制作成果

本研究的 17 个实验区域中露天矿共有两个，分别是抚顺西露天矿和阜新海州露天矿。通过对两个露天矿的三维遥感影像图制作成果进行对比，最终选择阜新海州露天矿作为露天矿的代表。

阜新海州露天矿距阜新市中心 3 km，发掘于清光绪二十三年（1897 年），曾是世界闻名、亚洲最大的大型露天煤矿，是中华人民共和国成立后第一座大型现代化露天煤矿，同时是中华人民共和国成立初期 156 个重点项目之一。2009 年 7 月 27 日，海州露天矿国家矿山公园正式开园。这是全国首批、辽宁唯一的国家矿山公园，也是全国首个工业遗产旅游示范区。

本研究中基于阜新海州露天矿确定的制图区域，基于制图区域获得的高分影像数据、资三 DEM 数据，以及基于这两种数据生成的三维高分影像图成果如下。

（一）阜新海州露天矿的制图区域与数据

首先打开百度地图，在百度地图中搜索阜新海州露天矿的位置，再打开 ArcMap 软件和辽宁省高分影像图，在辽宁省高分影像图中确定阜新海州露天矿的位置，如图 7-34 所示。

图 7-34　阜新海州露天矿在辽宁省的位置

　　从图 7-34 可以看出：阜新海州露天矿位于辽宁省中西部和医巫闾山的西北部。基于阜新海州露天矿的位置，利用 ArcMap 软件数据编辑功能中的矩形编辑工具，并考虑阜新海州露天矿周边的地物地貌分布，确定阜新海州露天矿的制图区域。基于阜新海州露天矿的制图区域，在 ArcMap 软件中利用 ArcToolbox 中的数据裁剪和镶嵌功能对辽宁省高分影像进行处理，获得阜新海州露天矿制图区域的高分遥感影像，如图 7-35 所示。

　　从图 7-35 可以看出：阜新海州露天矿位于阜新市南部和医巫闾山的西北部，其北部有一条穿行而过的河流——大凌河。基于图 7-35 中的制图区域对辽宁省资三 DEM 数据进行裁剪，获得制图区域的资三 DEM 数据，如图 7-36 所示。

　　从图 7-36 可以看出：阜新海州露天矿制图区域海拔高度从 -169 m 到 716 m，远低于周边地区，海拔高度最高的地方位于制图区域东北角，属医巫闾山西部区域。

（二）阜新海州露天矿的三维高分影像图

　　基于阜新海州露天矿的高分影像数据与资三 DEM 数据，利用 ArcScene 软件和制图方法研制阜新海州露天矿的三维高分影像图，其输出结果如图 7-37 所示。

　　从图 7-37 可以看出：在输出的阜新海州露天矿三维高分影像图中，将方向进行了反转，同时显示出区域的山地特征，位于图幅左上部。

　　利用 Photoshop 软件对输出的阜新海州露天矿的三维高分影像图进行效果调整和修饰，最终生成的阜新海州露天矿三维高分影像图如图 7-38 所示。

　　从图 7-38 可以看出：最终生成的阜新海州露天矿三维高分影像图色彩亮丽，图像清晰，立体感强，地物丰富，从河流、城市、露天矿、耕地到山峰，形成了整体区域三维图。

图 7-35　阜新海州露天矿的制图区域与高分影像

图 7-36　阜新海州露天矿的资三 DEM 数据

图 7-37　输出的阜新海州露天矿三维高分影像图

图 7-38　最终生成的阜新海州露天矿三维高分影像图

四、实验区域中水库的三维遥感影像图制作成果

本研究的 17 个实验区域中水库共有七座,是所有类型中最多的。通过对七座水库的三维遥感影像图制作成果进行对比,最终选择白石水库作为水库的代表。

白石水库坐落在辽宁省北票市大凌河干流上,地处朝阳、阜新、锦州三市中心地带,是一座以防洪、灌溉、供水为主，兼顾发电、养殖、观光旅游等综合利用的大型水利枢纽工程。规模列辽宁第三，辽西第一。

本项目中基于白石水库生成的制图区域，及基于此获取的高分影像与资三 DEM 数据及最终生成的三维高分影像图如下。

（一）白石水库的制图区域与数据

首先打开百度地图，输入"白石水库"，搜索白石水库在辽宁省的位置；然后打开 ArcMap 软件和辽宁省高分影像图，确定白石水库在影像上的位置，结果如图 7-39 所示。

图 7-39　白石水库在辽宁省的位置

从图 7-39 可以看出：白石水库位于辽宁省西部、医巫闾山的西部、松陵的北部和努鲁尔虎山的东部。

利用图 7-39 中白石水库的位置，结合白石水库周围的地物地貌和地表覆被特征，在高分影像上利用 ArcMap 数据编辑中的矩形编辑功能获得白石水库的制图区域；再根据白石水库制图区域对辽宁省高分影像进行裁剪与镶嵌，获得白石水库制图区域的高分影像数据，结果如图 7-40 所示。

从图 7-40 可以看出：白石水库走向从东西变为南北走向，南北走向区域水面变宽，两岸山峰林立，坝体很窄。

基于图 7-40 中的白石水库制图区域，利用 ArcMap 软件中的裁剪功能对辽宁省资三 DEM 数据进行处理，获得白石水库制图区域的资三 DEM 数据如图 7-41 所示。

从图 7-41 可以看出：白石水库制图区域海拔高度从 118 m 到 449 m，在水库所在的大凌河下游海拔最低，北侧的山峰则海拔最高。

图 7-40　白石水库的制图区域与高分影像

图 7-41　白石水库资三 DEM 数据

（二）白石水库的三维高分影像图

基于白石水库制图区域的高分影像与资三 DEM 数据，利用 ArcScene 软件和制图方法制作白石水库制图区域的三维高分影像图，输出结果如图 7-42 所示。

图 7-42　输出的白石水库三维高分影像图

从图 7-42 可以看出：在输出的白石水库三维高分影像图中对方向进行了调整，更好地显示了坝体、水库与两侧山峰之间的三维立体关系。

利用 Photoshop 软件对图 7-42 中输出的三维高分影像图进行效果调整和修饰，最终生成的白石水库三维高分影像图如图 7-43 所示。

图 7-43　最终生成的白石水库三维高分影像图

从图 7-43 可以看出：与图 7-42 相比，最终生成的白石水库三维高分影像图色彩更加亮丽，立体感更强，较好地显示出白石水库下游和两侧山峰之间的三维立体地势特征。

五、本节小结

基于本章第一节中的基础数据源和实验区域，按照第二节中确定的三维遥感影像图制作方法，对所有的实验区域每种类型选择了一个有代表性的区域介绍了其三维遥感影像图的制作成果。从不同类型实验区域的三维遥感影像图制作成果中可以看出：① 通过制作三维遥感影像图，色彩亮丽、立体感强，可以较好地反映区域三维地势和地表覆被特征，同时扩大了高分遥感影像数据的应用范围；② 不同类型实验区域制作的三维遥感影像图效果也不尽相同，如在地势比较平坦的实验区域（如浑河西峡谷），由于地势起伏度较小，三维遥感影像图较难反映区域的三维地势特征。

第四节　本章小结

本章以辽宁省典型区域（三维地图点）为实验区，通过 ArcGIS、Google Earth 和 Photoshop 软件相结合确定了三维高分影像图的制作方法，并以此研制了对应区域的三维遥感影像图。通过本章研究，可以获得如下成果：

（1）获得了典型区域（三维地图点）的高质量三维高分影像图。按照最终确定的三维影像图制作方法，获得了对应的遥感影像与 DEM 数据，并生成了三维地图点的三维高分影像图。生成的三维高分影像图整体上图像清晰、颜色亮丽、立体感强，较好地反映了三维地图点与其周围地物地貌和地表覆被之间的三维立体关系与特征。

（2）生成了三维高分影像图的数据模型。本研究同时提供了每个三维地图点制图区域对应的高分影像与资三 DEM 数据，及基于这两种数据的三维模型，主要基于 ArcScene 软件的 sxd 格式。利用三维模型，可以对地图点的三维效果进行导航和浏览，根据效果自己调整和生成，实现一定程度的定制功能。

（3）确定了三维高分影像图的研制方法。通过不同研制方法的对比，最终确定了本研究中三维高分影像图的研制方法，即：首先在百度中查找三维地图点的位置，再在 ArcMap 软件中确定三维地图点在高分影像中的位置，并利用其数据编辑功能获得制图区域，以此通过裁剪与镶嵌得到制图区域的高分影像与资三 DEM 数据；接下来，在 ArcScene 中利用这两种数据生成三维模型和三维高分影像图，并输出三维高分影像图；最后通过 Photoshop 软件对输出的三维高分影像图进行修饰和调整，得到最终的三维高分影像图。

本研究中的三维高分影像图主要在范围较小的典型区域研制，当区域变大时影像质量会在一定程度上降低，未来可考虑开展在较大区域进行三维高分影像图的研制；同时，在一些三维地图点，受地形条件（比如区域地势平坦，海拔高差很小）或数据源（比如处于边界区域，数据不够充分）等各方面要素影响，生成的三维高分影像图质量需要进一步完善和提高。

第八章　土地利用分布与变化分析

　　作为环境要素最重要的组成部分之一,土地是人类社会和经济活动的重要载体(鲁春阳 等,2006;Zhao et al.,2016)。土地利用则指人类对土地及其资源进行开发的直接结果(陈利顶 等,2008;Sandhya et al.,2013)。同时,土地利用的空间分布状况对生态环境、土壤、水资源与社会经济发展进程有重要影响(何维灿 等,2016;Zhao et al.,2016),同时影响着区域、全国甚至全球范围的政府决策(Dwivedi et al.,2005)。因此,土地利用空间分布特征的相关分析成为地学研究的热点之一(毛蒋兴 等,2008;国巧真 等,2015;李京京 等,2016;陈波 等,2017)。

　　作为最基本的自然地理要素,地形通过控制地球表层水分与热量的地域再分配,对土壤、植被、物质迁移以及生态系统的演替与发展有重要的间接影响(周成虎 等,2009;何维灿 等,2016),从而对土地利用的空间分布格局及特征具有明显的控制作用(龚文峰 等,2013;郭洪峰 等,2013;梁发超 等,2010)。因此,大量学者进行了地形分布对土地利用类型之间相互关系的深入研究(贾宁凤 等,2007;哈凯 等,2015;于佳 等,2015;牛叔文 等,2014)。

　　本章首先利用 Landsat 遥感影像对太原市 2016 年土地利用的空间分布进行遥感解译,然后通过地理探测器方法研究数字地形指标对山西省土地利用空间分布的定量影响。

第一节　太原市土地利用空间分布的遥感解译

　　本研究首先下载、处理和获取 2015 年和 2016 年的 Landsat 遥感影像,然后基于两年的遥感影像和 2015 年的太原市土地利用数据通过遥感解译和实地验证获取 2016 年的土地利用空间分布。

一、太原市土地利用遥感解译过程

　　首先从网络上下载 Landsat8 遥感影像,再利用 ERDAS 软件进行处理,然后基于遥感影像进行土地利用动态的遥感解译,并对解译结果进行实地验证。

　　(一)Landsat 遥感影像获取与处理

　　遥感影像的获取与处理主要包括 Landsat8 遥感影像获取、影像导入、波段合成、融合处理和投影转换,以及太原市 2016 年遥感影像的拼接、裁剪。

1. Landsat8 遥感影像下载

本研究统一采用 Landsat8 影像数据。2013 年 2 月 11 日，NASA 成功发射 Landsat8 卫星，Landsat8 上携带有两个主要载荷 OLI（陆地成像仪）和 TIRS（热红外传感器），共包括 9 个波段，空间分辨率为 30 m，其中包括一个 15 m 的全色波段，成像幅宽为 185 km×185 km。

Landsat8 遥感影像数据面对全球免费共享，该数据可从中国科学院遥感与数字地球研究所网站或美国地质调查局网站下载。以美国地质调查局网站为例，首先选择 Landsat 8 OLI，如图 8-1 所示。

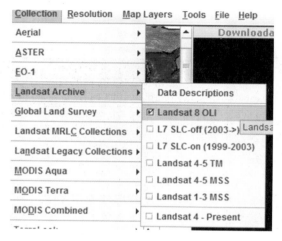

图 8-1　Landsat 8 OLI 下载界面

然后通过经纬度或者轨道号查询数据来选择下载区域，如图 8-2 所示。

图 8-2　遥感数据下载区域查询

本研究选择 2016 年 5—9 月地表植被覆盖类型最为丰富的时段过境数据，同时要求影像平均云量小于 10%。如果受人为干扰影响比较小的不易发生变化的区域，可适当放宽到 20%；但受人为干扰影响比较大易发生变化的区域要求尽量没有云覆盖。

根据上述数据选择原则，在网站注册之后，选择对应的不同景的数据进行下载，从而获得原始的 Landsat 遥感影像。

2. Landsat8 遥感影像处理

将下载的 Landsat8 影像数据进行波段的分离与合成，合成后的波段为标准假彩色合成影像（RGB 5、4、3）。为提高遥感影像分辨率及解译精度，将合成后的数据与第 8 波段进行融合，空间分辨率达到 15 m。最后进行投影转换，转换成需要的投影，如图 8-3 所示。

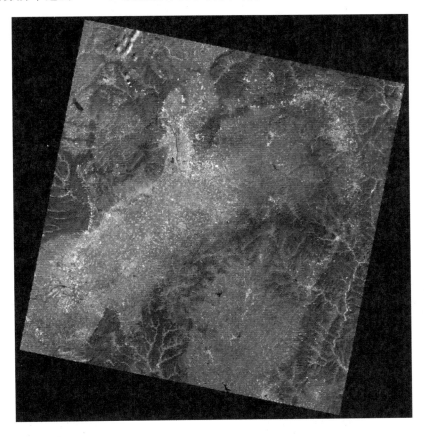

图 8-3　处理后的 Landsat 单景遥感影像

图 8-3 为经过上述处理的单景遥感影像，数据采集时间为 2016 年 9 月 7 日，轨道号为 125-034。

3. 太原市 Landsat8 遥感影像的获取

太原市共需要三景 Landsat 遥感影像，分别是 125-033、125-034 和 126-034。通过对比，三景数据的采集时间分别为 2016 年 5 月 18 日、9 月 7 日和 7 月 28 日。这三景影像处理好后，首先利用 ArcGIS 软件的 Extract by Mask 工具对 Landsat 遥感影像进行裁剪，然后通过 Mosaic 工具进行镶嵌。在使用 Mosaic 工具的时候可以设置一下，将没用的边界设置成 NoData，也就是如果边界的值是零，就将 NoData 这个地方设置成零，这样拼接的时候就不会影响正常的值了。

通过 Mosaic 工具获得的太原市 Landsat8 遥感影像如图 8-4 所示。

图 8-4　太原市 2016 年遥感影像

在图 8-4 中，图幅右上方有明显界线，这是由于不同景遥感影像进行拼接时存在亮度差异造成的。

（二）土地利用动态的遥感解译

在 ArcMap 中，将 2015 年的遥感影像、2016 年的遥感影像和太原市 2015 年土地利用现状矢量数据三个图层同时打开；然后将矢量数据的颜色填充设为空，只显示每个图斑的边界，并将每个图斑的土地利用类型编码显示出来；再通过拉幕功能，切换显示 2015 年遥感影像和 2016 年遥感影像，从而找出土地利用发生变化的地方，如图 8-5 所示。

基于图 8-5 中 2015 年与 2016 年 Landsat 遥感影像中土地利用的变化，基于 2015 年的土地利用数据进行动态修改，从而获得太原市 2016 年土地利用的遥感影像解译结果。

（三）遥感解译结果的实地验证

太原市土地利用遥感解译中，需要严格按照技术规范、技术流程及质量控制要求进行，但由于自然环境的复杂性、遥感成像过程带来的同物异谱、同谱异物现象以及技术人员本身的专业背景的差异等因素的限制，难以保证遥感信息提取达到 100% 的准确。

野外核查通过实地采集各种土地利用类型资料，既可以为遥感解译提供参考，又可以验证解译精度，修正解译结果。因此，土地利用遥感解译必须与野外核查相辅相成，才能提高数据精度。野外核查的路线选择需要遵循以下原则：

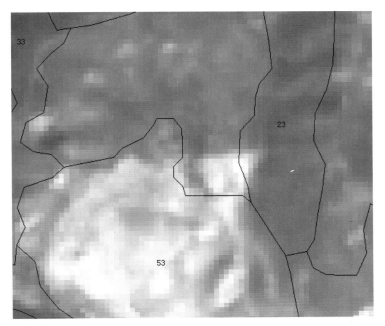

（a）2015 年遥感影像

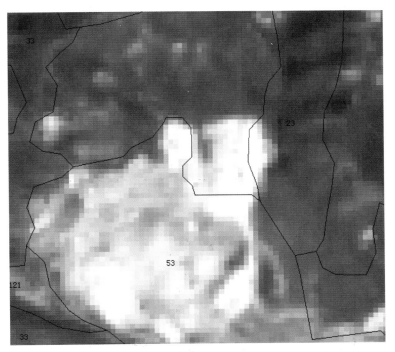

（b）2016 年遥感影像

图 8-5　太原市不同时期的遥感影像

（1）根据自然分异、人类活动的特征以及信息提取过程中遇到的问题，选择有代表性的路线来修正判读过程中出现的误判，检验本次遥感判读的正确率，并对判读数据进行室内修正。

（2）通过选择有代表性的地类边界类型，进行地类边界核查。

根据野外核查路线选择的原则，本研究设计了覆盖区域大、相对投入小、代表性好、科学合理的四条线路，即：太原市区；太原市区→阳曲县；太原市区→清徐县；太原市区→古交市→娄烦县，如图 8-6 所示。

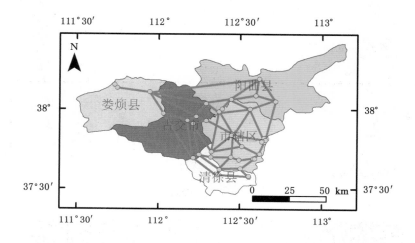

图 8-6　野外核查路线选择

基于图 8-6 所示的野外核查路线共布设核查点位 110 个，实际核查点位 110 个。其中选取核查点位 41 个；太原市辖区 21 个、阳曲县 4 个、清徐县 5 个、古交市 7 个、娄烦县 4 个。其空间分布如图 8-7 所示。

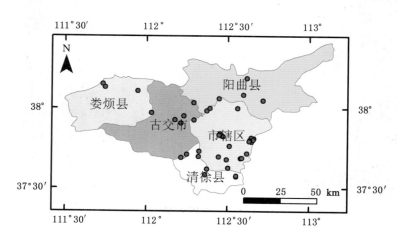

图 8-7　野外核查点的空间分布

基于图 8-7 所涉及的 41 个野外核查点,土地利用类型一级分类的判读精度为 98.5%,二级分类的判读精度为 99.3%。一级分类中耕地、林地、草地和水域的判读精度均较高,达到了 100%,城乡居民点和工矿用地、未利用土地判读准确率相对较低,分别为 95.0% 和 98.0%。二级分类中城镇用地准确率为 98.0%,农村居民用地准确率为 93.0%,工矿建设用地准确率为 90.0%,裸土地准确率为 97.0%,裸岩地准确率为 94.0%,其他类型的判读准确率均为 100%。

二、太原市土地利用遥感解译成果

基于 2015 年太原市土地利用现状数据,利用 2015 年和 2016 年遥感影像通过遥感解译获得 2016 年的土地利用分布状况,如图 8-8 所示。

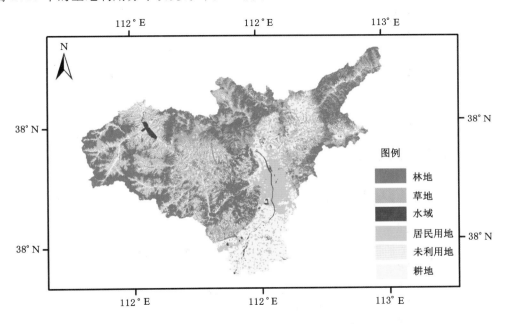

图 8-8　太原市 2016 年土地利用类型空间分布状况

对图 8-8 中各种土地利用类型的分布面积进行数理统计,结果如表 8-1 所示。

表 8-1　太原市 2016 年土地利用类型的空间分布面积

土地利用类型	耕地	林地	草地	居民用地	水域	未利用土地
面积/km²	1 976.5	2 340.0	1 816.5	670.0	78.0	20.0

对表 8-1 中各种土地利用类型的面积占太原市总面积的百分比进行统计,结果如图 8-9 所示。

从图 8-8、表 8-1 和图 8-9 可以看出:太原市土地利用以林地、耕地和草地为主,面积分别为 2 340.0 km²、1 976.5 km² 和 1 816.5 km²,其分布面积分别占太原市总面积的 33.91%、28.64% 和 26.32%;其中林地主要分布在太原市的北部、东北部和西北部山区;耕地主要分

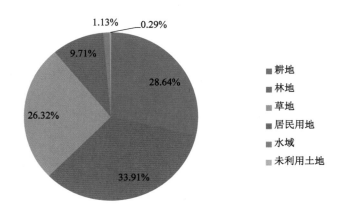

图 8-9　太原市 2016 年各土地利用类型所占面积百分比

布在太原市南部的太原盆地地区；草地主要分布在太原市北部和西北部林地之下区域。居民用地主要位于太原市区、太原盆地中的农村和周边县城地区；水域则主要位于太原市西北部的汾河水库和太原盆地中的汾河等区域；未利用土地面积很少。

　　对太原市 2015 年与 2016 年的土地利用遥感解译成果进行对比，获得不同类型图斑的转换面积，统计结果如图 8-10 所示。

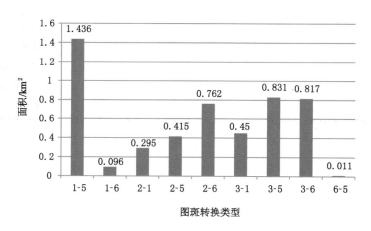

图 8-10　太原市 2015—2016 年土地利用动态图斑面积

　　在图 8-10 中，1-5，1-6，2-1，2-5，2-6，3-1，3-5，3-6，6-5 是动态转换类型，其中数字 1 代表耕地，2 代表林地，3 代表草地，5 代表居民用地，6 代表未利用土地，中间"-"代表转换。

　　对图 8-10 中太原市 2015—2016 年土地利用动态图斑面积百分比进行计算，如图 8-11 所示。

　　从图 8-10 和图 8-11 可以看出：在所有的土地利用动态类型中，由耕地转为建筑用地的面积最大，总共达到 1.436 km²，占转换总面积的 28.09%；其次为草地转为建筑用地，面积为 0.831 km²，占转换总面积的 16.25%；然后是草地转换为未利用地，面积为 0.817 km²，占

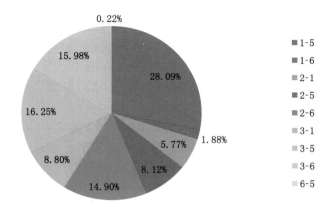

图 8-11　太原市 2015—2016 年土地利用动态图斑面积百分比

转换总面积的 15.98％,林地转为未利用地,面积为 0.762 km²,占转换总面积的 14.90％。这充分说明了在经济快速发展形势下建筑用地迅速扩张,林地和草地转为未利用地的面积也较多,存在林草退化的情况。

三、本节小结

本节以 2015 年土地利用数据和遥感影像为基础,通过下载、处理与获取 2016 年的遥感影像数据,进行遥感动态监测与实地验证,从而获得太原市 2016 年的遥感解译成果,并对其与 2015 年的土地利用结果进行了对比。通过本节研究,获得结果如下:

(1) 通过对遥感解译结果进行野外实地验证发现,土地利用类型一级分类的判读精度为 98.5％,二级分类的判读精度为 99.3％。一级分类中建设用地和未利用土地判读准确率相对较低,分别为 95.0％和 98.0％,其他一级分类的判读精度均为 100％。

(2) 太原市土地利用类型的遥感解译成果显示,太原市土地利用类型以林地、耕地和草地为主,其分布面积分别占太原市总面积的 33.91％、28.64％和 26.32％;其中林地主要分布在太原市的北部、东北部和西北部山区;耕地主要分布在太原市南部的太原盆地地区;草地主要分布在太原市北部和西北部林地之下区域。

(3) 将太原市 2015 年与 2016 年的土地利用进行对比获得其动态变化,在所有的动态转换类型中,由耕地转为建筑用地的面积最大,占转换总面积的 28.09％;其次为草地转为建筑用地,占转换总面积的 16.25％。因此,在经济快速发展形势下建筑用地的迅速扩张,但同时存在林草退化的情况。

第二节　数字地形要素对土地利用空间分布的定量影响

为了有效识别各种地理要素对某种地理现象空间分布的影响,以及确定造成这种影响的主要地理要素及其组合要素,王劲峰教授课题组开发出地理探测器模型(Wang et al.,2010,2012b;Cao et al.,2013;王劲峰 等,2017),并在城镇化、土地利用、经济、气候、水文、农业和人口分布等多种要素空间分布格局的影响要素探索中得到广泛应用(刘彦随 等,2012;丁悦 等,2014;杨忍 等,2015;湛东升 等,2015;Luo et al.,2016)。然而,利用地理探测器方法对地形要素(如海拔、坡度、坡向和起伏度等)在土地利用空间分布的定量影响中的研究,目前还比较有限。

以山西省为研究区,本节拟基于地理探测器方法,首先通过遥感解译获得土地利用空间分布特征,再利用数字高程模型(DEM)数据计算数字地形特征,进而探索山西省数字地形特征对土地利用空间分布类型的定量影响。本节研究不仅扩大了地理探测器的应用领域,对数字地形分析、土地利用与生态环境保护等均有一定的促进作用(赵尚民,2020a)。

一、区域概况

本研究以山西省为研究区,山西省位于我国中部,北邻内蒙古,西望陕西,南接河南,东与河北以太行山相连。山西省呈近南北走向,东部是地形第二级台阶与第三级台阶的分界——太行山脉;中间是新生代断陷盆地,自北至南依次为大同盆地、忻定盆地、太原盆地、临汾盆地和运城盆地;西部是黄土覆盖的吕梁山脉,属于黄土高原的东缘。山西省作为山西高原的主体,在地形分布上具有明显的地域特征(图8-12)。

在地形分布上,中间盆地地区海拔高度低,两侧山地海拔高度高。中间盆地坡度小,起伏度低;两侧山地坡度大,起伏度高。同时,从北到南海拔高度呈逐渐降低趋势。在土地利用分布上,耕地和大的建筑用地(如城市和大的厂区等)主要分布在中部盆地区域,林地、草地和小的建筑用地(如居民点和小厂矿等)主要分布在两侧的山地地区,河网水系在山间广布,大的河流和水域则主要分布在盆地地区。

二、数据源简介

本研究利用地理探测器方法分析山西省数字地形特征对土地利用空间分布的定量影响,主要的数据源包括通过航天飞机雷达地形测绘使命(SRTM)生成的DEM数据和山西省2015年遥感影像数据。DEM数据是获得数字地形特征的基础数据;基于遥感影像,通过遥感解译与野外验证则可以获得对应时期的土地利用空间分布状况。

(一)SRTM1 DEM 数据

SRTM1 DEM 数据源自美国太空总署(NASA)和国防部国家测绘局(NIMA)于2000年2月11日至22日通过"奋进"号航天飞机联合测量获取的雷达影像数据,数据量约9.8万亿字节,覆盖范围为56°S~60°N之间、总面积超过1.19亿 km² 的陆地地区,约占地球陆地面积的80%。对这些雷达影像数据经过处理,生成全球DEM数据,有两种分辨率,1″(约30 m)和3″(约90 m),分别称为SRTM1 DEM和SRTM3 DEM。长期以来,SRTM1 DEM只有美国地区的数据,SRTM3 DEM则提供全球的数据。因此,SRTM3 DEM在数字地形分析领域产生了深刻而长远的影响。

2015年,美国开始提供全球的SRTM1 DEM数据,可以从网站上免费下载。通过网站下载了山西省范围内的SRTM1 DEM源数据,并在ArcGIS软件中进行拼接、转投影等处理,形成了山西省SRTM1 DEM数据(图8-12),作为本研究中数字地形特征提取的基础

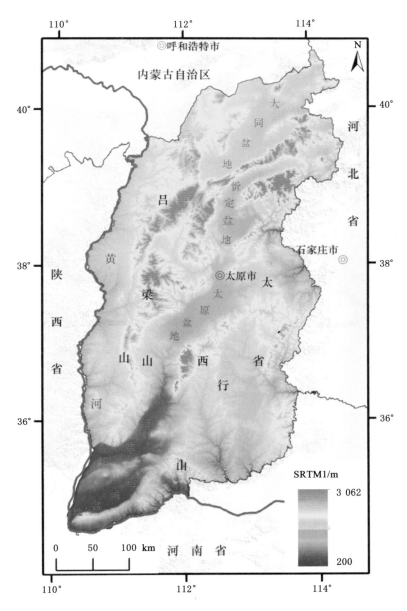

图 8-12　山西省地势及 SRTM1 DEM 数据图

数据。

（二）遥感影像数据

遥感影像是获取地表信息的重要基础数据源。通过多期遥感影像，可以获得长时间序列的地表状况数据。作为获得山西省 2015 年土地利用数据的数据源，遥感影像主要采用 2015 年夏季的高分影像和 Landsat 影像，经过波段叠加、拼接、转投影和裁剪等处理，空间分辨率约为 15 m，如图 8-13 所示。两幅影像相互对比和参照，可以消除有云区域，提高精度和质量。

在本研究中，基于 2015 年的遥感影像数据并参考之前的土地利用数据和 Google Earth

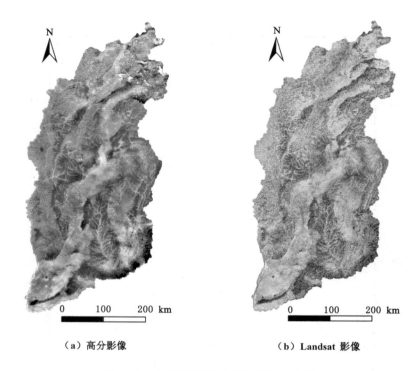

（a）高分影像　　　　　　　　　　（b）Landsat 影像

图 8-13　山西高原 2015 年遥感影像数据

等高清影像,通过遥感目视解译与野外考察验证相结合的方法,按照土地利用类型的分类系统获得山西省 2015 年的土地利用类型空间分布状况数据,以此作为了解山西省土地利用空间分布特征的基础数据源。

三、地理探测器方法介绍

地理探测器方法主要用来定量分析数字地形特征对土地利用类型空间分布的影响。它不仅可以分析各个地形因子对土地利用空间分布的影响大小,同时能确定因子的组合对土地利用空间分布的影响,即确定组合因子的情况及两个因子之间的相互作用情况。其基本理论简述如下。

某一待探测要素 D 在区域中的分布如图 8-14(a)所示。对于一离散要素 X,在区域内的分布如图 8-14(b)所示。

D 与 X 之间的空间相关性可以用统计量 q 来表示:

$$q = 1 - \frac{1}{N\sigma^2} \sum_{Z=1}^{L} N_Z \sigma_Z^2 \tag{8-1}$$

式中,σ_Z^2 是要素 D 在 X 要素第 Z 个区域的方差;N_Z 是第 Z 个区域的采样点数目;σ^2 是 D 在整个区域的全局方差;N 是总的采样点数目;L 是要素 X 的区域数(Luo et al.,2016;王劲峰 等,2017)。

如果要素 X 能够完全控制要素 D 的空间分布,那么 q 的值为 1;如果要素 X 与要素 D 的空间分布完全无关,那么 q 的值为 0。因此,一般情况下,q 的值处于 0 到 1 之间。根据 q

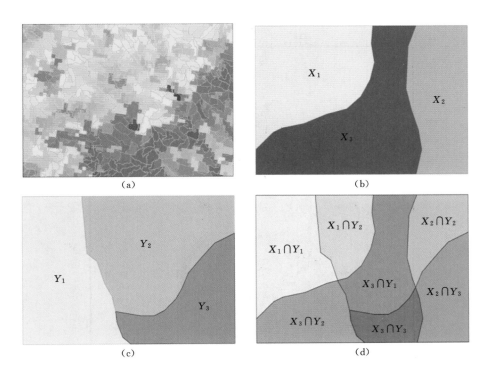

图 8-14 地理探测器方法示意图(Luo et al.,2016)

值的大小,可以判断要素对 D 的影响大小:q 值越大,则影响越大。

对于要素 Y 及其与 X 叠加的结果 $X \cap Y$[图 8-14(c)和(d)],根据 $q(X)$、$q(Y)$、$q(X \cap Y)$ 和 $q(X)+q(Y)$ 值之间的相互对比结果,可以判断 X 与 Y 两个要素独立还是交互、交互增强还是减弱、线性还是非线性等空间相互关系。

因此,根据各种要素的 q 值及两种要素叠加后的 q 值可以确定要素之间的相关关系及确定某一要素的控制要素与几种控制要素的组合等定量影响特征。

四、源数据处理

(一) 土地利用空间分布数据获取

首先利用 1∶50 000 地形图对山西省 2015 年的遥感影像进行几何校正,然后参考前期(2000、2005 和 2010 年)的土地利用数据与 Google Earth 等高清影像资料,再利用 ArcGIS 平台在 1∶50 000 以上尺度下进行遥感目视解译,最后对目视解译结果进行野外验证和对应修改,使遥感目视解译精度在 95% 以上,从而获得山西省 2015 年的土地利用空间分布数据(谷晓天 等,2019)。解译获得的土地利用数据具有详细的分类系统,为了研究方便,在本研究中将其归纳为耕地、林地、草地、水域、建筑用地和未利用地 6 类,如图 8-15 所示。

从图 8-15 可以看出:山西省东西两侧的山地主要分布草地和林地,中间的盆地和平坦区域则主要分布耕地和建设用地,这与地形特征的空间分布情况相对一致。水域和未利用地面积较小,很难发现。对各种土地利用类型的分布面积进行数理统计,结果如表 8-2 所示。

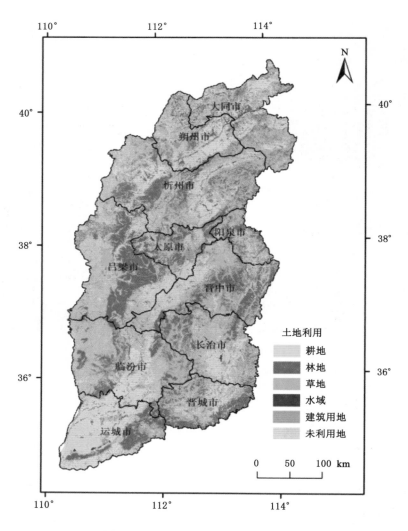

图 8-15　山西省 2015 年土地利用数据

表 8-2　山西省土地利用类型的分布面积

土地利用类型	耕地	林地	草地	水域	建筑用地	未利用地	总计
面积/km²	55 247.9	37 223.3	55 240.6	1 752.0	6 548.9	419.6	156 432.3
占比/%	35.3	23.8	35.3	1.1	4.2	0.3	100

从表 8-2 可以看出:山西省以耕地和草地为主,均约占总面积的 1/3;其次为林地,约占山西省总面积的 1/4;建筑用地占全省总面积的 4.2%,水域和未利用地则面积很小。

(二)数字地形特征数据

基于 SRTM1 DEM 数据,主要从海拔高度、起伏度、坡度和坡向 4 个地形因子分析山西省的数字地形特征。

1. 海拔高度分布特征

海拔高度可以直接从 SRTM1 DEM 数据中获取，它是最基本的地表形态要素，不仅能够反映地貌形成的动能水平，同时可以在一定程度上反映内外营力强度的总体对比（周成虎 等，2009）。

从图 8-12 可以看出：山西省主要位于中海拔地区，东西两侧山地海拔高度最高超过 3 000 m，中部盆地地区海拔高度自北向南逐渐降低，南部运城盆地的海拔高度最低，由北至南从约 1 000 m 下降到约 200 m。对山西省海拔高度进行数理统计，结果如表 8-3 所示。

表 8-3　海拔高度、起伏度与坡度的数理分布特征

地形因子	最小值	最大值	平均值	偏差
海拔高度/m	200	3 062	1 157.4	367.1
起伏度/m	0	1 347	284.3	179.8
坡度/(°)	0	77.9	13.2	9.8

从表 8-3 可以看出：山西省主要分布在平均海拔 1 100 多米的中海拔地区，海拔高度从几百米到 3 000 多米，偏差为 300 多米。

2. 起伏度分布特征

起伏度是描述地表形态的另一个重要指标，它主要指一定面积内的地形高差（涂汉明 等，1991），能够在一定程度上反映地貌的发育阶段（周成虎 等，2009）。参考山西省区域地形特征及范围大小，在本研究中按照 100 个像素为边长，利用 ArcGIS 软件的"Focal Statistics"工具计算了山西省的起伏度，空间分布如图 8-16(a) 所示。

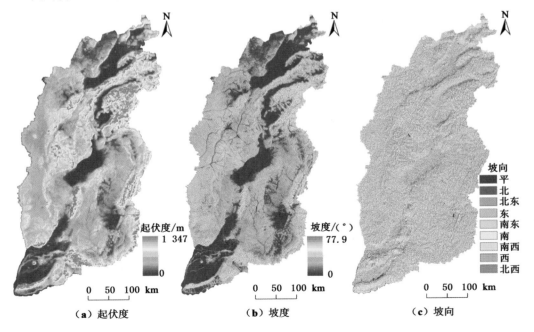

（a）起伏度　　　（b）坡度　　　（c）坡向

图 8-16　山西省地形因子分布

从图 8-16(a)可以看出:小起伏度地区主要位于盆地,东西两侧的山地则起伏度较大,特别是太行山北部和东侧地区。对山西省起伏度进行数理统计,结果如表 8-3 所示。

从表 8-3 可以看出:山西省最大起伏 1 000 多米,平均起伏度不到 300 m,可能是由于两侧的山地和中间的盆地地表形态比较集中,特征明显。

3. 坡度分布特征

坡度是地表形态在空间的倾斜程度,其大小直接影响地表物质的流动和能量转换的规模与强度,因此是重要的地貌形态因子之一(汤国安 等,2005;周成虎 等,2009)。同时,坡度一直是指导土地利用的重要地形因子。利用 ArcGIS 软件的"Slope"工具,基于 SRTM1 DEM 可以获取山西省的坡度分布如图 8-16(b)所示。

从图 8-16(b)可以看出:坡度的空间分布与起伏度具有近似特征。对坡度要素进行数理统计,结果如表 8-3 所示。

从表 8-3 可以看出:山西省坡度分布范围为 0~77.9°,平均坡度为 13.2°,因此山西省属于坡度较大的地区,与东西两侧的山地组成相对应。

4. 坡向分布特征

坡向是指坡度的倾斜方向,它能够通过影响太阳辐射的大小从而对地表覆被的空间分布产生影响(杨针娘 等,1993)。通过 ArcGIS 软件的"Aspect"工具,利用 SRTM1 DEM 数据可以计算山西省的坡向分布,其中平坦区域(坡度为 0°)坡向值为 -1,其他区域坡向值为 0~360°。由于坡向的数值只代表坡度方向,不表示数值大小。因此,我们将坡向按照 -1(平)、337.5°~360° 和 0°~22.5°(北)、22.5°~67.5°(北东)、67.5°~112.5°(东)、112.5°~157.5°(南东)、157.5°~202.5°(南)、202.5°~247.5°(南西)、247.5°~292.5°(西)、292.5°~337.5°(北西)分为 9 个等级。山西省 9 个等级坡向的空间分布如图 8-16(c)所示。

从图 8-16(c)可以看出:由于各个方向的坡向均有分布且相对均衡,因此整个山西省的坡向分布呈相对单一的特征。对不同坡向的分布面积进行数理统计,结果如表 8-4 所示。

表 8-4　不同坡向的分布面积

坡向	面积/km²	占比/%	坡向	面积/km²	占比/%
平	2 258.9	1.4	南	19 485.5	12.5
北	16 273.1	10.4	南西	20 758.0	13.3
北东	18 787.9	12.0	西	21 229.0	13.6
东	20 765.5	13.3	北西	17 787.4	11.4
南东	19 089.0	12.2	总计	156 434.4	100

从表 8-4 可以看出:除了平地外,其他 8 个方向的分布面积相近,都约为 12% 左右。各个方向近似的分布面积为利用地理探测器分析其对土地利用空间分布的影响奠定了基础。

(三)数字地形特征数据处理

基于 SRTM1 DEM 数据,山西省的数字地形特征主要选择了海拔高度、起伏度、坡度和坡向 4 个地形因子分析。地理探测器方法要求自变量为类型量;如果自变量是数值量,需要进行离散化处理(王劲峰 等,2017)。考虑到土地利用类型为 6 类,为了保证结果的可信度

（分的类型越多，q 统计量的值越大，但置信度越低），本研究根据数字地形因子的数值分布特征和特点，将其分为 5 个等级。

对于海拔高度和起伏度，参考自然断点法和分位数法分类结果，并按照取整原则，将海拔高度以 750 m、1 000 m、1 250 m 和 1 500 m 为间隔点分为 5 个等级，起伏度以 50 m、200 m、350 m 和 500 m 为间隔点分为 5 个等级。对于坡度，利用自然断点法和分位数法并参考坡面分类研究成果（周成虎 等，2009），按照取整原则，将坡度以 3°、8°、15° 和 25° 为间隔点，分为 5 类。对于坡向，平坦区域（坡度为 0°）坡向值为 -1，其他区域坡向值为 0~360°。由于坡向的数值只代表坡度方向，不表示数值大小。因此，按照 -1（平）、315°~360° 及 0°~45°（北）、45°~135°（东）、135°~225°（南）和 225°~315°（西）分为 5 个等级。

对不同地形因子各种类型分别用 1、2、3、4 和 5 进行表示，其分布面积及所占百分比如表 8-5 所示。

表 8-5 数字地形因子各类型的分布面积及所占百分比

地形因子	参数	1	2	3	4	5	总计
海拔高度	面积/km²	19 243.9	31 676.1	44 507.5	34 204.2	26 802.8	156 434.4 *
	百分比/%	12.3	20.2	28.5	21.9	17.1	100
起伏度	面积/km²	13 730.1	37 181.6	58 744.8	27 608.2	19 169.8	156 434.4
	百分比/%	8.8	23.8	37.6	17.6	12.3	100
坡度	面积/km²	29 962.9	27 174.1	36 685.9	42 669.9	19 941.7	156 434.4
	百分比/%	19.2	17.4	23.5	27.3	12.7	100
坡向	面积/km²	864.8	39 595.9	39 164.6	41 491.5	35 317.7	156 434.4
	百分比/%	0.6	25.3	25	26.5	22.6	100

注：* 此处总面积与表 8-2 略有出入，这是由于表 8-2 为矢量数据，表 8-5 为栅格数据，界线不一致造成的。

从表 8-5 可以看出：除了坡向中平地（等级为"1"）的面积较小外，其他数字地形因子各个类型的面积分布均有一定的占有度，同时尽量使其面积差不太大；相近的面积分布为各类型之间的对比提供了数据基础和可信度。如果采用其他的阈值，使地形因子不同等级面积相差很大时，由于面积很小的等级在空间上分布很少，在一定程度上就失去了分级的意义。阈值会对结果产生一定影响，影响的程度取决于阈值选取的情况。

五、数字地形特征对土地利用空间分布的定量影响

参考山西省的面积和研究尺度，根据地理探测器的应用要求，将山西省划分为 1 562 个网格，每个网格的面积约 100 km²（Cao et al.，2013；于佳 等，2015）。然后，利用 ArcGIS 软件获得每个网格的土地利用类型及数字地形特征，并通过地理探测器软件分别计算单个地形因子及其交互作用对土地利用空间分布的定量影响。

（一）数字地形因子与土地利用空间分布的叠加分析

根据获取的每个网格中心点的土地利用类型及其对应的地形因子等级，将其进行叠加，得到土地利用类型与地形因子之间的空间耦合关系，每种类型的网格中心点分布数量如表 8-6 所示。

表 8-6　数字地形因子与土地利用空间分布的叠加结果

地形因子	等级	耕地	林地	草地	水域	建设用地	未利用地
海拔高度	1	109	15	43	5	21	1
	2	135	37	103	5	34	4
	3	137	81	191	2	19	1
	4	103	114	139	2	4	0
	5	34	137	84	0	2	0
起伏度	1	84	6	5	7	33	2
	2	196	33	108	4	28	2
	3	180	131	255	0	16	0
	4	51	117	110	2	3	1
	5	7	97	82	1	0	1
坡度	1	180	13	11	7	57	2
	2	140	33	100	6	15	2
	3	114	79	168	0	4	1
	4	67	149	203	1	3	0
	5	17	110	78	0	1	1
坡向	1	2	0	0	2	0	0
	2	120	89	119	1	16	1
	3	182	92	134	3	29	4
	4	131	100	184	3	28	0
	5	83	103	123	5	7	1

从表 8-6 可以看出:土地利用类型的空间分布与不同等级的数字地形因子之间有着密切的关系。对于海拔高度,耕地在每个等级均有分布,其中"3"和"2"两个等级最多;林地则主要分布在高海拔区;相比林地,草地主要分布在次高海拔区;水域主要分布在低海拔区;建设用地与耕地分布特征类似;未利用地主要分布在低海拔区。对于起伏度,耕地与海拔高度的分布特征近似;林地主要分布在"3"和"4"两个等级;草地则 5 个等级呈近似正态分布;水域、建设用地和未利用地则主要分布在低等级区。对于坡度,耕地随着坡度增大而减少;林地则主要分布在高坡度区;草地分布在次高坡度区;水域、建设用地和未利用地则主要分布在平坦和低坡度区。对于坡向,耕地主要分布在东向;林地则主要分布在南向和西向;草地以南向为主,另外 3 个方向也有较多分布;水域主要分布在平坦区域;建设用地主要分布在东向和南向;未利用地也主要位于东向。

从土地利用与数字地形因子之间的空间叠加分析可以看出,二者之间有比较密切的关系,这也为利用地理探测器方法分析数字地形因子对土地利用空间分布的定量影响奠定了重要基础。

(二)单个数字地形因子对土地利用空间分布的定量影响

基于地理探测器软件,通过 ArcGIS 的 Surface Spot 工具获取每个网格中心点的土地利用类型及对应的数字地形因子的类型,并以此获取数字地形因子对土地利用类型空间分布的定量作用,如表 8-7 所示。

表 8-7 数字地形因子对土地利用空间分布的定量作用

地形因子	海拔高度	起伏度	坡度	坡向
q 统计量	0.006	0.012	0.010	0.005
p 值	0.048	0.007	0.004	0.472

在表 8-7 中,q 统计量主要利用地理探测器软件通过式(8-1)获取,土地利用类型代表待探测的要素 D,数字地形因子则对应于离散要素 X,L 代表数字地形因子经过分类后的区域数,N 是总的采样点数目,在本研究中为 1 562,式(8-1)中其他要素的含义可以以此类推。而 p 值则代表了空间分异性是否显著(Wang et al.,2016),同样可由地理探测器软件计算获得。

从表 8-7 可以看出:在数字地形因子与土地利用类型的空间分异性上,起伏度和坡度非常显著($p<0.01$),海拔高度比较显著($p<0.05$),坡向不太显著($p=0.47$);在空间相关性上,起伏度与坡度的空间相关性最大(q 分别为 0.012 和 0.010),海拔高度与前两种因子有明显差距(q 为 0.006),坡向与土地利用类型空间分布的相关性则最差(q 为 0.005)。

(三)地形因子交互作用对土地利用空间分布的定量影响

在获得单个地形因子 q 统计量的基础上,将任意两个地形因子叠加,计算其叠加之后的 q 值,并将其与两个因子的 q 值之和进行对比,获得数字地形因子对土地利用空间分布的交互作用,如表 8-8 所示。

表 8-8 数字地形因子对土地利用空间分布的交互作用

$X \cap Y$	$q(X \cap Y)$	$q(X)+q(Y)$	结果	交互作用
海拔高度 ∩ 起伏度	0.034	0.019		
海拔高度 ∩ 坡度	0.030	0.017		
海拔高度 ∩ 坡向	0.026	0.011	$q(X \cap Y) > q(X)+q(Y)$	非线性交互增强
起伏度 ∩ 坡度	0.032	0.023		
起伏度 ∩ 坡向	0.026	0.017		
坡度 ∩ 坡向	0.022	0.015		

从表 8-8 可以看出:将任意两种数字地形指标进行交互,发现其交互作用时 q 统计量明显提高,全部大于对应的两种因子的 q 统计量之和,因此任意两种数字地形指标均具有显著的非线性交互增强作用。尤为显著的是海拔高度与起伏度的交互,其 q 统计量为 0.034,为因子交互中 q 统计量最高的;即使交互作用效果最差的坡度与坡向交互,其 q 统计量也达到 0.022,明显高于单一因子的作用,比如最重要地形因子——起伏度的 q 统计量(0.012)。

六、本节小结

在分析山西省数字地形特征及土地利用空间分布的基础上,本研究利用地理探测器方法计算了山西省数字地形特征对土地利用空间分布的影响。通过本研究，可以获得如下结论：

（1）在数字地形因子与土地利用类型空间分布的分层异质性上，起伏度与坡度和土地利用类型的空间分异性非常显著；其次为海拔高度，其与土地利用类型空间分布的空间分异性比较显著；坡向则与土地利用类型的空间分异性不太显著。

（2）在数字地形因子与土地利用类型空间分布的空间相关性上，起伏度与土地利用的空间相关性最大，其次为坡度，二者相差不大；海拔高度及坡向与土地利用的空间相关性较小，其中坡向与土地利用类型的空间相关性最小。

（3）对数字地形因子进行交互，发现交互因子与土地利用空间分布的空间相关性均呈非线性交互增强。其中交互增强作用最显著的是海拔高度与起伏度的交互，而增强效果最不明显的是坡度与坡向的交互，其空间相关性也远大于所有单一地形因子与土地利用的空间相关性。

（4）起伏度与坡度均为表征地表平坦程度的地形因子，其与土地利用类型空间分布上的空间分异性及空间相关性均最为显著。这与人们的传统认知相一致，很多土地利用规划就是建立在不同等级的坡度上的。比如，平地一般分布建筑用地、耕地和水域，随着坡度增大，土地利用类型逐渐过渡为草地、林地和未利用地等。通过研究数字地形因子对土地利用类型空间分布的定量作用，可以为合理开发利用土地、科学进行土地利用规划、政策制定和环境保护等提供科学指导和合理建议。

另外，在本研究中，除了地形特征之外，气候、土壤、地质等要素对土地利用的空间分布也具有不同程度的影响；同时，可以在分析这些要素对土地利用空间分布影响的基础上，研究这些要素对土地利用空间分布变化的影响。

第三节　本章小结

本章首先下载、处理与获取 Landsat 8 遥感影像，再基于 2015 年与 2016 年的 Landsat 遥感影像与 2015 年的太原市土地利用数据通过目视解译加野外验证的方法得到太原市 2016 年的土地利用状况，并对 2015 年到 2016 年的土地利用转化状况进行了分析；然后利用地理探测器方法，研究了山西省数字地形特征对土地利用空间分布的定量影响。通过本章研究，可以获得如下结论：

（1）太原市土地利用类型以林地、耕地和草地为主，其中林地主要分布在太原市的北部、东北部和西北部山区；耕地主要分布在太原市南部的太原盆地；草地主要分布在太原市北部和西北部林地之下区域。从 2015 到 2016 年，太原市土地利用由耕地转为建筑用地的面积最大，其次为草地转为建筑用地。因此，在经济快速发展形势下建筑用地迅速扩张，但同时存在林草退化的情况。通过对遥感解译结果进行野外实地验证发现，土地利用遥感解译的精度在一级分类的判读精度为 98.5%，二级分类的判读精度为 99.3%。

（2）通过分析数字地形因子与土地利用类型空间分布的分层异质性，起伏度及坡度与土地利用类型的空间分异性非常显著，其次为海拔高度，坡向则与土地利用类型的空间分异性不太显著。关于数字地形因子与土地利用类型空间分布的空间相关性,起伏度与土地利用的空间相关性最大,其次为坡度,然后是海拔高度与坡向,其中坡向与土地利用类型的空间相关性最小。分析数字地形因子的交互作用,发现交互因子与土地利用空间分布的空间相关性均呈非线性交互增强。其中交互增强作用最显著的是海拔高度与起伏度的交互,而增强效果最不明显的是坡度与坡向的交互。通过研究数字地形因子对土地利用类型空间分布的定量作用,对合理开发利用土地、科学进行土地利用规划、政策制定和环境保护等具有较为重要的意义。同时,除了地形特征之外,未来可以综合研究气候、土壤、地质等不同要素对土地利用的空间分布的影响。

第九章　多年冻土的数值模拟与预测研究

冻土是指在土壤中气温下降到 0 ℃以下时,土壤中的水分呈冻结状态的一种现象(杨小利 等,2008)。按照土壤中水分冻结时间的长短,可分为瞬时冻土、短时冻土、季节冻土和多年冻土。冻土是一种对气候变化极为敏感的土体介质,因此气候变化对冻土有着重要的影响;同时,冻土界线的变化也是气候变化的一个重要指标。

祁连山位于青藏高原东北部,祁连山多年冻土属青藏高原冻土区,祁连山-阿尔金山冻土亚区,是青藏高原高山冻土最重要的分布区域(吴吉春 等,2007)。无数的观测和模拟结果显示,全球气候正在经历着快速的变化,如全球变暖等,而气候变化对高山冻土的分布会产生重要影响,进而影响山地的生态系统(Gardaz,1997)。在祁连山脉,气候变暖导致的冻土退化对环境等会产生重要影响,如不断加剧的荒漠化、生物化学过程和人类的基础建筑设施等(Yang et al.,2010)。同时,祁连山多年冻土是天然气水合物等能源的主要存储地,我国冻土区首次获取天然气水合物实物样品即来源于此地(祝有海 等,2009)。因此,对祁连山地区的多年冻土进行分布监测,探索其退化趋势和变化规律,具有重要的科学意义和经济价值。

本章基于祁连山冻土空间分布基准数据,通过逻辑回归模型、地形数据和气象数据,首先对祁连山多年冻土从 1960s 到 2000s 过去 50 年间的空间分布及其动态变化进行了数值模拟,并对其变化规律进行了深入分析;然后利用地形数据、地表覆被数据和多年平均气温数据对 1990s 到 2040s 期间祁连山多年冻土的空间分布进行了数值建模与预测,获得了祁连山冻土在未来的空间分布状况。

第一节　祁连山多年冻土空间分布变化的数值模拟

在本研究中,以施雅风、米德生编制的《中国冰雪冻土图(1∶400 万)》为基础,利用祁连山及其周围的气象站点数据,采用逻辑回归模型(Logistic Regression Model),通过祁连山脉地形及气象数据,对祁连山脉过去 50 年中每个年代的冻土分布进行了模拟,从而为掌握祁连山脉 1960s 到 2000s 年冻土分布的变化情况奠定了基础。

一、祁连山脉区域概况

祁连山脉位于青藏高原东北缘,青海省东北部与甘肃省西部边境。祁连山地区地势如

图 9-1 所示,其由多条北西-南东走向的平行山脉和宽谷组成,山峰海拔多在 4 000～5 000 m,最高峰疏勒南山的团结峰海拔高度 5 808 m。

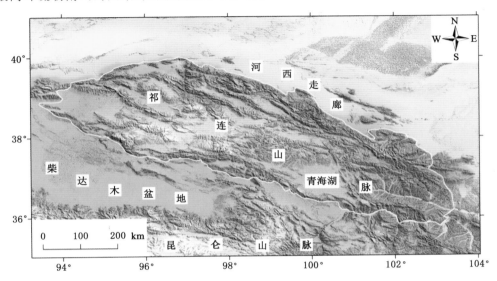

图 9-1　祁连山地区地势图(由 SRTM3 DEM 数据制作)

祁连山脉位于我国季风区、非季风区和青藏高原区三大气候区的交汇处(吴吉春 等, 2009),山地东部气候较湿润,西部较干燥。因此,西段属大陆性干旱荒漠气候,中东段属大陆性半干旱高山草原气候,而整体上属典型大陆性气候。

由于受宏观大气环流和高大地形的影响,祁连山地区降水量呈自东向西减少的趋势, 因此,多年冻土下界也自东向西逐步升高,升高率约为每经度 150 m(吴吉春 等,2009)。据研究,祁连山西部一般比东部的冻土下界高 700～800 m,这主要是由东西部的降水差异造成的(王绍令,1992)。

二、主要数据源

在本次研究中,模拟模型所用的数据主要包括两种类型,分别为地形数据和气象数据。其中,地形数据包括 DEM 数据、坡度数据、坡向数据、经度数据和纬度数据;气象数据包括气温数据、降水数据和日照数据。

(一)地形数据

考虑到祁连山多年冻土分布与地形因素的关系,我们选取海拔高度数据、坡度数据、坡向数据、经度数据和纬度数据作为祁连山冻土分布模拟的地形要素数据,每种数据介绍如下。

1. 海拔高度数据

对于高山冻土来说,海拔高度是影响其分布的最重要的因素,因此冻土分布的上下界特别是下界的海拔高度成为表征多年冻土分布的最重要的指标之一。

本研究所用海拔高度数据主要采用美国 CGIAR-CSI 处理的 SRTM3 DEM 数据,通过下载、拼接、裁剪、投影转换和重采样等处理后,得到研究区的 DEM 数据,如图 9-2 所示。

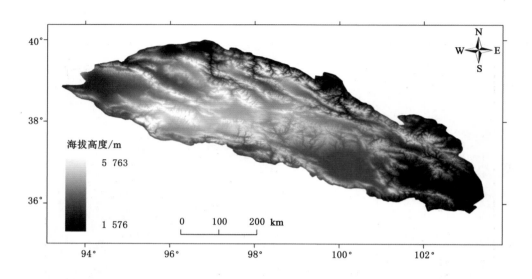

图 9-2　祁连山地区的 DEM 数据

　　在图 9-2 中,为了和其他数据的分辨率保持一致,我们采用地理投影下 0.001°的分辨率。在此分辨率下,祁连山脉的最高海拔高度是 5 763 m,最低为 1 576 m,平均海拔高度 3 586 m,属于海拔较高的山脉。

　　2. 坡度数据

　　坡度是地表在空间的倾斜程度,其大小直接影响着地表物质的流动和能量转换的规模与强度(周成虎 等,2009;汤国安 等,2005)。坡度作为海拔高度的一阶导数,是非常重要的地形因子,与冻土分布具有密切的关系(Etzelmüller et al.,2001)。

　　在本研究中,利用 ArcGIS 软件的空间分析功能,基于研究区域的 SRTM3 DEM 数据计算了祁连山地区的坡度数据,结果如图 9-3 所示。

　　在图 9-3 中,最终生成的坡度数据依旧采用地理投影及 0.001°的空间分辨率。从图中可以看出:祁连山脉坡度范围为 0°～69.3°。对坡度数据进行统计得出平均坡度为 12.1°,坡度较小区域主要分布在湖盆、河谷和平原地区。

　　3. 坡向数据

　　祁连山多年冻土分布不仅受海拔高程等因素的影响,还受到阴阳坡的影响。研究表明,同一区域由于坡向不同引起的太阳辐射能量的差异不仅导致地表覆盖的差异,而且会引起多年冻土下界的不同(高中,1981;杨针娘 等,1993)。在研究区域,阳坡的冻土下界往往明显高出阴坡的冻土下界,因此,我们选择坡向作为一个地形指标,主要用来反映地形的坡向变化引起的冻土分布的差异。

　　基于 ArcGIS 软件的空间分析功能,利用 SRTM3 DEM 数据对实验区域的坡向数据进行了计算,结果如图 9-4 所示。

　　在图 9-4 中,考虑到坡向对冻土分布的影响主要体现在阴阳坡引起的太阳辐射的差异,因此通过实验,对坡向进行了分级,结果如表 9-1 所示。

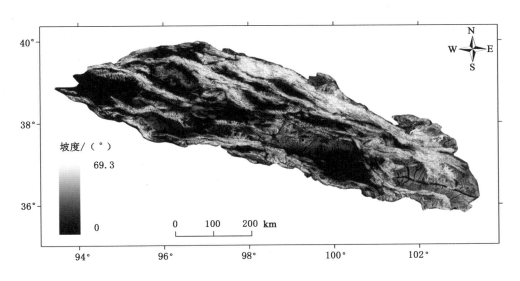

图 9-3 祁连山地区的坡度数据

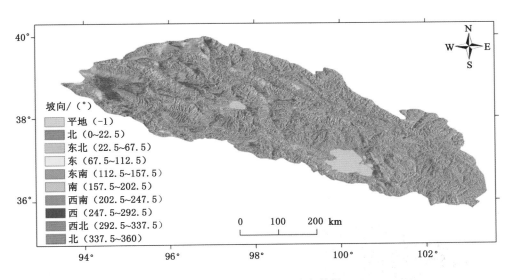

图 9-4 祁连山地区的坡向数据

表 9-1 祁连山地区的坡向分级结果

坡 向/(°)	分级结果	坡 向/(°)	分级结果
阳面(135~225)	1	半阳面(45~135,225~315)	3
平面(-1)	2	阴面(0~45,315~360)	4

按照表 9-1 的坡向分级情况,祁连山地区的坡向分级数据如图 9-5 所示。

在图 9-5 中,按照不同坡向接受太阳辐射的大小,将其分为 4 个等级。坡向分级数据能够较好地表征坡向对太阳辐射的影响状况,而太阳辐射状况又会对多年冻土的空间分布情况产生重要影响。

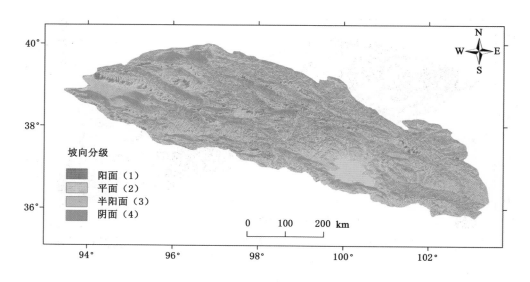

图 9-5　祁连山地区的坡向分级数据

4. 经度数据

由于祁连山地区降水量从东到西逐步减少,东部属半干旱气候,西部则变成干旱气候。由于降水的变化,多年冻土下界海拔高度与经度具有明显的相关性,自西向东多年冻土下界的下降速率约为每经度 150 m(吴吉春 等,2007)。经度要素反映了中低纬度高海拔多年冻土分布的"干燥地带性"(吴吉春 等,2009;程国栋,1984)。

考虑到祁连山地区多年冻土分布与经度的相关性,制作了研究区域的经度数据,数据格式为栅格格式,采用地理投影及 0.001° 的空间分辨率,与其他数据保持一致,如图 9-6 所示。

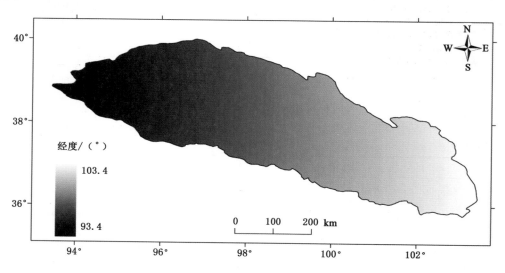

图 9-6　祁连山地区的经度数据

基于图9-6中的经度数据,可以获知研究区域内任一位置处的经度值,从而为经度作为多年冻土分布模拟的一个要素提供数据基础。

5. 纬度数据

除了经度外,纬度是控制多年冻土分布的另一个位置要素,与多年冻土分布具有密切关系。程国栋(1984)关于青藏高原多年冻土分布下界的模拟模型中,纬度就是一个重要的要素。纬度控制了太阳辐射在不同地方的强度,从而控制了地球上的热量分布,因此纬度与海拔高度一起,控制了高海拔多年冻土的分布。

参考经度数据的生成方式,利用ArcGIS软件,生成了研究区域的纬度数据。纬度数据的空间分辨率、投影等与经度数据一致,如图9-7所示。

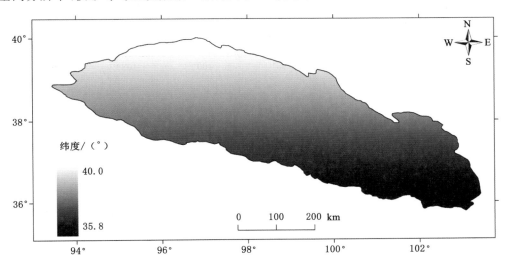

图 9-7　祁连山地区的纬度数据

图9-7所示是祁连山地区的纬度数据,从纬度数据可以获知研究区域任一点的纬度值,从而使纬度成为参与模型模拟的一个要素。

(二) 气候数据

高山冻土的分布对气候变化极为敏感。因此,气候是对冻土有重要影响的要素。气候变化不仅影响冻土的分布,也影响到冻土的厚度和埋藏深度(杨小利 等,2008)。由于地形数据在短期内基本没有变化,因此,利用地形和气候要素进行模型模拟,而通过气候数据的变化来模拟多年冻土分布的变化。

在本研究中,气候数据的获取主要是基于祁连山及其周围的气象站点数据通过模拟计算获得的。气象站点分布如图9-8所示。

在图9-8中共有27个气象站点,气象站点数据是本次气候数据获取的基础。通过对不同气候要素进行分析,提取出多年平均气温(mean annual air temperature,MAAT)、多年平均降水(mean annual precipitation,MAP)和多年平均日照时数(mean annual sunshine hours,MASH)这3个要素。这3个气候要素与多年冻土分布关系极为密切,在站点数据基础上,通过模拟、插值,获取过去50年每个年代不同气候要素的多年平均数据,从而为研究祁连山冻土过去50年每个年代的变化奠定基础。

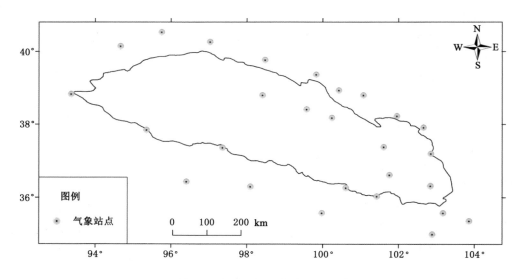

图 9-8　祁连山地区气象站点分布

不同气候要素的获取途径及结果如下：

（1）多年平均气温（MAAT）数据。气温作为热状况的重要指标，是冻土发育的重要因素（杨针娘 等，1993）。高山冻土存在的重要原因就是随着海拔升高，气温降低，高寒气候是多年冻土存在和发育的重要条件（吴吉春 等，2007）。因此，多年平均气温成为气候数据的一个重要要素。

在本研究区，据研究，海拔高度每升高 1 000 m，气温下降 5.5 ℃（郭鹏飞，1983）。按照这种对应关系，首先计算各气象站点在海平面处的海拔高度；然后对各气象站点在海平面处的温度进行空间插值，得到整个研究区域在海平面处的气温值；最后利用 SRTM3 DEM数据，得到研究区域在实际高度处的平均气温数据，即研究区域的实际气温数据。

由于原始站点的气温数据统计时段为 1960—2009 年，因此可以计算在过去 50 年中每个年代的多年平均气温数据，结果如图 9-9 所示。

对图 9-9 中各个年代的多年平均气温数据进行数值统计，结果如表 9-2 所示。

表 9-2　祁连山过去 50 年每个年代 MAAT 数据的统计值

统计值 ＼ 年代	1960s	1970s	1980s	1990s	2000s
最大值 /℃	9.003	8.868	8.933	9.364	9.857
最小值/℃	−15.504	−15.301	−15.032	−14.501	−14.079
平均值/℃	−2.863	−2.756	−2.504	−2.022	−1.588
标准偏差/℃	3.906	3.798	3.845	3.819	3.795

从图 9-9 及表 9-2 可以看出：在过去的 50 年间，1960s 多年平均气温数据范围为−15.5～9.0 ℃，平均值为−2.9 ℃；1970s 数据范围为−15.3～8.9 ℃，平均值为−2.8 ℃；1980s 数据范围为−15.0～8.9 ℃，平均值为−2.5 ℃；1990s 数据范围为−14.5～9.4 ℃，平均值为

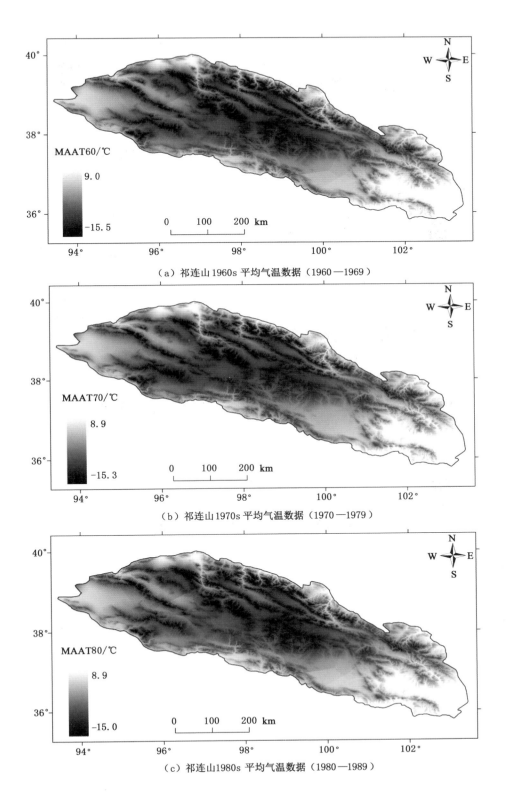

（a）祁连山1960s平均气温数据（1960—1969）

（b）祁连山1970s平均气温数据（1970—1979）

（c）祁连山1980s平均气温数据（1980—1989）

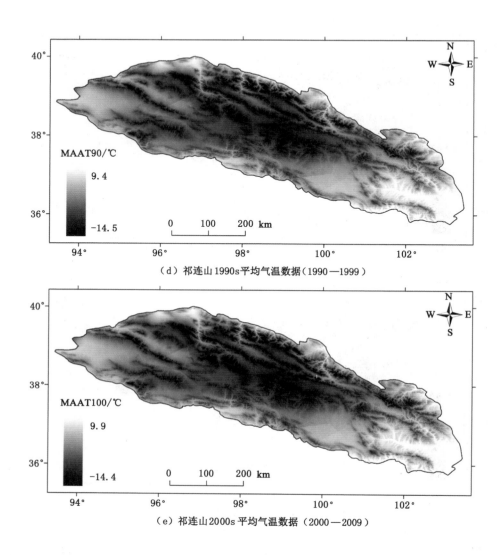

（d）祁连山1990s平均气温数据（1990—1999）

（e）祁连山2000s平均气温数据（2000—2009）

图 9-9　祁连山过去 50 年不同年代的多年平均气温数据

－2.0 ℃；2000s 数据范围为－14.1～9.9 ℃，平均值为－1.6 ℃。因此，在过去 50 年间，多年平均气温持续上升，这与全球升温的气候变化趋势一致；从 1980s 到 1990s 期间和从 1990s 到 2000s 气温升高很快，从 1970s 到 1980s 期间次之，从 1960s 到 1970s 气温上升最少。

　　（2）多年平均降水（MAP）数据。祁连山多年冻土属中纬度高山极大陆型多年冻土，其分布和发育程度严格地受水分条件制约。因此，祁连山西段多年冻土的下界比东段高 700～800 m，其主要原因就是由于降水差异造成的（王绍令，1992）。考虑到降水对多年冻土分布的显著影响作用，我们基于气象站点采集的降水数据，利用地形等数据，建立相关关系模型，获得了祁连山地区过去 50 年每个年代的多年平均降水数据。

　　由于祁连山脉气象站点分布较为稀疏，直接利用气象站点数据进行插值难免质量较差,因此,试图建立降水分布与地形要素的相关关系,利用地形数据计算不同年代的多年平均降水数据。经过分析认为,在研究区,与降水分布较密切的地形要素为海拔高度、经度和纬度数据,建立的降水与地形要素的相关关系公式为:

$$[MAP] = A \times [SRTM3] + B \times [longitude] + C \times [latitude] + V \qquad (9-1)$$

式中,$[MAP]$ 为多年平均降水数据;$[SRTM3]$ 为海拔高度数据;$[longitude]$ 为经度数据;$[latitude]$ 为纬度数据;A、B、C 是系数;V 是常数项。

通过过去 50 年每个年代的气象站点观测数据,模拟不同年代的多项式系数及常数项,然后利用式(9-1)计算不同年代的多年平均降水数据。不同年代的模拟结果如表 9-3 所示。

表 9-3　祁连山地区过去 50 年每个年代平均降水数据的模拟结果 *

年代＼模拟结果	A	SC(A)	B	SC(B)	C	SC(C)	V	R
1960s	0.069	0.290	42.698	0.706	−16.342	−0.151	−3 556.500	0.868
1970s	0.068	0.292	43.130	0.724	−12.801	−0.120	−3 719.984	0.861
1980s	0.107	0.467	44.491	0.762	0.258	0.002	−4 439.599	0.876
1990s	0.082	0.367	43.571	0.766	−5.820	−0.057	−4 066.790	0.879
2000s	0.105	0.457	44.345	0.757	−1.796	−0.017	−4 331.638	0.882

说明:* SC:standardized coefficient,标准化系数。

从表 9-3 可以看出:模型模拟的相关系数均在 0.86 以上,因此降水与地形要素具有显著的相关性,这保证了模型模拟的精度;在 3 个地形要素中,经度的重要性最大,其次为海拔高度,纬度的重要性最低,这和直观理解的关系基本一致。

首先利用式(9-1)的模拟模型和表 9-3 中各个年代的模拟结果,通过海拔高度数据、经度数据和纬度数据计算出降水数据的模拟结果;然后计算出各气象站点处观测值和模拟值的差,并对气象站点处降水量的差值进行空间插值,获取研究区域的差值;将模拟结果和插值相加,得到整个研究区域的多年平均降水结果,如图 9-10 所示。

在图 9-10 中,数值均为多年平均的年降水量,单位是毫米(mm)。对图 9-10 中的多年平均降水数据进行数值统计,结果如表 9-4 所示。

表 9-4　祁连山地区过去 50 年每个年代 MAP 数据的统计值

统计值＼年代	1960s	1970s	1980s	1990s	2000s
最大值/mm	601.363	640.711	757.038	661.089	735.540
最小值/mm	19.656	25.857	21.088	19.813	23.395
平均值/mm	294.760	307.171	355.119	317.523	365.801
标准偏差/mm	116.179	113.683	118.274	115.302	116.837

从图 9-10 及表 9-4 可以看出:多年平均降水没有随着时间变化而有明显规律性的变化,降水是否在增多,还需要更多的数据支持。2000s 和 1980s 多年平均降水最大,1960s 和

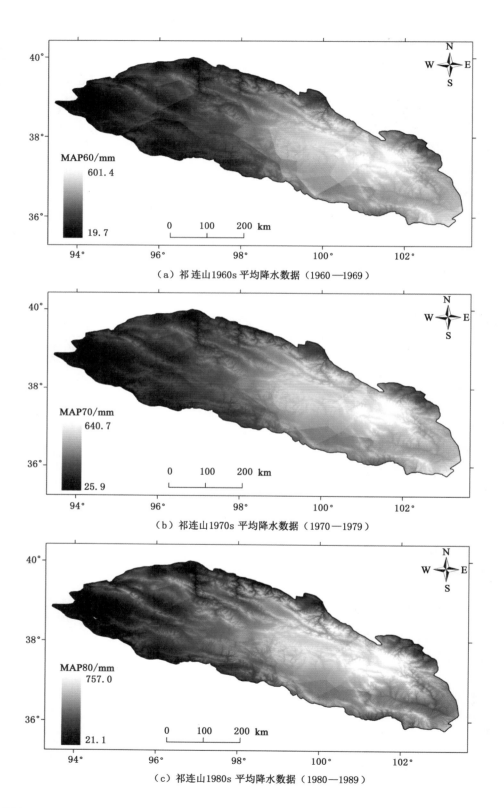

（a）祁连山1960s平均降水数据（1960—1969）

（b）祁连山1970s平均降水数据（1970—1979）

（c）祁连山1980s平均降水数据（1980—1989）

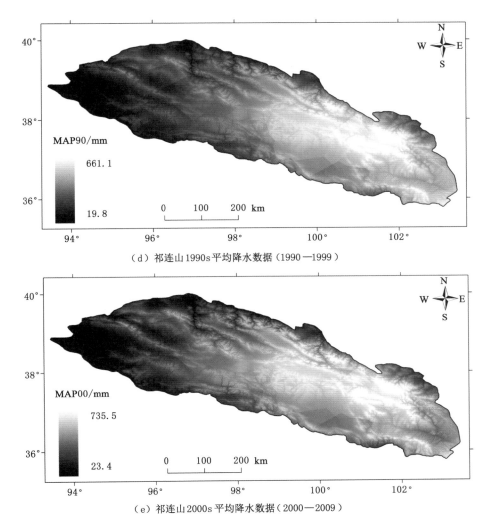

（d）祁连山1990s平均降水数据（1990—1999）

（e）祁连山2000s平均降水数据（2000—2009）

图 9-10　祁连山地区过去 50 年每个年代的平均降水数据

1970s 多年平均降水则最小。在空间分布上，多年平均降水从东向西减少，这与长期以来的认识基本一致。

（3）多年平均日照时数数据（MASH）。日照时数与地形和天气情况有密切关系，对太阳辐射能量有直接影响，因此对多年冻土的分布也有一定影响（郭鹏飞，1983）。在这里，选择多年平均日照时数数据作为多年冻土分布模拟的气候要素之一。

考虑到直接用气象站点观测的日照时数数据进行空间插值精度可能较差，因为研究区域气象站点数量太少。因此利用研究区域的地形数据，建立日照时数与地形要素之间的相关关系模型，通过模型计算祁连山地区的日照时数数据。祁连山地区多年平均日照时数与地形要素直接的关系模型为：

$$[\text{MASH}] = A \times [\text{SRTM3}] + B \times [\text{longitude}] + C \times [\text{latitude}] + \\ D \times [\text{slope}] + E \times [\text{aspect}] + V \tag{9-2}$$

式中,[MASH]为多年平均日照时数数据;[SRTM3]为海拔高度数据;[longitude]为经度数据;[latitude]为纬度数据;[slope]为坡度数据;[aspect]为坡向分级数据;A、B、C、D、E为系数;V为常数项。

通过气象站点在过去 50 年每个年代的平均日照时数观测数据,获取模拟模型 9-2 中系数及常数项的值,从而利用式(9-2)计算出不同年代祁连山地区的多年平均日照时数数据。模型模拟式(9-2)在每个年代的模拟结果如表 9-5 所示。

表 9-5　祁连山地区过去 50 年每个年代多年平均日照时数数据的模拟结果 *

模拟结果 ＼ 年代	1960s	1970s	1980s	1990s	2000s
A	0.000	0.000	0.000	0.000	0.000
$SC(A)$	−0.136	−0.099	−0.040	−0.113	−0.139
B	−0.215	−0.208	−0.205	−0.179	−0.174
$SC(B)$	−0.748	−0.727	−0.682	−0.618	−0.627
C	0.045	0.066	0.143	0.139	0.151
$SC(C)$	0.087	0.128	0.266	0.267	0.305
D	−0.083	−0.036	−0.033	0.010	0.014
$SC(D)$	−0.158	−0.069	−0.061	0.018	0.028
E	0.007	−0.091	−0.094	−0.109	−0.068
$SC(E)$	0.007	−0.092	−0.091	−0.109	−0.072
V	28.250	26.884	23.355	21.236	20.002
R	0.894	0.852	0.899	0.818	0.859

说明: * SC:standardized coefficient,标准化系数。

从表 9-5 可以看出:① 在所有的地形要素中,与多年平均日照时数关系最密切的是经度,其标准化系数的绝对值均在 0.6 以上,这是由于经度与降水有密切关系,从而对多年平均日照时数有重要影响;其次为纬度,这是由于纬度反映了太阳辐射的规律,即纬度性特征;其他地形要素主要代表了局部或区域性特征,因此重要性较低。② 每个年代的相关系数均在 0.8 以上,除了 1990s,其他年代则在 0.85 以上,因此,多年平均日照时数与地形要素有显著的相关关系,采用此模拟方法可以较好地反映实验区的多年平均日照情况。

利用模型模拟公式(9-2)及表 9-5 中的模拟结果,首先利用地形数据计算祁连山地区的模拟值,然后计算气象站点位置处观察值与模拟值的差值,对差值进行空间插值,最后将模拟值与差值的空间结果相加,得到研究区域过去 50 年每个年代的多年平均日照时数结果,如图 9-11 所示(由于每天日照时数数字较小,为了保持精度,在实际计算时,采用 5 位小数)。

在图 9-11 中,多年平均日照时数数据的单位是小时(hours,h),它主要指一天的日照时间。对图 9-11 中不同年代实验区域的多年平均日照数据进行统计,结果如表 9-6 所示。

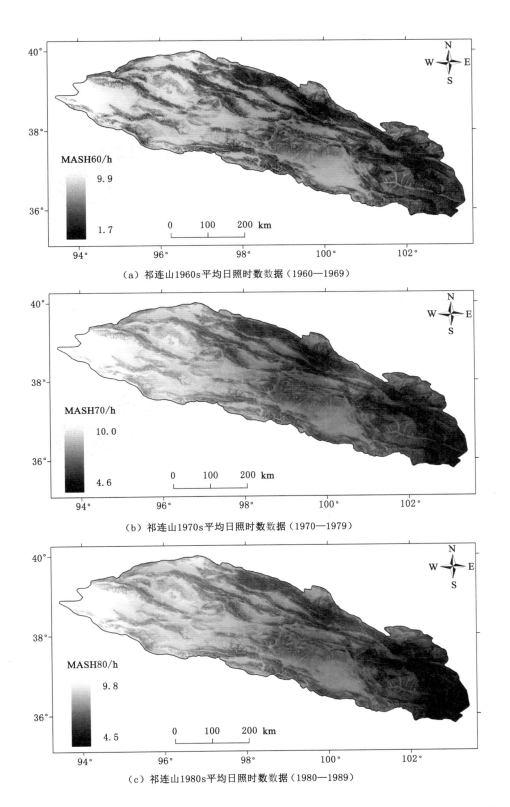

（a）祁连山1960s平均日照时数数据（1960—1969）

（b）祁连山1970s平均日照时数数据（1970—1979）

（c）祁连山1980s平均日照时数数据（1980—1989）

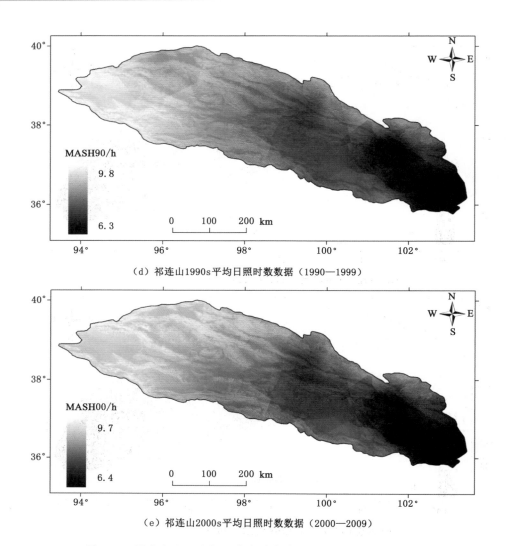

（d）祁连山1990s平均日照时数数据（1990—1999）

（e）祁连山2000s平均日照时数数据（2000—2009）

图 9-11　祁连山地区过去 50 年每个年代的多年平均日照时数数据

表 9-6　祁连山过去 50 年每个年代 MASH 数据的统计值

统计值 ＼ 年代	1960s	1970s	1980s	1990s	2000s
最大值/h	9.949	9.969	9.804	9.846	9.684
最小值/h	1.690	4.640	4.526	6.288	6.394
平均值/h	7.322	7.762	7.692	8.222	8.134
标准偏差/h	1.133	0.774	0.770	0.655	0.649

　　从图 9-11 及表 9-6 可以看出：从 1960s 到 2000s，多年平均日照时数基本呈上升趋势，其中在 1990s 多年平均日照时数数据最大，在 1960s 最小。在空间分布上，多年平均日照时数在西部较大，东部较小；多年平均日照时数数据模拟结果基本符合降水规律。东部气候

较湿润,属半干旱区,多年平均日照时数较小;西部气候干燥,属干旱区,多年平均日照时数则较大。

三、模型描述及模拟方法

在本部分,首先对本次研究所用的模型及其演化历史进行了描述,然后介绍了利用本次模型进行模拟的方法及具体实现过程。

（一）模拟模型描述

自 20 世纪 70 年代以来,冬季积雪基温(Basal Temperature of the Snow Cover,BTS)模型在高山冻土分布模拟中长期占主导地位。BTS 模型的模拟基于两个假设:(1)冬季 0.8 m 到 1 m 厚度以下的雪中 BTS 基本保持不变;(2)BTS 值由地下的热通量决定,因此是反映地下热量状况的重要指标。根据 BTS 值的不同,对冻土的分布进行分类,如分为"冻土存在区域""冻土可能存在区域""冻土不存在区域"等(Gardaz,1997;Catherine Stocker-Mittaz et al.,2002;Ishikawa and Hirakawa,2000)。

虽然 BTS 观测值是反映多年冻土分布的重要气候指标,而且根据观测值的大小,还可以将冻土分布分成不同的类型,因此出现了很多对 BTS 进行模拟的公式。但由于 BTS 模型在观测值空间分布、气候和操作上的局限性,如对观测站点位置的限制、块金效应等(Brenning et al.,2005),逻辑回归(Logistic Regression,LR)模型在近些年被提了出来(Lewkowicz et al.,2004;Etzelmüller et al.,2006;Li et al.,2009)。逻辑回归模型为:

$$\ln[p/(1-p)] = A + Bx + Cy + \cdots \tag{9-3}$$

式中,p 为冻土存在的概率;A 为回归常数;B、C 为回归系数;x、y 为自变量。

逻辑回归模型是线性回归模型的非线性转换,它描述一个 S 型的分布函数。冻土存在的概率在 0 到 1 之间,可以由以下公式获得:

$$p = 1/[1 + e-(A + Bx + Cy\cdots)] \tag{9-4}$$

式中各项的含义与式(9-3)相同。利用式(9-4)可以计算冻土分布的概率。

与 BTS 模型通过 BTS 测量值的差别只能划分出冻土分布类型相比,逻辑回归模型则可以计算任一位置处冻土分布的概率,且逻辑回归模型对自变量的数目、类型和分布特征等都没有限制。自变量无论是连续或分类的数值,还是具有标准或非标准分布都适用。

由于 LR 模型相比 BTS 模型具有较大的优越性,在本次研究中,采用 LR 模型对祁连山高山冻土的分布变化进行模拟。

（二）模拟方法

基于 LR 模型和祁连山多年冻土的分布特征,本研究主要采用地形和气候两方面的要素,构建地形-气候的逻辑回归模型。地形要素包括海拔高度、坡度、坡向、经度和纬度,气候要素包括气温数据、降水数据和日照时数数据。

在模拟中,首先以已知某一时期的祁连山多年冻土分布结果和不同要素的数值为基础,计算 LR 模型中系数和回归常数的值。然后根据气候要素在不同年代的变化,模拟祁连山多年冻土分布的变化情况。

经过对比,施雅风、米德生于 1988 年编制的《中国冰雪冻土图(1:400 万)》在祁连山地区关于多年冻土分布具有较高的精度,以此为基础,在祁连山地区按照 0.1°为间隔进行采点,通过采样点计算 LR 模型中系数和回归常数的值,从而实现模拟。《中国冰雪冻土图

（1：400万）》中祁连山地区多年冻土分布及采样点分布情况如图 9-12 所示。

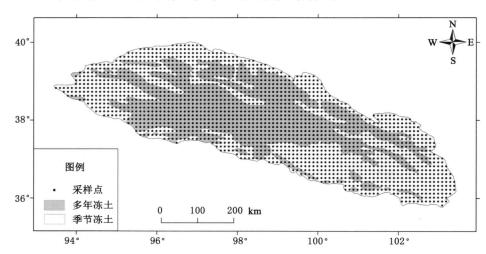

图 9-12　祁连山地区多年冻土及采样点分布

在图 9-12 中，共有 1 991 个采样点，按照 0.1°为间隔均匀地分布在祁连山地区。多年冻土主要分布在祁连山上部的高海拔地区，其他即为季节冻土。由于祁连山地区冰川面积约为 $0.197×10^4 km^2$（中国科学院青藏高原综合科学考察队，1986），而多年冻土面积则约为 $10×10^4 km^2$（祝有海 等，2009）；考虑到冰川与多年冻土形成的地形和气候条件接近，因此在本研究中忽略冰川部分，认为多年冻土下界以上部均为多年冻土区域，其他区域则为季节冻土区域。

根据逻辑回归模型，在本次研究中选择地形因素为海拔、坡度、坡向、经度和纬度 5 个要素；气候要素为多年平均气温、多年平均降水和多年平均日照时数 3 个要素。《中国冰雪冻土图（1：400 万）》虽然编制于 1988 年，但初稿形成于 20 世纪 80 年代初期，观测数据则多来自 20 世纪 70 年代。因此，在计算 LR 模型的回归系数和回归常数时，气候要素采用 70 年代的多年平均气候数据。

假定多年冻土区内的采样点，其多年冻土的存在概率为 0.999；季节冻土区内的采样点，其多年冻土的存在概率为 0.001。按照此概率值，并基于采样点内各地形和气候要素的值，获取祁连山地区多年冻土分布模拟的地形-气候要素的逻辑回归模型。经过计算，相关系数为 0.681，常数项为 $-39.518\ 9$；从相关系数可以看出，多年冻土分布概率与地形和气候要素有比较显著的相关性，可以利用地形和气候要素对多年冻土的分布概率进行模拟。各地形和气候要素的模拟结果如表 9-7 所示。

表 9-7　LR 模型中地形和气候要素的模拟结果

模拟值 \ 要素	海拔	坡度	坡向	经度	纬度	气温	降水	日照
回归系数	0.005 80	−0.096 73	−0.345 47	0.140 91	0.436 90	−0.287 09	0.002 01	−1.465 85
归一化值	0.557	−0.146	−0.052	0.050	0.061	−0.158	0.033	−0.161

从表 9-7 可以看出：海拔高度是对多年冻土分布影响最大的地形要素，而且是正相关，归一化值为 0.557，说明随着海拔升高，冻土分布从季节冻土变为多年冻土；对于其他地形要素，坡度和坡向是负相关，经度和纬度则是正相关，随着经纬度增加，多年冻土分布的概率也增大。对于气候要素，日照和气温是负相关，降水是正相关，说明随着日照减少，气温降低和降水增加，多年冻土的分布概率增大。地形和气候要素与多年冻土分布概率的关系和直观认识完全一致，说明此模拟模型基本反映了多年冻土分布概率与地形和气候要素之间的对应关系。

基于表 9-7 模拟结果和式（9-4），LR 模型为：

$$p = 1/\left[1 + e^{-(-39.519 + 0.006 \times h - 0.097 \times s - 0.345 \times a + 0.141 \times l + 0.437 \times b - 0.287 \times t + 0.002 \times r - 1.466 \times sh)}\right] \tag{9-5}$$

式中，p 为冻土分布概率；h 为海拔；s 为坡度；a 为坡向；l 为经度；b 为纬度；t 为气温；r 为降水；sh 为日照数。

以获取的 LR 模型为基础，不仅可以计算出祁连山 1970s 多年冻土的分布概率，还可以基于气候要素在不同年代的变化，计算出祁连山在过去 50 年各个年代的多年冻土的分布概率（地形要素在 50 年及更长时间都可以认为保持不变），从而获取过去 50 年多年冻土分布的变化规律。

四、模拟结果及分析

本部分包括三方面内容：首先根据 LR 模型，获取祁连山多年冻土分布的模拟结果；然后对多年冻土分布的模拟结果的质量进行评价；最后对祁连山多年冻土分布的结果进行分析。

（一）祁连山多年冻土分布的模拟结果

以 LR 模型式（9-5）为基础，按照通过《中国冰雪冻土图（1：400 万）》获取的 LR 模型中各项的参数，根据气候要素在不同年代的值，获取祁连山多年冻土的分布概率，结果如图 9-13 所示。

从图 9-13 可以看出：每个年代的多年冻土分布概率，值域均在 0 到 1 之间。对多年冻土分布概率的模拟结果进行数理统计，结果如表 9-8 所示。

表 9-8　祁连山地区每个年代多年冻土分布概率的数理统计

年代 统计值	1960s	1970s	1980s	1990s	2000s
平均值	0.550	0.506	0.516	0.441	0.448
标准偏差	0.426	0.424	0.423	0.416	0.417

从表 9-8 可以看出：在过去 50 年间，多年冻土分布概率的平均值，在 1960s 最大，1990s 最小；整体上说，从 1960s 到 2000s，多年冻土分布概率的平均值基本处于下降趋势。从多年冻土分布概率的平均值可以看出，多年冻土在过去 50 年间基本处于退化趋势。

按照多年冻土的分布概率，取概率值大于或等于 0.5 的区域为多年冻土分布区域，概率值小于 0.5 的区域为季节冻土分布区域，得到祁连山地区过去 50 年的多年冻土分布的模拟结果，如图 9-14 所示。

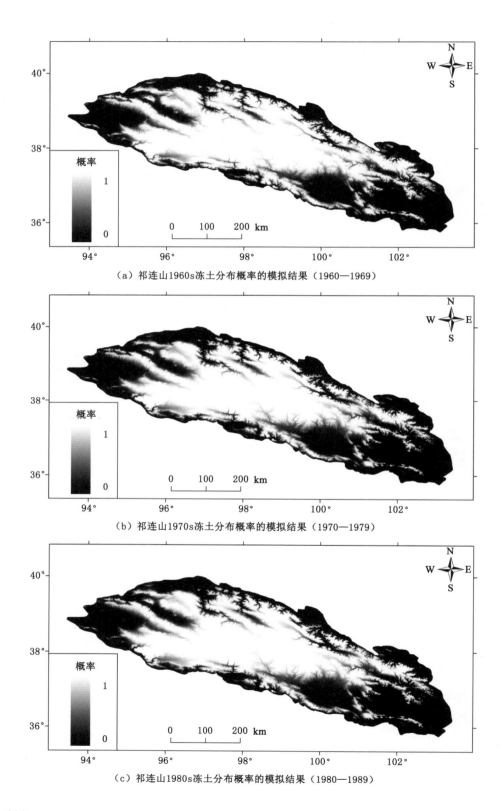

（a）祁连山1960s冻土分布概率的模拟结果（1960—1969）

（b）祁连山1970s冻土分布概率的模拟结果（1970—1979）

（c）祁连山1980s冻土分布概率的模拟结果（1980—1989）

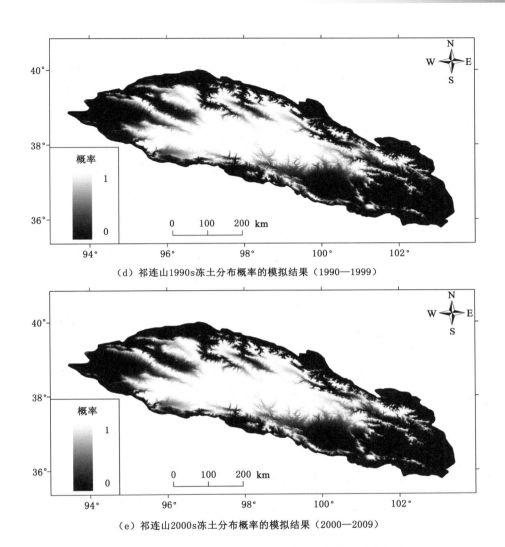

（d）祁连山1990s冻土分布概率的模拟结果（1990—1999）

（e）祁连山2000s冻土分布概率的模拟结果（2000—2009）

图 9-13　祁连山过去 50 年每个年代的多年冻土分布概率

对图 9-14 中多年冻土分布的面积进行统计,结果如表 9-9 所示。

表 9-9　祁连山地区过去 50 年每个年代多年冻土的分布面积(1960—2009)

年代	1960s	1970s	1980s	1990s	2000s
面积/($\times 10^4$ km^2)	10.749	9.847	10.044	8.533	8.686

从图 9-14 及表 9-9 可以看出:从 1960s 到 2000s,多年冻土的分布面积整体呈下降趋势,从 1960s 的 10.749×10^4 km^2,下降到 2000s 的 8.686×10^4 km^2,下降比率约为 20%;多年冻土退化区域主要发生在多年冻土分布的边缘地区。

（二）祁连山多年冻土分布模拟结果的质量评价

从多年冻土分布的面积上来说,周幼吾等(1982)根据 1975 年编制的《中国冻土分布图》

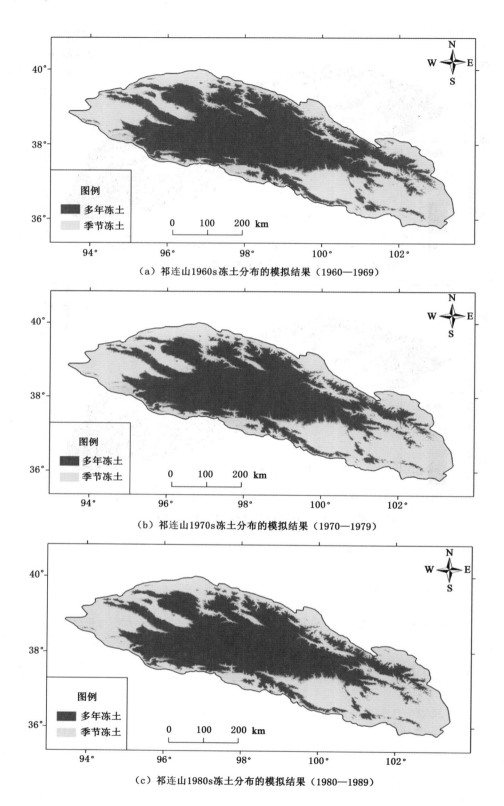

（a）祁连山1960s冻土分布的模拟结果（1960—1969）

（b）祁连山1970s冻土分布的模拟结果（1970—1979）

（c）祁连山1980s冻土分布的模拟结果（1980—1989）

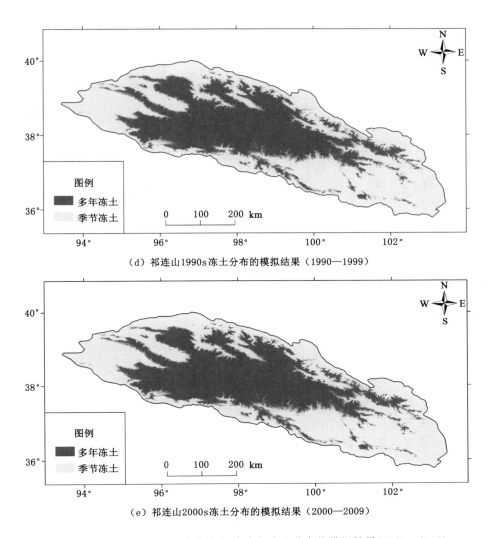

（d）祁连山1990s冻土分布的模拟结果（1990—1999）

（e）祁连山2000s冻土分布的模拟结果（2000—2009）

图9-14　祁连山过去50年每个年代多年冻土分布的模拟结果（1960—2009）

进行统计认为,祁连山多年冻土的分布面积为13.6×10^4 km^2;施雅风、米德生1988年编制的《中国冰雪冻土图（1∶400万）》中祁连山多年冻土分布面积的统计结果则为9.5×10^4 km^2;王绍令（1997）按照《青藏高原冻土图（1∶300万）》进行统计认为,祁连山多年冻土的分布面积为7.6×10^4 km^2。由于成图时间、统计方法、比例尺的差异等因素,统计结果出现差异在所难免。总体上看,地图上统计的结果与本次模拟的结果在祁连山多年冻土的面积上基本一致。

对不同方法生成的祁连山多年冻土分布结果进行分析,认为由施雅风、米德生于1988年编制的《中国冰雪冻土图（1∶400万）》具有较高的精度,而且其恰好位于过去50年的中间段,在本次研究中,正是以此为基础建立LR模型的。因此,对祁连山多年冻土分布模拟结果的质量评价,主要基于《中国冰雪冻土图（1∶400万）》进行。

《中国冰雪冻土图（1∶400万）》于1988年出版,但其数据主要采集于1970s,在本次模拟中,LR 模型的建立也是基于 1970s 的气候要素和地形要素。因此,主要对 1970s 的模拟结果与《中国冰雪冻土图(1:400 万)》中的多年冻土分布结果进行对比,结果如图 9-15 所示。

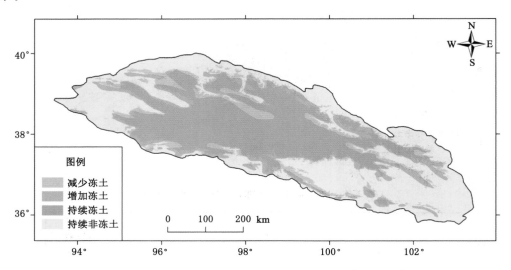

图 9-15　祁连山多年冻土分布的模拟与地图结果对比

在图 9-15 中,"减少冻土"指模拟结果中为冻土,而在地图中为非冻土的区域;"增加冻土"指模拟结果中为非冻土,而在地图中为冻土的区域;"持续冻土"指模拟与地图结果中均为冻土的区域;"持续非冻土"指模拟与地图结果中均为非冻土的区域。对图 9-15 中不同冻土分布类型的面积进行统计,结果如表 9-10 所示。

表 9-10　祁连山冻土分布模拟与地图两种结果之间不同类型的面积变化

类型	减少冻土	增加冻土	持续冻土	持续非冻土
面积/($\times 10^4$ km^2)	1.871	1.342	7.976	8.269

从图 9-15 及表 9-10 可以看出:模拟冻土总面积为 9.847×10^4 km^2,地图中冻土总面积为 9.318×10^4 km^2,冻土总面积误差约为 0.529×10^4 km^2,约占冻土总面积的约 5%。其中"减少冻土"面积为 1.871×10^4 km^2,主要分布在冻土下界边缘,特别是西北部河谷中,约占冻土总面积的约 1/5;"增加冻土"面积为 1.342×10^4 km^2,也分布在冻土下界边缘,特别是祁连山东部地带。从面积上分析,逻辑回归模型的精度在 80% 以上,如果考虑到地图制图时的地图综合等作用,精度有可能会更高。

另外,对 1 991 个模拟点进行统计,结果表明:地图中为非冻土,模拟结果中为冻土的模拟点为 161 个,约占模拟点总数的 8%;地图中为冻土,模拟结果中为非冻土模拟点为 121 个,约占模拟点总数的 6%。两种点总数为 282 个,占模拟点总数的 14.2%。

由于本次模拟结果主要是基于模拟点进行,而且在模拟精度评价时,采样点在模拟结果中的正确率是一项重要的指标。因此综合考虑,本次模拟点的总体精度在 85% 以上。

(三)祁连山多年冻土分布模拟结果分析

对本次模拟结果的分析,主要通过对祁连山冻土分布模拟结果在相邻年代和从 1960s

到 2000s 的整个 50 年间的空间分布及面积变化进行研究分析。

1. 祁连山多年冻土分布从 1960s 到 1970s 的变化分析

基于图 9-14 中对祁连山不同年代多年冻土分布的模拟结果，计算其从 1960s 到 1970s 的空间变化状况，结果如图 9-16 所示。

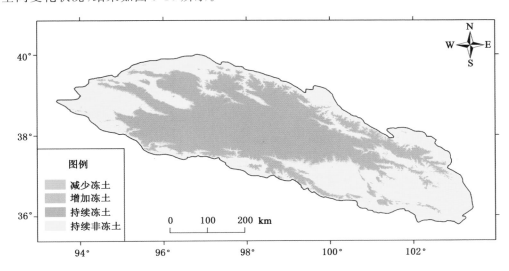

图 9-16　祁连山多年冻土分布从 1960s 到 1970s 的空间变化

在图 9-16 中："减少冻土"指在 1960s 为冻土，而在 1970s 为非冻土的区域，即冻土退化区域；"增加冻土"指在 1960s 为非冻土，而在 1970s 为冻土的区域，即冻土增加区域；"持续冻土"指在 1960s 与 1970s 均为冻土的区域，即冻土分布状况不变的区域；"持续非冻土"指在 1960s 与 1970s 均为非冻土的区域，也是冻土分布状况不变的区域。对图 9-16 中不同冻土分布类型的面积进行统计，结果如表 9-11 所示。

表 9-11　祁连山冻土分布从 1960s 到 1970s 不同类型的面积变化

类型	减少冻土	增加冻土	持续冻土	持续非冻土
面积/($\times 10^4$ km²)	0.940	0.038	9.809	8.671

从图 9-16 及表 9-11 可以看出：从 1960s 到 1970s，多年冻土分布退化严重，退化总面积达到 0.940×10^4 km²，广泛分布在冻土与非冻土的交界地带；增加冻土面积较少，为 0.038×10^4 km²，主要分布在青海湖周围及西北部冻土与非冻土交界的河谷地带；持续冻土面积为 9.809×10^4 km²，分布在祁连山中心区域；持续非冻土为 8.671×10^4 km²，分布在祁连山外围。

2. 祁连山多年冻土分布从 1970s 到 1980s 的变化分析

基于图 9-14 中对祁连山不同年代多年冻土分布的模拟结果，计算其从 1970s 到 1980s 的空间变化状况，结果如图 9-17 所示。

图 9-17 中各项图例的解释可参考图 9-16。对图 9-17 中不同冻土分布类型的面积进行统计，结果如表 9-12 所示。

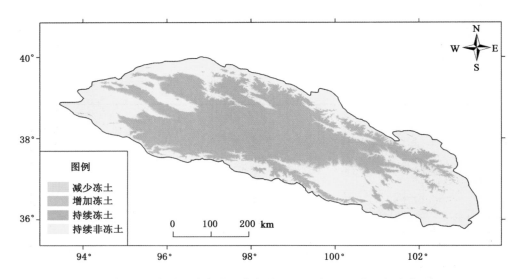

图 9-17　祁连山多年冻土分布从 1970s 到 1980s 的空间变化

表 9-12　祁连山冻土分布从 1970s 到 1980s 不同类型的面积变化

类型	减少冻土	增加冻土	持续冻土	持续非冻土
面积/($\times 10^4$ km^2)	0.055	0.252	9.792	9.359

从图 9-17 及表 9-12 可以看出:从 1970s 到 1980s,多年冻土总面积有所增加;减少冻土面积为 0.055×10^4 km^2,主要分布在祁连山北麓及青海湖西南部区域;增加冻土面积为 0.252×10^4 km^2,主要分布在祁连山东南部及西北部冻土与非冻土的交界地带。整体来说,多年冻土面积增加 0.197×10^4 km^2,多年冻土在此阶段的面积增加主要是由气候要素的变化造成的。

3. 祁连山多年冻土分布从 1980s 到 1990s 的变化分析

基于图 9-14 中对祁连山不同年代多年冻土分布的模拟结果,计算其从 1980s 到 1990s 的空间变化状况,结果如图 9-18 所示。

图 9-18 中各项图例的解释可参考图 9-16。对图 9-18 中不同冻土分布类型的面积进行统计,结果如表 9-13 所示。

表 9-13　祁连山冻土分布从 1980s 到 1990s 不同类型的面积变化

类型	减少冻土	增加冻土	持续冻土	持续非冻土
面积/($\times 10^4$ km^2)	1.511	0.000	8.533	9.414

从图 9-18 及表 9-13 可以看出:从 1980s 到 1990s,多年冻土退化严重,多年冻土面积共减少 1.511×10^4 km^2,广泛分布在祁连山多年冻土与非冻土的交界处;多年冻土增加的区域几乎没有。在 1990s,多年冻土面积减少到 8.533×10^4 km^2;从 1980s 到 1990s,多年冻土减少面积约占总面积的 15%。

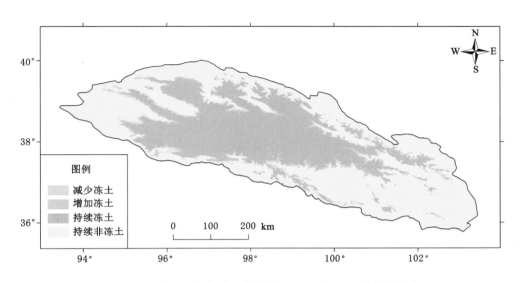

图 9-18　祁连山多年冻土分布从 1980s 到 1990s 的空间变化

4. 祁连山多年冻土分布从 1990s 到 2000s 的变化分析

基于图 9-14 中对祁连山不同年代多年冻土分布的模拟结果，计算其从 1990s 到 2000s 的空间变化状况，结果如图 9-19 所示。

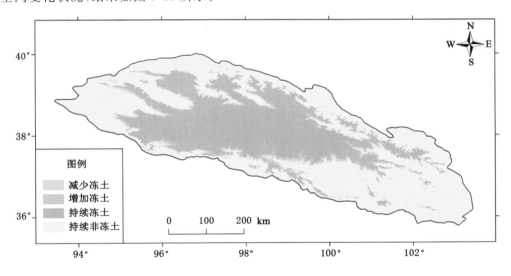

图 9-19　祁连山多年冻土分布从 1990s 到 2000s 的空间变化

图 9-19 中各项图例的解释可参考图 9-16。对图 9-19 中不同冻土分布类型的面积进行统计，结果如表 9-14 所示。

表 9-14　祁连山冻土分布从 1990s 到 2000s 不同类型的面积变化

类型	减少冻土	增加冻土	持续冻土	持续非冻土
面积/($\times 10^4$ km^2)	0.073	0.226	8.460	10.699

从图 9-19 及表 9-14 可以看出：从 1990s 到 2000s，减少冻土面积为 0.073×10^4 km²，主要分布在祁连山西北部及东南部和青海湖东部、南部边缘的多年冻土与非冻土的交界处，整体来说，冻土退化较少；增加冻土面积为 0.226×10^4 km²，广泛分布在祁连山西南部和东部以及青海湖西部、北部和东部边缘的多年冻土与非冻土的交界处。增加冻土面积大于减少冻土面积，说明从 1990s 到 2000s，冻土面积有所增加。

5. 祁连山多年冻土分布从 1960s 到 2000s 的变化分析

为了对祁连山多年冻土在过去 50 年间的变化进行整体分析，基于图 9-14 中对祁连山不同年代多年冻土分布的模拟结果，计算了其从 1960s 到 2000s 的空间变化状况，结果如图 9-20 所示。

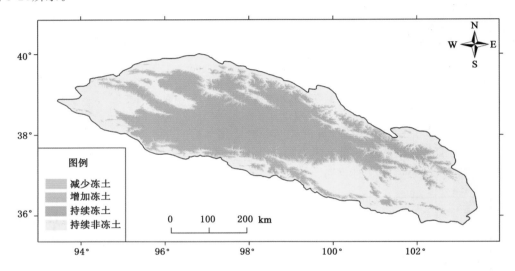

图 9-20　祁连山多年冻土分布从 1960s 到 2000s 的空间变化

图 9-20 中各项图例的解释可参考图 9-16。对图 9-20 中不同冻土分布类型的面积进行统计，结果如表 9-15 所示。

表 9-15　祁连山冻土分布从 1960s 到 2000s 不同类型的面积变化

类型	减少冻土	增加冻土	持续冻土	持续非冻土
面积/($\times 10^4$ km²)	2.087	0.024	8.662	8.685

从图 9-20 及表 9-15 可以看出：从 1960s 到 2000s 的 50 年间，减少冻土面积为 2.087×10^4 km²，约占冻土总面积的 20%，广泛分布在祁连山冻土与非冻土交界的地区。增加冻土面积为 0.024×10^4 km²，面积较小，主要分布在青海湖西北缘等冻土与非冻土的交界地区。

从 1960s 到 2000s，多年冻土分布有非常严重的退化，退化面积将近总面积的 20%。为了对退化状况有更深入的研究，除了分布面积的变化外，对这一阶段冻土退化在海拔高度等方面的变化也做了分析。

为了使分析更加合理，主要对祁连山冻土分布的主体区域海拔高度的变化情况进行分析。首先将祁连山主体区域按照 97°E、100°E 为间隔，将祁连山主体部分分为东、中、西 3 个部分，通过与 SRTM3 DEM 数据进行叠加，发现冻土分布下界的高度分布如表 9-16 所示。

表 9-16　祁连山主体部分不同区域的多年冻土分布下界

区域	整体	东部	中部	西部
1960s/m	2 967	2 967	2 973	3 253
2000s/m	3 223	3 223	3 254	3 567
(2000s−1960s)/m	256	256	281	314

从表 9-16 可以看出：从东部到中部再到西部，多年冻土分布下界逐渐升高，中部略微高于东部，而西部则远高于中部和东部；2000s 多年冻土分布下界比 1960s 约高 300 m，分布下界的差值也是在东部小，中部较大，西部最大。

基于 SRTM3 DEM 数据，计算从 1960s 到 2000s 多年冻土退化区域的海拔高度分布状况，结果如图 9-21 所示。

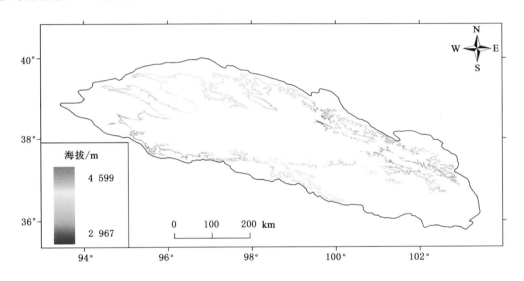

图 9-21　祁连山主体区域多年冻土 1960s 到 2000s 退化区域的海拔分布

对图 9-21 中冻土退化区域的海拔高度进行统计，平均值为 3 671.9 m，标准偏差为219.5 m。因此，对于从 1960s 到 2000s 冻土退化区域的海拔高度分布，最小值为 2 967 m，最大值为 4 599 m，退化区域主要分布在以 3 671.9 m 为中心的 200 多米范围内；从东部到西部，冻土退化区域的海拔高度逐渐升高，其中在西南部冻土退化区域的海拔高度最高。

五、讨论

（1）与其他利用逻辑回归模型和观测点数据对高山多年冻土分布进行模拟相比（Lewkowicz et al.，2004；Etzelmüller et al.，2006；Li et al.，2009），本研究利用高质量冻土分布地图和均匀分布的采样点，通过地形和气象数据对祁连山高山冻土分布变化进行了动态

监测。与传统的 LR 模型模拟相比,本研究的模拟方法具有以下优越性:

① 以冻土分布图为基础,采样点充分且均匀分布,本研究共利用采样点 1 991 个,有效克服了观测数据中对采样点的依赖和限制,从而提高模拟质量。

② 根据气象数据在时间上的变化,模拟了祁连山冻土分布在过去 50 年间每个年代的分布状况,实现了高山冻土分布的动态监测。

③ 通过冻土分布图和大量的采样点对 LR 模型的模拟精度进行了验证,比单纯利用少量的观测点进行验证,在精度验证上具有更强的说服力。

④ 模拟精度结果表明:祁连山多年冻土分布与地形和气候要素具有比较显著的相关性,模拟整体精度在 85％以上。另外,本模拟方法也有一定的局限性,主要体现在:模拟精度和质量与冻土分布地图的质量有密切关系;地图也是基于野外观测到数据的制图综合处理的结果,地图制图综合对模拟精度有一定的影响。

(2) 祁连山过去 50 年每个年代的冻土分布面积变化如图 9-22 所示。从图 9-22 可以看出:

① 从 1960s 到 2000s,祁连山多年冻土分布面积呈整体下降趋势,从 1960s 的 10.749×10^4 km^2 下降到 2000s 的 8.686$\times 10^4$ km^2,冻土面积减少 2.063$\times 10^4$ km^2,约占冻土总面积的 19.2％,冻土退化比较严重。

② 在过去的 50 年间,祁连山冻土退化主要发生在两个时期,分别为从 1960s 到 1970s 和从 1980s 到 1990s,主要表现在:从 1960s 到 1970s,多年冻土分布面积从 10.749×10^4 km^2 下降到 9.847×10^4 km^2,下降幅度达 0.902$\times 10^4$ km^2,占冻土总面积的 8.4％;从 1980s 到 1990s,多年冻土分布面积从 10.044×10^4 km^2 下降到 8.533$\times 10^4$ km^2,下降幅度达 1.511×10^4 km^2,占冻土总面积的 15.0％。在另外两个阶段,从 1970s 到 1980s 和从 1990s 到 2000s,多年冻土分布面积则有小幅增加。因此,在过去 50 年间,冻土分布面积呈整体下降趋势,但在一定时期,冻土分布面积则会有小幅上升。

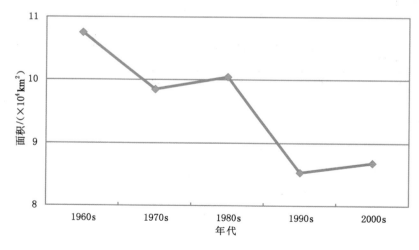

图 9-22　祁连山过去 50 年不同年代多年冻土分布面积变化

(3) 由于本模拟模型主要取决于地形和气候要素,地形要素数据不变,冻土分布的变化主要取决于气候要素的变化。在 3 个气候要素中,冻土分布与 MAAT 数据和 MASH 数据负相关,与 MAP 数据正相关,其中与 MAAT 数据和 MASH 数据的相关程度远大于与 MAP 数据的相关程度。从 1960s 到 2000s,MAAT 数据持续升高;MASH 数据在 1960s 到 1970s 和 1980s 到 1990s 期间,均有大幅升高,而在 1970s 到 1980s 和 1990s 到 2000s 期间,则有小幅下降;MAP 数据则在 1960s 到 1970s 有小幅增加,1970s 到 1980s 和 1990s 到 2000s 有大幅增加,从 1980s 到 1990s 则有大幅下降。多年冻土分布面积在不同阶段的变化由 MAAT 数据、MASH 数据和 MAP 数据共同决定,虽然 MAAT 数据持续升高,多年冻土分布面积却只在 MASH 数据大幅升高、MAP 数据小幅增加和大幅下降的 1960s 到 1970s 和 1980s 到 1990s 有显著退化,且 1980s 到 1990s 的退化程度大于 1960s 到 1970s 的退化程度;在 1970s 到 1980s 和 1990s 到 2000s,虽然 MAAT 数据持续升高,但由于 MASH 数据小幅下降、MAP 数据大幅增加,因此多年冻土分布面积没有减少,反而有小幅增加。

(4)除了分布面积,海拔高度也是冻土分布的一项重要指标。但由于本次研究的冻土变化主要在相邻年代里进行,冻土分布变化有限,而 SRTM3 DEM 数据精度不高,因此很难对多年冻土分布在相邻年代间的海拔高度变化进行定量分析。而在对从 1960s 到 2000s 共 50 年间的冻土分布变化进行分析时,则对海拔高度变化进行了简单的定量分析。

六、本节小结

本研究基于 LR 模型,通过地形和气象数据,对祁连山过去 50 年每个年代的多年冻土分布进行模拟和动态变化分析,结果如下:

(1)以多年冻土分布地图为基础,采用地形和气象数据对祁连山过去 50 年每个年代的多年冻土分布进行模拟,不仅实现了动态监测,克服了对地面观测点的依赖,同时具有较高的精度。对进行 LR 模型模拟的地形要素和气象要素进行分析发现:海拔高度与多年冻土分布正相关,它是对多年冻土分布影响最大的要素;对于其他地形要素,坡度和坡向与多年冻土分布负相关,经度和纬度则与多年冻土分布正相关,其中坡度对多年冻土分布影响较大,其他几个则相对较小;在气象要素中,降水与多年冻土分布正相关,气温和日照为负相关,气温和日照对多年冻土分布的影响大于降水。地形和气候对祁连山多年冻土分布的影响与以前的研究完全一致,说明 LR 模型较好地反映了祁连山多年冻土的分布状况。对模拟结果的精度进行分析表明:模型模拟整体精度在 85% 以上。

(2)祁连山从 1960s 到 2000s 每个年代多年冻土分布面积的模拟结果分别为:$10.749 \times 10^4 \text{ km}^2$、$9.847 \times 10^4 \text{ km}^2$、$10.044 \times 10^4$、$8.533 \times 10^4 \text{ km}^2$ 和 $8.686 \times 10^4 \text{ km}^2$。因此,在这 50 年间,冻土分布面积呈整体下降趋势,但在一定时期,冻土分布则会有小幅上升。对祁连山主体部分多年冻土分布的海拔高度进行分析表明:整体、东部、中部和西部的多年冻土分布下界在 1960s 分别为 2967 m、2 967 m、2 973 m 和 3 253 m,在 2000s 则分别为 3 223 m、3 223 m、3 254 m 和 3 567 m。因此,从 1960s 到 2000s,多年冻土分布下界明显升高,升高幅度约 300 m;祁连山从东到西,多年冻土下界也逐渐升高,西部比东部约高 300 m。对从 1960s 到 2000s 多年冻土退化区域的海拔高度进行分析认为:海拔高度最小值为 2 967 m,最大值为 4 599 m,退化区域主要分布在以海拔高度 3 671.9 m 为中心的 200 多米范围内。

(3)祁连山多年冻土分布由地形和气象数据共同决定,而由于地形数据短期内基本不变,祁连山多年冻土的分布变化主要由气象数据决定。从 1960s 到 2000s,虽然 MAAT 数据持续升高,但由于 MASH 和 MAP 数据的波动,导致多年冻土分布面积在一定时期不但不会减少,甚至还呈小幅上升。虽然全球气候变暖是总的气候发展趋势,且多年冻土分布与气温变化有密切关系,但其他气候要素如日照、降水等对多年冻土分布也有重要影响。其他气候要素的变化和波动会导致多年冻土在某些地区不一定完全持续退化,在某一时期甚至会呈现出增加趋势。因此,利用 3 个气候要素对多年冻土分布的变化进行模拟,比单纯利用温度进行模拟与实际情况更接近,也更加合理。

第二节　祁连山冻土未来分布空间建模与预测

多年冻土是对环境变化极为敏感的地表因子,了解其时空演变对于环境变化研究具有重要意义。由于多年冻土特别是山地多年冻土地处偏远(Bergstedt et al.,2018),很难全部采用野外调查法,而计算机数值建模模拟多针对多年冻土的空间分布状况进行建模和插值(Lewkowicz et al.,2011),而较少预测其随气候变化的长时间序列响应。因此,本研究拟基于地表形态数据、地表覆被数据和气候要素数据,建立地面状况和气候要素与多年冻土空间分布的逻辑回归模型;然后预测气候要素的未来分布状况,并以此获取多年冻土从 1990s 到 2040s 不同年代的空间分布状况,并分析从 1990s 到 2040s 祁连山冻土的空间分布变化特别是退化状况(Zhao et al.,2019)。

一、祁连山地区状况简介

祁连山地区位于中国西南的青藏高原西北部,柴达木盆地和甘肃河西走廊之间,如图 9-23 所示。从图 9-23 可以看出:祁连山是由一系列北西-南东走向的山脉和宽阔峡谷组成。

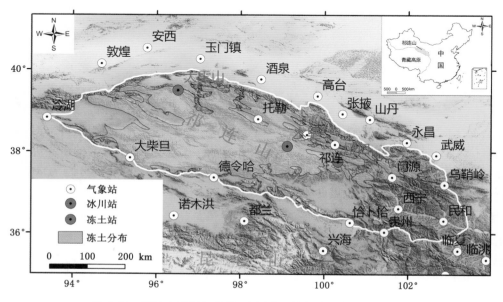

图 9-23　祁连山地区气象站、冰川冻土站与多年冻土分布状况

祁连山地区多数区域海拔高度超过 4 000 m,高峻的海拔产生了高山冻土,这属于青藏高原冻土区的祁连山-阿尔金山冻土亚区。主要受海拔高度和纬度影响,祁连山较低的气温是影响高山冻土分布的主要气候因素。随着全球变暖加剧,气温升高将毫无疑问地导致祁连山地区高山冻土的退化。

二、主要数据源

本研究中所用的主要数据源包括祁连山冻土分布基准地图数据,地形数据,地表覆被数据和多年平均气温(Mean Decadal Air Temperature,MDAT)数据。

(一)冻土分布基准地图数据

本研究中祁连山冻土分布的基准地图数据选择李树德和程国栋制作的青藏高原冻土图(1∶300 万)。基于航空和卫星影像,基准地图是在参考了多种观测数据和相关文献资料后制成的。所使用的文献资料包括童伯良等人制作的青藏公路沿线多年冻土图(1∶60万)、祁连山地貌图(1∶100 万)(中国科学院地理研究所,1987)和施雅风等编制的中国冰雪冻土图(1∶400 万)等。

通过对基准图进行修改和处理,祁连山地区高山冻土的空间分布状况如图 9-23 所示。图 9-23 主要呈现祁连山多年冻土在 1990s 的空间分布状况。

(二)地形数据

地形数据包括海拔高度、坡度、坡向的正弦和余弦等要素。这些要素在第四章第二节中已经进行了阐述,这里省略。

(三)地表覆被数据

地表覆被数据主要用来表达地表的分布状况。本研究中主要利用归一化植被指数(Normalized Difference Vegetation Index,NDVI)来表达地表覆被状况,它通过对遥感影像不同波段间的数值进行计算(Song et al.,2018)。NDVI 的计算结果在 −1 到 1 之间,负值代表区域的地表覆被为云、水或雪等;0 表示岩石或裸露的土壤;正值代表地表被植被覆盖,数值越大表示植被覆盖度越大。

本研究中的 NDVI 数据来自 1995 年 8 月份的 1 km AVHRR Global Land 数据集。通过数据处理,最终的 NDVI 数据与其他栅格数据具有相同的投影和空间分辨率,数值范围在 −0.99 到 0.80 之间,代表了祁连山地区地表覆被的差异状况。

(四)MDAT 数据

MDAT 数据源自祁连山及其周围的 27 个气象站的观测数据,这 27 个气象站的空间分布如图 9-23 所示。利用观测数据,27 个气象站从 1960s 到 2000s 间每个年代的 MDAT 数据可以计算出来。对于每个气象站,利用不同的回归模型对不同年代的 MDAT 数据进行曲线拟合,如线性回归、多项式回归、复合回归、增长回归、立方回归、S 回归、指数回归、加权回归和逻辑回归等方法。通过评价不同模型的 Sig.和 R^2,进而确定最佳的回归模型。总体来说,每个气象站最终确定的模型 Sig.小于 0.05 同时 R^2 大于 0.8,从而保证预测数据的可信度,并以此获得每个气象站点从 2010s 到 2040s 每个年代的 MDAT 数据。

基于气象站 1990s 到 2040s 每个年代的 MDAT 数据,按照 F 概率 0.05 构建了基于MDAT 数据、地形数据和位置数据(经纬度要素)的线性回归模型,如表 9-17 所示。

表 9-17　从 1 990s 到 2 040s 不同年代的线性回归模型

年代	线性回归模型	R^2
1990s	MDAT90＝111.624－5.647 × [elevation]/1 000－1.301 6 ×[latitude]－0.446 0 × [longitude]	0.948
2000s	MDAT00＝114.902－5.716 × [elevation]/1 000－1.318 0 × [latitude]－0.466 9 × [longitude]	0.949
2010s	MDAT10＝114.930－5.612 × [elevation]/1 000－1.310 9 × [latitude]－0.470 2 × [longitude]	0.937
2020s	MDAT20＝115.390－5.572 × [elevation]/1 000－1.305 3 × [latitude]－0.474 4 × [longitude]	0.928
2030s	MDAT30＝115.867－5.529 × [elevation]/1 000－1.300 3 × [latitude]－0.478 5 × [longitude]	0.917
2040s	MDAT40＝ 116.305－5.481 × [elevation]/1 000－1.295 2 × [latitude]－0.482 2 × [longitude]	0.903

从表 9-17 可以看出：MDAT 数据与海拔高度和经纬度要素具有比较紧密的联系,所有的 R^2 都在 0.90 以上,因此利用线性回归模型对祁连山地区 1990s 到 2040s 每个年代的 MDAT 数据进行模拟是可行的。

为了获得祁连山地区 1990s 到 2040s 期间每个年代的 MDAT 数据,首先建立区域的经纬度数据,通过设置与其他要素相同的投影和空间分辨率,同时每个像素的中心点即为其对应的经纬度位置。然后,利用表 9-17 中的线性回归模型模拟祁连山地区从 1990s 到 2040s 不同年代的 MDAT 数据,再将模拟数据与气象站观测数据相减,并通过合理的插值方法得到整个祁连山地区的 MDAT 残差数据。最后将残差数据与模拟数据相加,得到祁连山地区 1990s 到 2040s 之间每个年代最终的 MDAT 数据。最终的 MDAT 数据在气象站点位置与观测值保持一致,其在每个年代的空间分布如图 9-24 所示。

从图 9-24 可以看出：MDAT 数据在每个年代虽然数值范围有差异,但空间分布具有较大的相似性。对不同年代的 MDAT 数据进行数理统计,结果如表 9-18 所示。

表 9-18　从 1990s 到 2040s 不同年代 MDAT 数据的统计结果

统计值 ＼ 年代	1990s	2000s	2010s	2020s	2030s	2040s
最大值/℃	9.15	9.66	9.64	9.85	10.07	10.40
最小值/℃	－14.80	－14.62	－14.07	－13.61	－13.13	－12.63
均值/℃	－2.04	－1.69	－1.34	－0.95	－0.54	－0.12
标准偏差/℃	3.82	3.83	3.76	3.71	3.66	3.61

从图 9-24 和表 9-18 可以看出：MDAT 数据在祁连山东部的盆地和湖泊地区较低,如青海湖地区,在北部的高海拔山地气温较高。从 1990s 到 2040s,MDAT 数据持续增加,平均值约增加了 2.0 ℃。

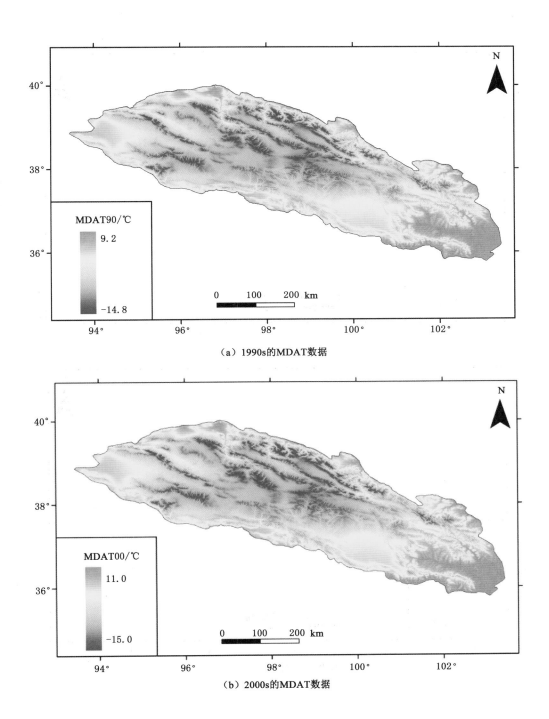

（a）1990s的MDAT数据

（b）2000s的MDAT数据

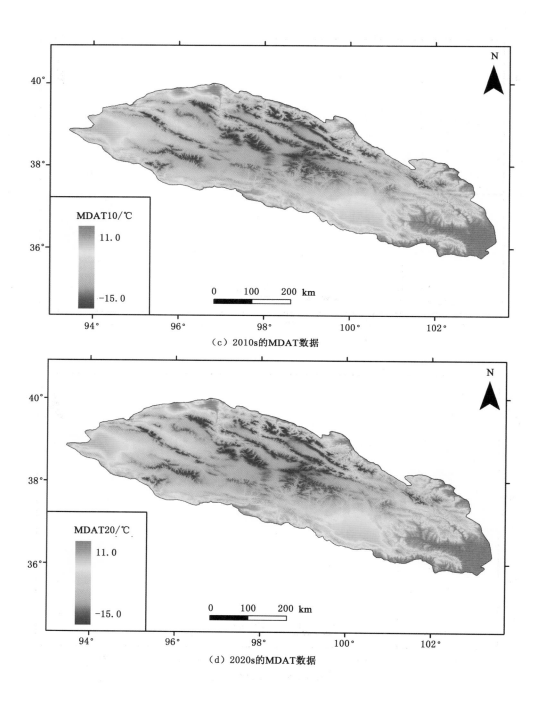

（c）2010s的MDAT数据

（d）2020s的MDAT数据

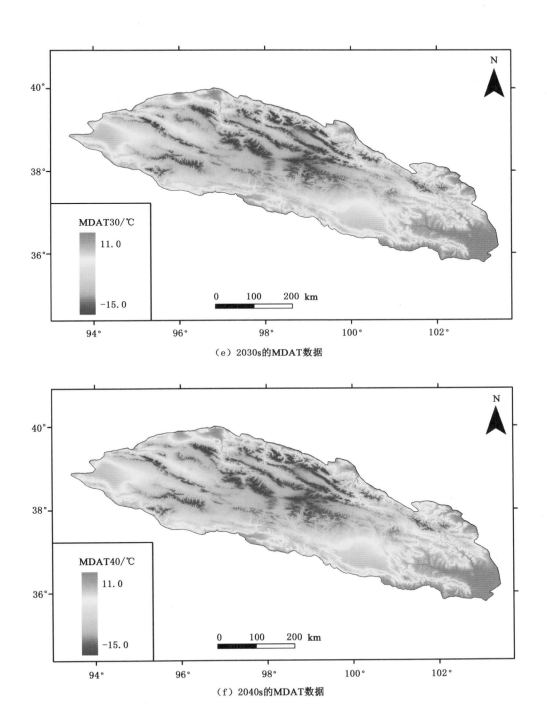

（e）2030s的MDAT数据

（f）2040s的MDAT数据

图 9-24　祁连山地区 1990s 到 2040s 之间不同年代的 MDAT 数据

三、数值模型构建

数值模型构建的目的在于建立祁连山高山冻土分布与其他要素之间的关系,如地形要素,NDVI 和 MDAT 等。通过对比与评价,本研究最终确定了逻辑回归模型(Logistic Regression Model,LRM)。

与线性回归模型相比,LRM 不需要因变量服从正态分布。同时,LRM 比较适合于因变量只有两种类型的情况。冻土分布有"存在"和"不存在"两种状态,因此比较适合于LRM。所以,近些年的山地冻土分布模拟研究中经常采用 LRM 模型(Lewkowicz et al.,2004;Janke,2005;Etzelmüller et al.,2006;Li et al.,2009;Zhao et al.,2012)。通过计算因变量的对数概率变化,LRM 能够评价一定形势下的发生概率(在本研究中为"冻土存在"或"冻土不存在"),它的计算公式为:

$$\ln[p/(1-p)] = A + Bx + Cy + \cdots \tag{9-6}$$

式中,$p/(1-p)$是高山冻土存在或者不存在概率的对数可能性;A 是回归常数;B 和 C 是系数;x 和 y 是预测量。

为了直接计算 p,式(9-6)可以表达为:

$$p = 1/[1 + e^{-(A+Bx+Cy+\cdots)}] \tag{9-7}$$

在本研究中基准地图完成于 1996 年,因此它主要代表了祁连山地区 1990s 的高山冻土分布状况。用"1"表示高山冻土存在,反之则用"0"表示。同时,选择 1990s 的 MDAT 数据进行建模。首先将高山冻土分布概率,地形要素,NDVI 和 1990s 年代的 MDAT 数据赋给各采样点。这些采样点按照 0.1°为间隔,在祁连山地区均匀分布。采样点的数量供 1 991个。基于这 1 991 个采样点上的对应各要素的数据进行分析,它们之间的相关关系如表 9-19 所示。

表 9-19　各要素之间的相关关系

要素	Probability	Elevation	Slope	Sine_Aspect	Cosine_Aspect	NDVI	MDAT90
Probability	1	0.718 * *	0.029	0.037	−0.021	−0.103 * *	−0.693 * *
Elevation	0.718 * *	1	0.126 * *	−0.019	0.006	−0.129 * *	−0.939 * *
Slope	0.029	0.126 * *	1	0.064 *	−0.047	0.150 * *	−0.203 * *
Sine_Aspect	0.037	−0.019	0.064 *	1	−0.060 *	0.200 * *	0.010
Cosine_Aspect	−0.021	0.006	−0.047	−0.060 *	1	−0.135 * *	0.006
NDVI	−0.103 * *	−0.129 * *	0.150 * *	0.200 * *	−0.135 * *	1	0.062 *
MDAT90	−0.693 * *	−0.939 * *	−0.203 * *	0.010	0.006	0.062 *	1

说明:＊＊为显著程度在 0.1 水平(2 尾);＊为显著程度在 0.05 水平(2 尾)。

在表 9-19 中,Probability 代表冻土分布概率,Elevation 为海拔高度,Slope 是坡度,Sine_Aspect 为坡向的正弦值,Cosine_Aspect 为坡向的余弦值,NDVI 为植被指数,MDAT90 是 1990s 的多年平均气温值。

从表 9-19 可以看出:冻土分布概率与海拔高度、MDAT 和 NDVI 之间有比较密切的相关关系,而与坡度和坡向之间则相关关系较弱。另外,海拔高度与 MDAT 相关性较强,这应该是气温与海拔高度关系密切的原因。

由于冻土分布概率与其他要素之间的相关关系差异较大,本研究选择利用"逐步向前(有条件的)"方法并按照 0.05 的步长概率,基于 1 991 个采样点的要素数据建立 LRM 模型,结果为:

$$p = 1/[1 + e^{-(-16.998 + 4.626 * altitude - 0.040 * slope + 0.386 * sine\_aspect - 0.745 * NDVI - 0.176 * MAAT)}] \tag{9-8}$$

在式(9-8)中,按照 0.05 的逐步概率,在模型中移除了坡向的余弦(Cosine_Aspect)。同时,Cox & Snell 和 Nagelkerke 的 R^2 分别为 0.542 和 0.725;按照 0.5 的概率作为冻土存在与否的分割点,模拟正确的采样点为 1 746 个,占采样点总数的 87.7%。因此,在本研究中利用式(9-8)中的 LRM 模型进行祁连山冻土分布的模拟是可行的,这同时为祁连山高山冻土在未来分布的预测奠定了基础。

四、祁连山多年冻土数值模拟与预测结果

(一)祁连山多年冻土从 1990s 到 2040s 每个年代空间分布的模拟与预测

假定从 1990s 到 2040s,除了 MDAT 外其他要素保持不变,本研究利用 LRM 模拟与预测获得祁连山地区高山冻土从 1990s 到 2040s 每个年代的空间分布。在获得的冻土分布概率中,最大值和最小值分别是 1 和 0。对不同时代冻土分布概率的平均值和标准偏差进行统计,结果如表 9-20 所示。

表 9-20 祁连山冻土在不同年代分布概率的统计值

统计值 \ 年代	1990s	2000s	2010s	2020s	2030s	2040s
平均值	0.456	0.450	0.444	0.438	0.430	0.423
标准偏差	0.393	0.393	0.391	0.390	0.389	0.387

从表 9-20 可以看出:从 1990s 到 2040s,冻土分布概率持续减小,这显示出这段时期祁连山冻土分布的持续退化,如平均值从 1990s 的 0.456 减小到 2040s 的 0.423。按照冻土分布概率的数值分布状况,祁连山冻土的分布被分为 3 类:分布概率大于 0.7 的区域认定为冻土;分布概率在 0.3 到 0.7 之间的区域被认定为可能冻土;分布概率小于 0.3 的区域被认定为非冻土。按照此分类标准,祁连山高山冻土在 1990s 和 2040s 的空间分布如图 9-25 所示。

在图 9-25 中,祁连山冻土在 1990s 和 2040s 的空间分布具有较大的相似性,因此祁连山冻土在其他年代(2000s、2010s、2020s 和 2030s)的空间分布在此忽略。从图 9-25 可以看出:冻土主要分布在祁连山地区上部的高海拔区;可能冻土主要分布在冻土与非冻土的中间区域,如河谷、盆地等。除了上述的主要分布区域,冻土与可能冻土还在其他区域零星分布。总体来说,这三种类型的冻土分布从 1990s 到 2040s 变化不是特别剧烈。

祁连山三种类型的冻土分布从 1990s 到 2040s 每个年代的面积变化计算结果如表 9-21 所示。

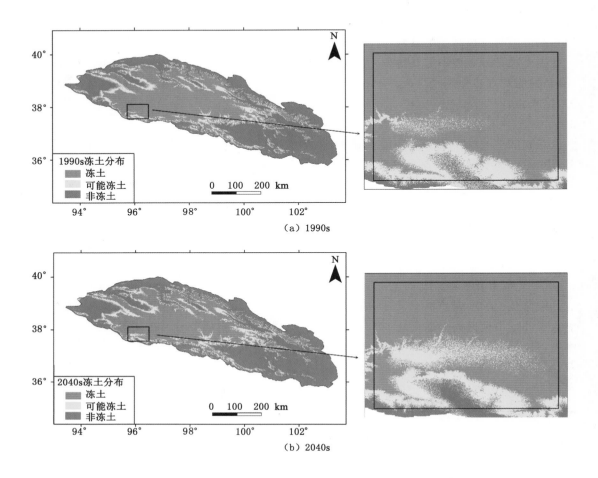

图 9-25　祁连山高山冻土在 1990s 和 2040s 的空间分布

表 9-21　祁连山冻土从 1990s 到 2040s 每个年代的面积变化

年代 统计值	1990s	2000s	2010s	2020s	2030s	2040s	变化	％
非冻土/($\times 10^3$ km^2)	90.1	91.3	92.4	93.7	95.1	96.5	6.4	7.1
可能冻土/($\times 10^3$ km^2)	30.7	30.8	30.9	31.0	31.2	31.3	0.6	2.0
冻土/($\times 10^3$ km^2)	73.5	72.3	71.0	69.6	68.1	66.5	−7.0	−9.6

　　在表 9-21 中，"变化"一栏主要指从 1990s 到 2040s 之间的面积变化；"％"一栏呈现的是与 1990s 分布面积相比变化的百分比。从表 9-21 可以看出：从 1990s 到 2040s，冻土面积退化了 7.0×10^3 km^2，占冻土总面积的 9.6％，同时，冻土退化速率变得越来越大；可能冻土和非冻土的面积分别增加了 0.6×10^3 km^2 和 6.4×10^3 km^2，这两种类型面积的增加主要是由于冻土面积的退化。从 1990s 到 2040s，这三种类型冻土面积的变化具有相同的趋势（冻土持续退化，可能冻土和非冻土持续增加）。

（二）祁连山多年冻土从 1990s 到 2040s 每个年代空间分布的变化状况

祁连山冻土分布在连续两个年代的变化比较有限,因此本研究主要对比从 1990s 到 2040s 整个时期的空间变化状况。通过计算,祁连山地区高山冻土从 1990s 到 2040s 的空间分布变化如图 9-26 所示。

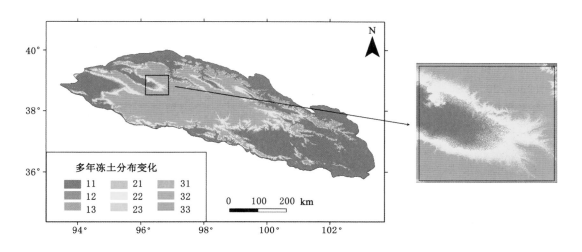

图 9-26　祁连山冻土从 1990s 到 2040s 的空间分布变化

在图 9-26 中,11 为不变的非冻土;12 为非冻土变化为可能冻土;13 为非冻土变化为冻土;21 为可能冻土变化为非冻土;22 为不变的可能冻土;23 为可能冻土变化为冻土;31 为冻土变化为非冻土;32 为冻土变化为可能冻土;33 为不变的冻土。

对图 9-26 中不同类型冻土变化的面积进行统计,结果如表 9-22 所示。

表 9-22　祁连山不同类型冻土变化从 1990s 到 2040s 的面积统计

变化年代 \ 类型	11 /(×10³ km²)	12 /(×10³ km²)	13 /(×10³ km²)	21 /(×10³ km²)	22 /(×10³ km²)	23 /(×10³ km²)	31 /(×10³ km²)	32 /(×10³ km²)	33 /(×10³ km²)
从 1990s 到 2000s	89.9	0.2	0.0	1.4	29.1	0.2	0.0	1.4	72.0
从 2000s 到 2010s	91.1	0.2	0.0	1.3	29.2	0.3	0.0	1.5	70.8
从 2010s 到 2020s	92.1	0.3	0.0	1.5	29.1	0.3	0.0	1.7	69.3
从 2020s 到 2030s	93.4	0.3	0.0	1.6	29.1	0.3	0.0	1.8	67.8
从 2030s 到 2040s	94.8	0.3	0.0	1.7	29.2	0.3	0.0	1.9	66.2
从 1990s 到 2040s	90.0	0.2	0.0	6.5	24.0	0.2	0.0	7.2	66.3

从图 9-26 和表 9-22 可以看出:三种冻土分布类型的面积主体没有大的变化;冻土主要退化为可能冻土,而很少退化为非冻土;可能冻土主要退化为非冻土,少部分变为冻土;非冻土主要变为可能冻土,直接变为冻土的很少。随着气温上升,冻土退化速率增加。

五、精度验证与分析

（一）精度验证方法简介

为了对模型模拟结果的精度进行验证,本研究主要选择遥感影像解译成果作为参考数据;同时,选择了一些随机区域来增强验证结果的精度(Zhao et al.,2019)。

1. 参考数据

基于遥感影像解译结果,参考数据主要来自 1990s 到 2010s。在本研究中,为了与 1990s、2000s 和 2010s 的祁连山冻土分布数值模型模拟结果进行验证,参考数据也选择获取于 1990s、2000s 和 2010s 的成果,从而进行对比验证。

参考数据可以来自基于遥感影像与其他相关资料的人工目视解译,也可以来自遥感影像不同波段之间指数计算的结果,或者是与冻土分布密切相关的、来自遥感反演获得的如气象要素等数据。

参考数据一般来说获取于一个固定时间,而本研究中的数值模拟结果代表祁连山冻土在一个年代的分布。同时,根据冻土分布概率,本研究中的祁连山冻土分布被划分成了三种类型,而参考冻土分布数据一般只有冻土与非冻土两种类型。时间和分布类型的差异难免会在模型结果精度验证过程中带来一些偏差。

2. 随机区域选择

随机区域选择主要在祁连山边界内利用 ArcGIS 软件的 ArcToolbox 工具来实现。首先,按照最小间隔距离 10 000 m 生成了 100 个随机点;然后,对每个随机点按照 5 000 m 的半径进行缓冲区分析。在本研究中,我们将这些最终生成的缓冲区作为需要的随机区域。

由于在随机点生成过程中对最小间隔距离的限制,因此最终生成的缓冲区之间没有重叠区域。最终的随机区域的空间分布如图 9-27 所示。

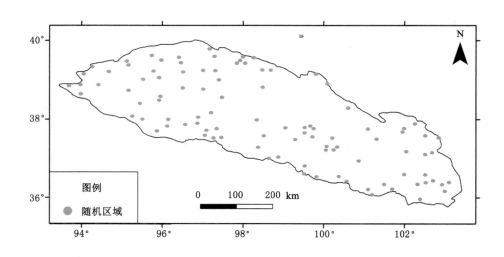

图 9-27　最终的随机区域的空间分布

从图 9-27 可以看出:最终生成的随机区域离散分布,没有任何规律,这为模型结果精度验证提供了另一重保障。

（二）精度验证结果分析

为了对本研究中获得的祁连山高山冻土在 1990s 到 2040s 期间的空间分布成果进行验证，主要采用遥感解译结果对祁连山地区 1990s、2000s 和 2010s 阶段的数值模拟结果进行精度验证。

1. 祁连山多年冻土 1990s 空间分布的模拟结果精度验证

获取于 1990 年附近和 2000 年附近的 Landsat 全球 7、4 和 2 波段遥感合成影像可以从 USGS 网站下载。基于下载的 Landsat 遥感影像和其他参数数据，通过遥感目视基于完成了 1∶250 000 尺度的《中华人民共和国地貌图集》（中华人民共和国地貌图集编辑委员会，2009），此图集可从中国西部环境与生态科学数据中心网站下载。

在地貌图集中，中国地貌按照成因被分成了很多种类型，如冰川、冰缘、风成、流水、黄土、干旱和喀斯特等。冰缘地貌在海拔高度上，主要分布在冰川地貌之下和流水地貌之上。祁连山位于中纬度地区，祁连山地区的高山冻土与冰缘地貌的分布范围大致相同（周成虎等，2009）。

由于冰缘地貌的分布界线与冻土分布区相近（周成虎 等，2009），因此 1990s 祁连山冻土分布的数值模拟结果可以用地貌图集的冰缘地貌分布范围进行验证，其空间分布如图 9-28（a）所示。

将图 9-28（a）与祁连山 1990s 的冻土分布数值模拟结果进行对比，其结果如图 9-29（a）所示。

在图 9-29 中，第 1 个数字 0 或 1，代表参考数据中的非冻土和冻土的空间分布；第二个数字 1、2 或 3 分别代表数值模拟结果中的非冻土、可能冻土和冻土三种类型。比如，01 表示在参考数据和数值模拟结果中均为非冻土。

从图 9-29（a）可以看出：在模拟结果和参考数据中，分布较为广泛的两个类型是 01 和 13，分别代表非冻土和冻土区；然后是 02 和 12，它们分布也较为广泛，但远少于 01 和 13；最后是 03 和 11，这两种是错分类型，它们的分布最少，面积最小。

对图 9-29 中不同类型冻土的面积进行数理统计，结果如表 9-23 所示。

表 9-23　祁连山从 1990s 到 2010s 数值模型验证结果的面积统计

年代 ＼ 类型	01 /($\times 10^3$ km²)	02 /($\times 10^3$ km²)	03 /($\times 10^3$ km²)	11 /($\times 10^3$ km²)	12 /($\times 10^3$ km²)	13 /($\times 10^3$ km²)
1990s	81.3	17.4	11.7	8.8	13.3	61.8
2000s	77.1	11.8	4.1	14.2	19.0	68.2
2010s	73.2	18.6	3.1	2.5	12.1	67.9

从表 9-23 可以看出：在 1990s 数值模拟数据与参考数据的对比中，完全正确的两种类型（01 和 13）的面积之和为 143.1 $\times$ 10^3 km²，占总面积的 73.6%；基本正确的两种类型（02 和 12）的面积之和为 30.7 $\times$ 10^3 km²，占总面积的 15.8%；错分的两种类型（03 和 11）的面积之和为 20.5 $\times$ 10^3 km²，占总面积的 10.6%。因此，整体来说，基本正确之上的面积占总面积的近 90%。

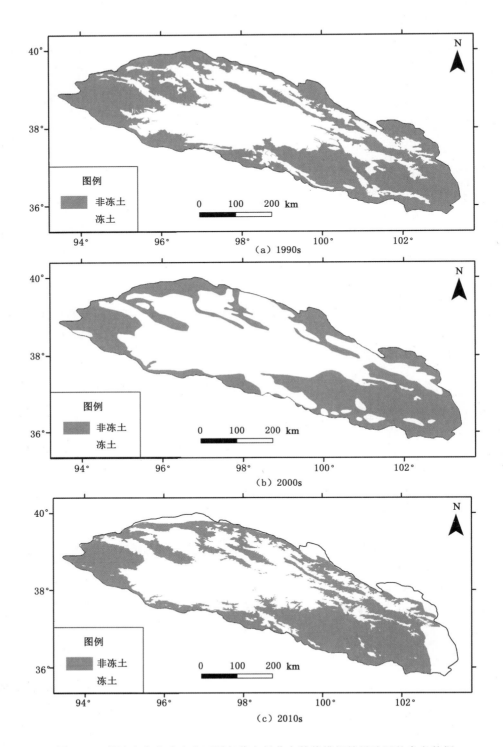

图 9-28　祁连山高山冻土在不同年代空间分布数值模拟结果验证的参考数据

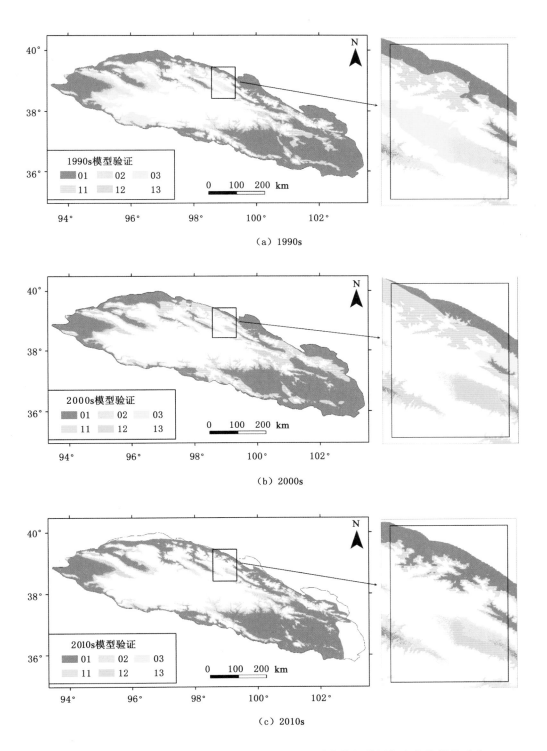

图 9-29 祁连山高山冻土在不同年代空间分布数值模拟结果与参考数据的对比

基于图 9-27 中的祁连山随机验证区域,对图 9-29 中不同类型冻土的面积进行数理统计,结果如表 9-24 所示。

表 9-24   祁连山随机区域从 1990s 到 2010s 数值模型验证结果的面积统计

年代＼类型	01/km²	02/km²	03/km²	11/km²	12/km²	13/km²
1990s	3 485.5	666.9	542.5	348.9	426.7	2 172.4
2000s	3 007.7	392.8	166.4	881.2	699.5	2 495.4
2010s	3 137.6	684.6	147.8	110.8	406.9	2 456.4

从表 9-24 可以看出:在 1990s 的祁连山随机验证区域,完全正确的两种类型的面积之和为 5 657.9 km²,占总面积的 74.0%;基本正确的两种类型的面积之和为 1 093.6 km²,占总面积的 14.3%;错分的两种类型的面积之和为 891.4 km²,占总面积的 11.7%。从随机选择的验证区域可以看出:完全正确和基本正确的类型的面积之和占总面积的约 90%,这与整个祁连山的精度验证结果基本一致。因此,祁连山多年冻土数值模型模拟结果在 1990s 的精度接近 90%。

2. 祁连山多年冻土 2000s 空间分布的模拟结果精度验证

被动微波遥感在监测长时间不同尺度下的地表土壤冻融状态方面具有得天独厚的优势。基于特殊传感器微波亮温数据,土壤冻融状态可以利用一种决策树算法来区分。这种决策树算法的分类精度可以用中国冻土区划及分类图来进行评定(周幼吾 等,2000)。通过像素对像素的 Kappa 分析,总体分类精度达到 91.7%,Kappa 指数为 80.5%(Jin et al.,2009)。

基于被动微波遥感反演结果、决策树算法和中国冻土区划及分类图(周幼吾 等,2000),2000s 的祁连山冻土分布参考数据可以利用土壤冻融分类结果获取,如图 9-28(b)所示。

将参考数据与祁连山冻土数值模拟结果进行对比,对比结果如图 9-29(b)所示。从图 9-29(b)可以看出:除了 01 和 13 两种类型外,12 也具有较广泛的分布;接下来是 11 和 02 两种类型;03 则很少看到。

图 9-29(b)中不同类型的面积统计结果如表 9-23 所示。从表 9-23 可以看出:分类完全正确的类型(01 和 13)的面积占总面积的 74.7%;基本正确的两种类型(02 和 12)的面积占总面积的 15.8%;错分的两种类型(03 和 11)的面积占总面积的 9.5%。

表 9-24 则给出了在随机选择的区域中数值模拟数据与参考数据的对比结果中不同类型的面积统计值。从表 9-24 可以看出:完全正确的两种类型的面积占总面积的 72.0%;基本正确的两种类型的面积占总面积的 14.3%;错分的两种类型的面积占总面积的 13.7%。从祁连山全部区域和随机选择区域的验证结果中可以看出:数值模拟结果在 2000s 的精度在 90% 左右。

3. 祁连山多年冻土 2010s 空间分布的模拟结果精度验证

基于钻孔数据,利用中分辨率成像光谱仪的陆表温度产品和热红外辐射测量数据模拟获取了青藏高原的年均地温数据。以年均地温数据、气象站获取的地表观测气温数据和

DEM 数据为基础,中国科学院寒区旱区环境与工程研究所的赵林和盛煜利用地表冻融数值模型获取了青藏高原 2009 到 2013 年冻土分布图。利用研究区的界线对青藏高原 2009 到 2013 年冻土分布图进行裁剪,即得到本研究中 2010s 的参考数据,其空间分布如图 9-28 (c)所示。

从图 9-28(c)可以看出:图中的界线没有完全覆盖实验区,因此 2010s 的验证数据的面积统计结果会比 2000s 和 1990s 小一些。2010s 的参考数据与数值模拟数据的对比结果分布如图 9-29(c)所示。

从图 9-29(c)和放大的图片可以发现:01 和 13 是最主要的两种类型,其次是 02;12 在区域内零星分布,03 和 11 则很少看到。

图 9-29(c)中每种类型的面积统计结果如表 9-23 所示。从表 9-23 可以看出:01 和 13 两种类型的面积之和为 141.1×10^3 km^2,占总面积的 79.5%;02 和 12 两种类型的面积之和为 30.7×10^3 km^2,占总面积的 17.3%;03 和 13 两种类型的面积之和为 5.6×10^3 km^2,占总面积的 3.2%。

在随机选择的区域,对各种类型的面积统计结果如表 9-24 所示。从表 9-24 可以看出:划分完全正确的两种类型(01 和 13)的面积之和为 5 594.0 km^2,占总面积的 80.6%;划分基本正确的两种类型(02 和 12)的面积之和为 1 091.6 km^2,占总面积的 15.7%;错分的两种类型(03 和 13)的面积之和为 258.6 km^2,占总面积的 3.7%。

根据统计结果可知:包含划分完全正确和基本正确的类型,数值模拟结果在 2010s 的精度超过 95%。因此,总体来说,通过对 1990s、2000s 和 2010s 的数值模拟结果进行验证,模拟数据的精度可以达到 90% 左右。

六、本节小结

基于遥感数据和成果,本研究利用逻辑回归模型、MDAT 数据、地形和地表覆被数据对祁连山地区 1990s 到 2040s 期间每个年代的冻土分布进行了模拟与预测。通过本研究,可以获得如下结论:

从 1990s 到 2040s,祁连山冻土的面积分别为 73.5×10^3 km^2、72.3×10^3 km^2、71.0×10^3 km^2、69.6×10^3 km^2、68.1×10^3 km^2 和 66.5×10^3 km^2;三种类型冻土(冻土、可能冻土和非冻土)的面积整体上没有大的变化;冻土主要退化为可能冻土,退化面积 7.2×10^3 km^2,占冻土总面积的 9.77%;可能冻土主要退化为非冻土,退化面积为 6.5×10^3 km^2,占可能冻土总面积的 21.3%。通过基于遥感数据解译结果的精度验证,本研究数值模型模拟结果的精度在 1990s、2000s 和 2010s 达到 90% 左右。

在本研究中,祁连山的冰川分布被忽略;同时,土地覆被用 NDVI 来表达并不确切。因此,在未来的研究中,建议在祁连山脉或者情况相近的其他区域应考虑植被状况、冰川分布和冻土工程等问题(Guan et al.,2018;Zhang et al.,2018)。

第三节 本章小结

本章首先基于 LR 模型、地形要素(海拔高度、坡度、坡向、经度和纬度)数据和气候(气温、日照和降水)要素数据,对祁连山的高山多年冻土在过去50年每个年代的分布状况进行了动态监测;然后利用逻辑回归模型、地形数据、地表覆被数据和多年气温数据对祁连山1990s到2040s的多年冻土进行了数值建模与预测。通过本章研究,可以获得如下结论:

(1)祁连山从1960s到2000s每个年代多年冻土分布面积的模拟结果分别为:10.749×10^4 km²、9.847×10^4 km²、10.044×10^4 km²、8.533×10^4 km² 和 8.686×10^4 km²。因此,在过去50年间,冻土分布面积呈整体下降趋势,但在一定时期,冻土分布面积则会有小幅上升。对祁连山主体部分以及其东部、中部和西部多年冻土分布下界进行分析发现:在1960s分别为2 967 m、2 967 m、2 973 m 和 3 253 m,在2000s则分别为3 223 m、3 223 m、3 254 m 和 3 567 m。因此,从1960s到2000s,多年冻土分布下界明显升高,升高幅度约300 m;祁连山从东到西,多年冻土下界也逐渐升高,西部比东部约高300 m。对从1960s到2000s多年冻土退化区域的海拔高度进行分析认为:海拔高度最小值为4 599 m,退化区域主要分布在以海拔高度3671.9 m为中心的200多米范围内。

(2)基于逻辑回归模型,祁连山冻土从1990s到2040s每个年代分布的模拟和预测结果的面积分别为73.5×10^3 km²、72.3×10^3 km²、71.0×10^3 km²、69.6×10^3 km²、68.1×10^3 km² 和 66.5×10^3 km²。三种类型冻土(冻土、可能冻土和非冻土)的面积整体上没有剧烈变化,其中冻土主要退化为可能冻土,退化面积占冻土总面积的9.77%;可能冻土主要退化为非冻土,退化面积占可能冻土总面积的21.3%。通过精度验证,数值模型模拟结果在1990s、2000s和2010s的精度达到90%左右。

参 考 文 献

[1] 毕如田,杜佳莹,柴亚飞,2013.基于 DEM 的涑水河流域土壤多样性研究[J].土壤通报,44(2):266-270.

[2] 蔡清华,杨勤科,2009.SRTM 与地形图生成 DEM 的地形表达能力对比[J].水土保持通报,29(3):183-187.

[3] 陈波,胡玉福,喻攀,等,2017.基于纹理和地形辅助的山区土地利用信息提取研究[J].地理与地理信息科学,33(1):1-8.

[4] 陈飞,吴英男,2009.基于数字高程模型和遥感影像的三维可视化[J].测绘科学,34(S2):127-129.

[5] 陈国栋,李建成,褚永海,等,2015.利用 ICESat 确定北极海面高及其变化[J].测绘通报,(6):1-4.

[6] 陈国旭,李盼盼,刘盛东,等,2018.基于高分一号卫星遥感影像的地表岩性特征提取及三维可视化[J].地理与地理信息科学,34(5):31-36.

[7] 陈加兵,李慧,陈文惠,等,2013.基于 DEM 与 DLG 的福建省地貌形态自动分类[J].地球信息科学学报,15(1):75-80.

[8] 陈君涛,2015.ArcScene 环境下遥感图像三维可视化研究与实现[J].科技资讯,13(20):39-40.

[9] 陈俊勇,2005.对 SRTM3 和 GTOPO30 地形数据质量的评估[J].武汉大学学报(信息科学版),30(11):941-944.

[10] 陈利顶,杨爽,冯晓明,2008.土地利用变化的地形梯度特征与空间扩展:以北京市海淀区和延庆县为例[J].地理研究,27(6):1225-1234.

[11] 程国栋,1984.我国高海拔多年冻土地带性规律之探讨[J].地理学报,39(2):185-193.

[12] 丁悦,蔡建明,任周鹏,等,2014.基于地理探测器的国家级经济技术开发区经济增长率空间分异及影响因素[J].地理科学进展,33(5):657-666.

[13] 杜伟超,司传波,佟庆,2016.基于 GIS 的泥石流灾害三维遥感分析[J].北京测绘,(4):18-22.

[14] 杜小平,郭华东,范湘涛,等,2013.基于 ICESat/GLAS 数据的中国典型区域 SRTM 与 ASTER GDEM 高程精度评价[J].地球科学,38(4):887-897.

[15] 范春波,李建成,王丹,等,2005.激光高度计卫星 ICESAT 在地学研究中的应用[J].大地测量与地球动力学,25(2):94-97.

[16] 冯琦,陈尔学,李增元,等,2016.机载 X-波段双天线 InSAR 数据森林树高估测方法[J].

遥感技术与应用,31(3):551-557.

[17] 甘淑,何大明,2004.纵向岭谷区地势曲线图谱及地貌特征分析[J].云南大学学报(自然科学版),26(6):534-540.

[18] 高超,金高洁,2012.SWIM 水文模型的 DEM 尺度效应[J].地理研究,31(3):399-408.

[19] 高红山,潘保田,李吉均,等,2004.青藏高原隆升过程与环境变化[J].青岛大学学报(工程技术版),19(4):40-47.

[20] 高明星,刘少峰,2008.DEM 数据在青藏高原地貌研究中的应用[J].国土资源遥感,20(1):59-63.

[21] 高志远,谢元礼,王宁练,等,2019.青藏高原地区 3 种全球 DEM 精度对不同地形因子的响应[J].水土保持通报,39(2):184-191.

[22] 高中,1981.航卫片在祁连山地区冻土调查中的应用[J].冰川冻土,3(3):78-79.

[23] 龚文峰,袁力,范文义,2013.基于地形梯度的哈尔滨市土地利用格局变化分析[J].农业工程学报,29(2):250-259.

[24] 谷晓天,高小红,马慧娟,等,2019.复杂地形区土地利用/土地覆被分类机器学习方法比较研究[J].遥感技术与应用,34(1):57-67.

[25] 郭洪峰,许月卿,吴艳芳,2013.基于地形梯度的土地利用格局与时空变化分析:以北京市平谷区为例[J].经济地理,33(1):160-166.

[26] 郭力宇,吴锦忠,2016.基于 SRTM DEM 的汾河流域特征提取研究[J].中国农业资源与区划,37(6):1-7.

[27] 郭明航,杨勤科,王春梅,2013.中国主要水蚀典型区侵蚀地形特征分析[J].农业工程学报,29(13):81-89.

[28] 郭鹏飞,1983.祁连山地区的多年冻土[C]//中国科学院兰州冰川冻土研究所.第二届全国冻土学术会议论文选集.兰州:甘肃人民出版社.

[29] 郭笑怡,张洪岩,张正祥,等,2011.ASTER-GDEM 与 SRTM3 数据质量精度对比分析[J].遥感技术与应用,26(3):334-339.

[30] 国巧真,宁晓平,王志恒,等,2015.地形地貌对半山区土地利用动态变化影响分析:以天津市蓟县为例[J].国土资源遥感,27(1):153-159.

[31] 哈凯,丁庆龙,门明新,等,2015.山地丘陵区土地利用分布及其与地形因子关系:以河北省怀来县为例[J].地理研究,34(5):909-921.

[32] 郝成元,许传阳,吴绍洪,2009.基于 DEM 模型和气候学计算的滇南山区太阳总辐射空间化[J].资源科学,31(6):1031-1039.

[33] 何维灿,赵尚民,程维明,2016.山西省不同地貌形态类型区土地覆被变化的 GIS 分析[J].地球信息科学学报,18(2):210-219.

[34] 洪顺英,申旭辉,荆凤,等,2007.基于 SRTM-DEM 的阿尔泰山构造地貌特征分析[J].国土资源遥感,19(3):62-66.

[35] 黄海兰,王正涛,金涛勇,等,2012.利用 ICESat 激光测高数据确定极地冰盖高程变化[J].武汉大学学报·信息科学版,37(10):1221-1223.

[36] 贾工作,2004.马莲河泥沙含量初步分析[J].甘肃水利水电技术,40(4):364-366.

[37] 贾宁凤,段建南,乔志敏,2007.土地利用空间分布与地形因子相关性分析方法[J].经济

地理,27(2):310-312.

[38] 贾秋鹏,贾东,朱艾斓,等,2007.青藏高原东缘龙门山冲断带与四川盆地的现今构造表现:数字地形和地震活动证据[J].地质科学,42(1):31-44.

[39] 郎玲玲,程维明,朱启疆,等,2007.多尺度 DEM 提取地势起伏度的对比分析:以福建低山丘陵区为例[J].地球信息科学,9(6):1-6.

[40] 李斐,袁乐先,张胜凯,等,2016.利用 ICESat 数据解算南极冰盖冰雪质量变化[J].地球物理学报,59(1):93-100.

[41] 李吉均,1983.青藏高原的地貌轮廓及形成机制[J].山地研究,1(1):7-15.

[42] 李吉均,1999.青藏高原的地貌演化与亚洲季风[J].海洋地质与第四纪地质,19(1):1-11.

[43] 李京京,吕哲敏,石小平,等,2016.基于地形梯度的汾河流域土地利用时空变化分析[J].农业工程学报,32(7):230-236.

[44] 李均力,陈曦,包安明,2011.2003—2009 年中亚地区湖泊水位变化的时空特征[J].地理学报,66(9):1219-1229.

[45] 李黎,单静,2009.武汉市区高程系统的演变[J].地理空间信息,7(2):135-138.

[46] 李胤,朱建南,崔艳梅,等,2015.遥感影像三维可视化在新疆西昆仑区域地质调查中的应用[J].地质学刊,39(3):451-455.

[47] 李勇,DENSMORE A L,周荣军,等,2006.青藏高原东缘数字高程剖面及其对晚新生代河流下切深度和下切速率的约束[J].第四纪研究,26(2):236-243.

[48] 李振洪,李鹏,丁咚,等,2018.全球高分辨率数字高程模型研究进展与展望[J].武汉大学学报·信息科学版,43(12):1927-1942.

[49] 梁发超,刘黎明,2010.基于地形梯度的土地利用类型分布特征分析:以湖南省浏阳市为例[J].资源科学,32(11):2138-2144.

[50] 梁广林,陈浩,蔡强国,等,2004.黄土高原现代地貌侵蚀演化研究进展[J].水土保持研究,11(4):131-137.

[51] 刘家宏,王光谦,李铁键,等,2007.基于数字流域模型的多沙粗沙区侵蚀产沙计算[J].中国科学(E 辑:技术科学),37(3):446-454.

[52] 刘军,张正福,胡燕凌,2009.应用 DEM 数据进行耕地坡度分级量算方法研究[J].遥感技术与应用,24(5):691-697.

[53] 刘彦随,杨忍,2012.中国县域城镇化的空间特征与形成机理[J].地理学报,67(8):1011-1020.

[54] 刘远,周买春,陈芷菁,等,2012.基于不同 DEM 数据源的数字河网提取对比分析:以韩江流域为例[J].地理科学,32(9):1112-1118.

[55] 刘智勇,张鑫,方睿红,2010.基于 DEM 的榆林市降水空间插值方法分析[J].西北农林科技大学学报(自然科学版),38(7):227-234.

[56] 鲁春阳,杨庆媛,田永中,等,2006.基于主成分法的区域土地利用变化驱动力分析:以重庆市主城区为例[J].安徽农业科学,34(21):5627-5628.

[57] 罗火钱,2018.遥感影像三维可视化及其在火烧迹地空间分布规律探索中的应用[J].轻工科技,34(12):55-56.

[58] 马钦忠,李吉均,2003.青藏高原北缘晚新生代的差异性隆起特征[J].地学前缘,10(4):590-598.

[59] 毛蒋兴,李志刚,闫小培,等,2008.深圳土地利用时空变化与地形因子的关系研究[J].地理与地理信息科学,24(2):71-76.

[60] 莫申国,张百平,2007.基于DEM的秦岭温度场模拟[J].山地学报,25(4):406-411.

[61] 聂琳娟,范春波,超能芳,2011.卫星激光测高ICESat确定海面高精度分析[J].测绘信息与工程,36(5):1-3.

[62] 牛叔文,李景满,李升红,等,2014.基于地形复杂度的建设用地适宜性评价:以甘肃省天水市为例[J].资源科学,36(10):2092-2102.

[63] 潘耀忠,龚道溢,邓磊,等,2004.基于DEM的中国陆地多年平均温度插值方法[J].地理学报,59(3):366-374.

[64] 潘裕生,1999.青藏高原的形成与隆升[J].地学前缘,6(3):153-160.

[65] 秦承志,杨琳,朱阿兴,等,2006.平缓地区地形湿度指数的计算方法[J].地理科学进展,25(6):87-93.

[66] 任立良,刘新仁,2000.基于数字流域的水文过程模拟研究[J].自然灾害学报,9(4):45-52.

[67] 宿渊源,张景发,何仲太,等,2015.资源卫星三号DEM数据在活动构造定量研究中的应用评价[J].国土资源遥感,27(4):122-130.

[68] 隋刚,郝兵元,彭林,2010.利用高程标准差表达地形起伏程度的数据分析[J].太原理工大学学报,41(4):381-384.

[69] 孙鸿烈,郑度,1998.青藏高原形成演化与发展[M].广州:广东科技出版社.

[70] 汤国安,2005.数字高程模型及地学分析的原理与方法[M].北京:科学出版社.

[71] 汤国安,2014.我国数字高程模型与数字地形分析研究进展[J].地理学报,69(9):1305-1325.

[72] 汤国安,宋佳,2006.基于DEM坡度图制图中坡度分级方法的比较研究[J].水土保持学报,20(2):157-160.

[73] 涂汉明,刘振东,1991.中国地势起伏度研究[J].测绘学报,20(4):311-319.

[74] 万杰,廖静娟,许涛,等,2015.基于ICESat/GLAS高度计数据的SRTM数据精度评估:以青藏高原地区为例[J].国土资源遥感,27(1):100-105.

[75] 万雷,周春霞,鄂栋臣,等,2015.基于InSAR和ICESat的南极冰盖地区DEM提取和精度分析[J].冰川冻土,37(5):1160-1167.

[76] 万民,熊立华,董磊华,2010.飞来峡流域基于栅格DEM的分布式水文模拟[J].武汉大学学报(工学版),43(5):549-553.

[77] 王超,2010.基于RS/GIS的渭河流域土壤侵蚀评价研究[D].西安:西北大学.

[78] 王家强,刘辉,柳维扬,2017.三维遥感图的制作方法分析:以塔里木盆地为例[J].江苏科技信息,(28):37-38.

[79] 王劲峰,徐成东,2017.地理探测器:原理与展望[J].地理学报,72(1):116-134.

[80] 王莉,2017.典型黄土地貌的数字指标体系构建与模式识别[D].太原:太原理工大学.

[81] 王莉,赵尚民,2016.ICESat/GLA14最新数据与V33数据的对比[J].干旱区地理,39

(5):1104-1110.

[82] 王琳,武虹,2017.基于 DEM 的遗址域定量算法及可获取耕地统计[J].遥感技术与应用,32(2):274-281.

[83] 王秋良,薛宏交,杨强,等,2008.北川地区地震灾害的地形因子分析[J].大地测量与地球动力学,28(6):68-72.

[84] 王绍令,1992.祁连山西段喀克图地区冻土和冰缘的基本特征[J].干旱区资源与环境,6(3):9-17.

[85] 王绍令,1997.青藏高原冻土退化的研究[J].地球科学进展,12(2):164-167.

[86] 王晓晶,张晓丽,黄华国,2007.DEM 在林火行为模拟中的应用[J].林业资源管理,(1):99-101.

[87] 王峥,NGUYEN T T,马孝义,等,2011.基于 SRTMDEM 的泾河流域特征信息提取研究[J].中国农村水利水电,(11):32-36.

[88] 文汉江,程鹏飞,2005.ICESAT/GLAS 激光测高原理及其应用[J].测绘科学,30(5):33-35.

[89] 吴红波,郭忠明,毛瑞娟,2012.ICESat-GLAS 测高数据在长江中下游湖泊水位变化监测中的应用[J].资源科学,34(12):2289-2298.

[90] 吴吉春,盛煜,李静,等,2009.疏勒河源区的多年冻土[J].地理学报,64(5):571-580.

[91] 吴吉春,盛煜,于晖,等,2007.祁连山中东部的冻土特征（Ⅰ）:多年冻土分布[J].冰川冻土,29(3):418-425.

[92] 吴显桥,2017.DEM 的建立及其在林业上的应用[J].现代农业科技,(14):149-152.

[93] 武文娇,2018a.山西省典型全球开放 DEM 数据的对比分析[D].太原:太原理工大学.

[94] 武文娇,章诗芳,苏巧梅,等,2018b.黄土高原重要水库水位变化的 ICESat/GLA14 监测[J].测绘科学,43(4):71-75.

[95] 武文娇,章诗芳,赵尚民,2017.SRTM1 DEM 与 ASTER GDEM V2 数据的对比分析[J].地球信息科学学报,19(8):1108-1115.

[96] 肖飞,PARROT J F,杜耘,等,2011.基于街道空间数据及 GPS 测量的 SRTM-DEM 校正和插值细化[J].地球信息科学学报,13(1):118-125.

[97] 杨琳,朱阿兴,秦承志,等,2011.一种基于样点代表性等级的土壤采样设计方法[J].土壤学报,48(5):938-946.

[98] 杨勤科,赵牡丹,刘咏梅,等,2009.DEM 与区域土壤侵蚀地形因子研究[J].地理信息世界,7(1):25-31.

[99] 杨忍,刘彦随,龙花楼,等,2015.基于格网的农村居民点用地时空特征及空间指向性的地理要素识别:以环渤海地区为例[J].地理研究,34(6):1077-1087.

[100] 杨淑莹,2019.模式识别与智能计算[M].北京:电子工业出版社.

[101] 杨武年,廖崇高,濮国梁,等,2003.数字区调新技术新方法:遥感图像地质解译三维可视化及影像动态分析[J].地质通报,22(1):60-64.

[102] 杨小利,王劲松,2008.西北地区季节性最大冻土深度的分布和变化特征[J].土壤通报,39(2):238-243.

[103] 杨昕,汤国安,刘学军,等,2009.数字地形分析的理论、方法与应用[J].地理学报,64

(9):1058-1070.

[104] 杨昕,汤国安,王雷,2004.基于DEM的山地总辐射模型及实现[J].地理与地理信息科学,20(5):41-44.

[105] 杨针娘,杨志怀,梁凤仙,等,1993.祁连山冰沟流域冻土水文过程[J].冰川冻土,15(2):235-241.

[106] 姚文波,2007.硬化地面与黄土高原水土流失[J].地理研究,26(6):1097-1108.

[107] 尹春涛,谢文扬,王奇,等,2020.甘肃北山白峡尼山地区多源遥感岩性制图研究[J].遥感技术与应用,35(5):1146-1157.

[108] 于佳,刘吉平,2015.基于地理探测器的东北地区气温变化影响因素定量分析[J].湖北农业科学,54(19):4682-4687.

[109] 詹蕾,2008.SRTM DEM的精度评价及其适用性研究:以在陕西省的实验为例[D].南京:南京师范大学.

[110] 詹蕾,2013.SRTM DEM提取坡谱转换模型研究:以陕西省为例[J].陕西农业科学,59(1):83-86.

[111] 湛东升,张文忠,余建辉,等,2015.基于地理探测器的北京市居民宜居满意度影响机理[J].地理科学进展,34(8):966-975.

[112] 张彩霞,杨勤科,李锐,2005.基于DEM的地形湿度指数及其应用研究进展[J].地理科学进展,24(6):116-123.

[113] 张晖,王晓峰,余正军,2009.基于ArcGIS的坡面复杂度因子提取与分析:以黄土高原为例[J].华中师范大学学报(自然科学版),43(2):323-326.

[114] 张会平,刘少峰,孙亚平,等,2006a.基于SRTM-DEM区域地形起伏的获取及应用[J].国土资源遥感,18(1):31-35.

[115] 张会平,杨农,刘少峰,等,2006b.数字高程模型(DEM)在构造地貌研究中的应用新进展[J].地质通报,25(6):660-669.

[116] 张会平,杨农,张岳桥,等,2004.基于DEM的岷山构造带构造地貌初步研究[J].国土资源遥感,16(4):54-58.

[117] 张会平,2006c.青藏高原东缘、东北缘典型地区晚新生代地貌过程研究[D].北京:中国地质大学(北京).

[118] 张莉,孙虎,2010.黄土高原典型地貌区地貌分形特征与土壤侵蚀关系[J].陕西师范大学学报(自然科学版),38(3):76-79.

[119] 张明远,张登山,吴汪洋,等,2018.无人机影像三维重建在沙丘形态监测中的应用[J].干旱区地理,41(6):1341-1350.

[120] 张青松,李炳元,1989.喀喇昆仑山-西昆仑山地区晚新生代隆起过程及自然环境变化初探[J].自然资源学报,4(3):234-240.

[121] 张彤,陈志勇,常忠耀,等,2009.GIS技术在1:25万区域地质调查及成矿预测中的应用:以内蒙古二连浩特北部地区为例[J].地质与资源,18(3):222-229.

[122] 张信宝,吴积善,汪阳春,等,2006.川西北高原的地貌垂直地带性与寒冻夷平面[J].山地学报,24(5):607-611.

[123] 张玉伦,王叶堂,2018.低山丘陵区多源数字高程模型误差分析[J].遥感技术与应用,

33(6):1112-1121.

[124] 赵洪壮,李有利,杨景春,等,2009.基于 DEM 数据的北天山地貌形态分析[J].地理科学,29(3):445-449.

[125] 赵尚民,2011a.青藏高原数字地貌特征分析与过程模拟[D].北京:中国科学院研究生院.

[126] 赵尚民,2014.黄土高原地区数字地形地貌特征分析[M].北京:煤炭工业出版社.

[127] 赵尚民,2020a.数字地形特征对土地利用空间分布的定量影响[J].科技导报,38(13):57-64.

[128] 赵尚民,程维明,蒋经天,等,2020b.资源三号卫星 DEM 数据与全球开放 DEM 数据的误差对比[J].地球信息科学学报,22(3):370-378.

[129] 赵尚民,程维明,周成虎,等,2009.青藏高原北缘公格尔山地区地形梯度的剖析[J].地球信息科学学报,11(6):753-758.

[130] 赵尚民,何维灿,王莉,2016.DEM 数据在黄土高原典型地貌区的误差分布[J].测绘科学,41(2):67-70.

[131] 赵尚民,周成虎,程维明,等,2011b.青藏高原西北缘地形抬升速率与地质年代的关系[J].山地学报,29(5):616-626.

[132] 郑度,张青松,1988.记喀喇昆仑山-西昆仑山综合科学考察[J].山地研究,6(2):87-94.

[133] 中国地质调查局,2004.阿尔金-昆仑山地区区域地质调查成果与进展[J].地质通报,23(1):68-96.

[134] 中国科学院地理研究所,1987.中国 1:1 000 000 地貌图制图规范[M].北京:科学出版社.

[135] 中国科学院青藏高原综合科学考察队,1983.西藏地貌[M].北京:科学出版社.

[136] 中国科学院青藏高原综合科学考察队,1986.西藏冰川[M].北京:科学出版社.

[137] 中华人民共和国地貌图集编辑委员会,2009.中华人民共和国地貌图集[M].北京:科学出版社.

[138] 周成虎,2006.地貌学辞典[Z].北京:中国水利水电出版社.

[139] 周成虎,程维明,2010.《中华人民共和国地貌图集》的研究与编制[J].地理研究,29(6):970-979.

[140] 周成虎,程维明,钱金凯,2009.数字地貌遥感解析与制图[M].北京:科学出版社.

[141] 周启鸣,刘学军,2006.数字地形分析[M].北京:科学出版社.

[142] 周幼吾,郭东信,1982.我国多年冻土的主要特征[J].冰川冻土,4(1):1-19.

[143] 周幼吾,郭东信,邱国庆,等,2000.中国冻土[M].北京:科学出版社.

[144] 朱利东,2004.青藏高原北部隆升与盆地和地貌记录[D].成都:成都理工大学.

[145] 朱伟,王东华,周晓光,2008.基于信息熵的 DEM 最佳分辨率确定方法研究[J].遥感信息,23(5):79-82.

[146] 祝士杰,汤国安,李发源,等,2013.基于 DEM 的黄土高原面积高程积分研究[J].地理学报,68(7):921-932.

[147] 祝有海,张永勤,文怀军,等,2009.青海祁连山冻土区发现天然气水合物[J].地质学报,83(11):1762-1771.

[148] ATWOOD D K,GURITZ R M,MUSKETT R R,et al,2007.DEM control in arctic Alaska with ICESat laser altimetry[J].IEEE transactions on geoscience and remote sensing,45(11):3710-3720.

[149] BAILEY J E,SELF S,WOOLLER L K,et al,2007.Discrimination of fluvial and eolian features on large ignimbrite sheets around La Pacana Caldera,Chile,using Landsat and SRTM-derived DEM[J].Remote sensing of environment,108(1):24-41.

[150] BARREIRO-FERNÁNDEZ L,BUJÁN S,MIRANDA D,et al,2016.Accuracy assessment of LiDAR-derived digital elevation models in a rural landscape with complex terrain[J].Journal of applied remote sensing,10(1):016014.

[151] BECEK K,2014.Assessing global digital elevation models using the runway method:the advanced spaceborne thermal emission and reflection radiometer versus the shuttle radar topography mission case[J].IEEE transactions on geoscience and remote sensing,52(8):4823-4831.

[152] BECEK K,2008.Investigating error structure of shuttle radar topography mission elevation data product[J].Geophysical research letters,35(15):L15403.

[153] BERGSTEDT H,ZWIEBACK S,BARTSCH A,et al,2018.Dependence of C-band backscatter on ground temperature,air temperature and snow depth in arctic permafrost regions[J].Remote sensing,10(1):142.

[154] BERRY P A M,GARLICK J D,SMITH R G,2007.Near-global validation of the SRTM DEM using satellite radar altimetry[J].Remote sensing of environment,106(1):17-27.

[155] BHANG K J,SCHWARTZ F W,BRAUN A,2007.Verification of the vertical error in C-band SRTM DEM using ICESat and landsat-7,otter tail County,MN[J].IEEE transactions on geoscience and remote sensing,45(1):36-44.

[156] BOURGINE B,BAGHDADI N,2005.Assessment of C-band SRTM DEM in a dense equatorial forest zone[J].Comptes rendus geoscience,337(14):1225-1234.

[157] BRAUN A,FOTOPOULOS G,2007.Assessment of SRTM,ICESat,and survey control monument elevations in Canada[J].Photogrammetric engineering & remote sensing,73(12):1333-1342.

[158] BRENNING A,GRUBER S,HOELZLE M,2005.Sampling and statistical analyses of BTS measurements[J].Permafrost and periglacial processes,16(4):383-393.

[159] BROWN C G,SARABANDI K,PIERCE L E,2005.Validation of the shuttle radar topography mission height data[J].IEEE transactions on geoscience and remote sensing,43(8):1707-1715.

[160] BURBANK D W,1992.Characteristic size of relief[J].Nature,359(6395):483-484.

[161] CAGLAR B,BECEK K,MEKIK C,et al,2018.On the vertical accuracy of the ALOS world 3D-30m digital elevation model[J].Remote sensing letters,9(6):607-615.

[162] CAO F,GE Y,WANG J F,2013.Optimal discretization for geographical detectors-

based risk assessment[J].GIScience & remote sensing,50(1):78-92.

[163] CARABAJAL C C,HARDING D J,2005.ICESat validation of SRTM C-band digital elevation models[J].Geophysical research letters,32(22):L22S01.

[164] CAWLEY G C,TALBOT N L C,2006.Gene selection in cancer classification using sparse logistic regression with Bayesian regularization[J].Bioinformatics,22(19): 2348-2355.

[165] CHENG Q,VARSHNEY P K,ARORA M K,2006.Logistic regression for feature selection and soft classification of remote sensing data[J].IEEE geoscience and remote sensing letters,3(4):491-494.

[166] CHENG W M,ZHAO S M,ZHOU C H,et al,2013.Topographic characteristics for the geomorphologic zones in the northwestern edge of the Qinghai-Tibet Plateau[J]. Journal of mountain science,10(6):1039-1049.

[167] CHENG W M,ZHOU C H,LI B Y,et al,2011.Structure and contents of layered classification system of digital geomorphology for China[J].Journal of geographical sciences,21(5):771-790.

[168] CROOK J,ARCHIBALD T,2012.Editorial[J].Journal of the operational research society,63(1):451-468.

[169] DEMIRKESEN A C,EVRENDILEK F,BERBEROGLU S,et al,2007.Coastal flood risk analysis using landsat-7 ETM+ imagery and SRTM DEM:a case study of Izmir,Turkey[J].Environmental monitoring and assessment,131(1/2/3):293-300.

[170] DONG Y S,CHANG H C,CHEN W T,et al,2015.Accuracy assessment of GDEM, SRTM,and DLR-SRTM in northeastern China[J].Geocarto international,30(7): 779-792.

[171] DRĂGUT L,EISANK C,2011.Object representations at multiple scales from digital elevation models[J].Geomorphology,129(3/4):183-189.

[172] DUAN Z,BASTIAANSSEN W G M,2013.Estimating water volume variations in lakes and reservoirs from four operational satellite altimetry databases and satellite imagery data[J].Remote sensing of environment,134:403-416.

[173] DUONG H,LINDENBERGH R,PFEIFER N,et al,2009.ICESat full-waveform altimetry compared to airborne laser scanning altimetry over the Netherlands.[J]. IEEE transactions on geoscience and remote sensing,47(10):3365-3378.

[174] DWIVEDI R S,SREENIVAS K,RAMANA K V,2005.Cover:Land-use/land-cover change analysis in part of Ethiopia using Landsat Thematic Mapper data[J].International journal of remote sensing,26(7):1285-1287.

[175] ETZELMÜLLER B,HEGGEM E S F,SHARKHUU N,et al,2006.Mountain permafrost distribution modelling using a multi-criteria approach in the Hövsgöl area, northern Mongolia[J].Permafrost and periglacial processes,17(2):91-104.

[176] ETZELMÜLLER B, φDEGÅRD R S, BERTHLING I, et al, 2001. Terrain parameters and remote sensing data in the analysis of permafrost distribution and

periglacial processes:principles and examples from southern Norway[J].Permafrost and periglacial processes,12(1):79-92.

[177] FIELDING E,ISACKS B,BARAZANGI M,et al,1994.How flat is Tibet? [J].Geology,22(2):163-167.

[178] GARDAZ J M,1997.Distribution of mountain permafrost,fontanesses basin,valaisian Alps,Switzerland[J].Permafrost and periglacial processes,8(1):101-105.

[179] GICHAMO T Z, POPESCU I, JONOSKI A, et al, 2012. River cross-section extraction from the ASTER global DEM for flood modeling[J].Environmental modelling & software,31:37-46.

[180] GONZALEZ J,BACHMANN M,SCHEIBER R,et al,2010.Definition of ICESat selection criteria for their use as height references for TanDEM-X[J].IEEE transactions on geoscience and remote sensing,48(6):2750-2757.

[181] GOROKHOVICH Y,VOUSTIANIOUK A,2006.Accuracy assessment of the processed SRTM-based elevation data by CGIAR using field data from USA and Thailand and its relation to the terrain characteristics [J]. Remote sensing of environment,104(4):409-415.

[182] GUAN Q Y,YANG L Q,PAN N H,et al,2018.Greening and browning of the Hexi Corridor in northwest China:spatial patterns and responses to climatic variability and anthropogenic drivers[J].Remote sensing,10(8):1270.

[183] GUHA A,SINGH V K,PARVEEN R,et al,2013.Analysis of ASTER data for mapping bauxite rich pockets within high altitude lateritic bauxite,Jharkhand,India [J]. International journal of applied earth observation and geoinformation,21:184-194.

[184] HALL O,FALORNI G,BRAS R L,2005.Characterization and quantification of data voids in the shuttle Radar topography mission data[J].IEEE geoscience and remote sensing letters,2(2):177-181.

[185] HAYAKAWA Y S,OGUCHI T,LIN Z,2008.Comparison of new and existing global digital elevation models:ASTER G-DEM and SRTM-3[J].Geophysical research letters,35(17):L17404.

[186] HILLIER J K,BUNBURY J M,GRAHAM A,2007.Monuments on a migrating Nile [J].Journal of archaeological science,34(7):1011-1015.

[187] HIRT C,FILMER M S,FEATHERSTONE W E,2010.Comparison and validation of the recent freely available ASTER-GDEM ver1,SRTM ver4.1 and GEODATA DEM-9S ver3 digital elevation models over Australia[J].Australian journal of earth sciences,57(3):337-347.

[188] HUBBARD B E, SHERIDAN M F, CARRASCO-NÙÑEZ G, et al, 2007. Comparative lahar hazard mapping at Volcan Citlaltépetl,Mexico using SRTM,ASTER and DTED-1 digital topographic data [J]. Journal of volcanology and geothermal research,160(1/2):99-124.

[189] ISHIKAWA M, HIRAKAWA K, 2000. Mountain permafrost distribution based on BTS measurements and DC resistivity soundings in the Daisetsu Mountains, Hokkaido, Japan[J]. Permafrost and periglacial processes, 11(2):109-123.

[190] JANKE J R, 2005. The occurrence of alpine permafrost in the Front Range of Colorado[J]. Geomorphology, 67(3/4):375-389.

[191] JARVIS A, RUBIANO J, NELSON A, et al, 2005. Practical use of SRTM data in the tropics-comparisons with digital elevation models generated from cartographic data [2005-01-06]. https://www.researchgate.net/publication/292712915. Centro Internacional de Agricultura Tropical, Colombia[EB/OL].

[192] JIN R, LI X, CHE T, 2009. A decision tree algorithm for surface soil freeze/thaw classification over China using SSM/I brightness temperature[J]. Remote sensing of environment, 113(12):2651-2660.

[193] KE L H, DING X L, SONG C Q, 2015. Heterogeneous changes of glaciers over the western Kunlun Mountains based on ICESat and Landsat-8 derived glacier inventory [J]. Remote sensing of environment, 168:13-23.

[194] KÜHNI A, PFIFFNER O A, 2001. The relief of the Swiss Alps and adjacent areas and its relation to lithology and structure: topographic analysis from a 250-m DEM [J]. Geomorphology, 41(4):285-307.

[195] LEWKOWICZ A G, BONNAVENTURE P P, 2011. Equivalent elevation: a new method to incorporate variable surface lapse rates into mountain permafrost modelling[J]. Permafrost and periglacial processes, 22(2):153-162.

[196] LEWKOWICZ A G, EDNIE M, 2004. Probability mapping of mountain permafrost using the BTS method, Wolf Creek, Yukon Territory, Canada[J]. Permafrost and periglacial processes, 15(1):67-80.

[197] LI J, SHENG Y, WU J C, et al, 2009. Probability distribution of permafrost along a transportation corridor in the northeastern Qinghai province of China[J]. Cold regions science and technology, 59(1):12-18.

[198] LI P, SHI C, LI Z H, et al, 2013. Evaluation of aster gdem using gps benchmarks and srtm in China[J]. International journal of remote sensing, 34(5):1744-1771.

[199] LI Z L, XU Z X, LI Z J, 2011. Performance of WASMOD and SWAT on hydrological simulation in Yingluoxia watershed in northwest of China[J]. Hydrological processes, 25(13):2001-2008.

[200] LIU Z P, WANG Y Q, SHAO M G, et al, 2016. Spatiotemporal analysis of multiscalar drought characteristics across the Loess Plateau of China[J]. Journal of hydrology, 534:281-299.

[201] LUO W, JASIEWICZ J, STEPINSKI T, et al, 2016. Spatial association between dissection density and environmental factors over the entire conterminous United States[J]. Geophysical research letters, 43(2):692-700.

[202] MILIARESIS G C, PARASCHOU C V E, 2011. An evaluation of the accuracy of the

ASTER GDEM and the role of stack number: a case study of Nisiros Island, Greece [J]. Remote sensing letters, 2(2): 127-135.

[203] MILIARESIS G C, PARASCHOU C V E, 2005. Vertical accuracy of the SRTM DTED level 1 of Crete[J]. International journal of applied earth observation and geoinformation, 7(1): 49-59.

[204] MILIARESIS G C, 2007. An upland object based modelling of the vertical accuracy of the SRTM-1 elevation dataset[J]. Journal of spatial science, 52(1): 13-28.

[205] MILIARESIS G, DELIKARAOGLOU D, 2009. Effects of percent tree canopy density and DEM misregistration on SRTM/NED vegetation height estimates[J]. Remote sensing, 1(2): 36-49.

[206] MOORE I D, GRAYSON R B, LADSON A R, 1991. Digital terrain modelling: a review of hydrological, geomorphological, and biological applications[J]. Hydrological processes, 5(1): 3-30.

[207] MUKHERJEE S, JOSHI P K, MUKHERJEE S, et al, 2013. Evaluation of vertical accuracy of open source Digital Elevation Model(DEM)[J]. International journal of applied earth observation and geoinformation, 21: 205-217.

[208] NIKOLAKOPOULOS K G, KAMARATAKIS E K, CHRYSOULAKIS N, 2006. SRTM vs ASTER elevation products. Comparison for two regions in Crete, Greece [J]. International journal of remote sensing, 27(21): 4819-4838.

[209] PAL M, 2012. Multinomial logistic regression-based feature selection for hyperspectral data[J]. International journal of applied earth observation and geoinformation, 14(1): 214-220.

[210] PHAN V H, LINDENBERGH R, MENENTI M, 2012. ICESat derived elevation changes of Tibetan lakes between 2003 and 2009[J]. International journal of applied earth observation and geoinformation, 17: 12-22.

[211] PIKE R J, EVANS I S, HENGL T, 2009. Chapter 1 geomorphometry: a brief guide [M]//Developments in Soil Science. Amsterdam: Elsevier.

[212] POLIDORI L, EL HAGE M, 2020. Digital elevation model quality assessment methods: a critical review[J]. Remote sensing, 12(21): 3522.

[213] REINHARDT C, WÜNNEMANN B, KRIVONOGOV S K, 2008. Geomorphological evidence for the Late Holocene evolution and the Holocene lake level maximum of the Aral Sea[J]. Geomorphology, 93(3/4): 302-315.

[214] REXER M, HIRT C, 2014. Comparison of free high resolution digital elevation data sets (ASTER GDEM2, SRTM v2.1/v4.1) and validation against accurate heights from the Australian National Gravity Database[J]. Australian journal of earth sciences, 61(2): 213-226.

[215] ROBINSON N, REGETZ J, GURALNICK R P, 2014. EarthEnv-DEM90: a nearly-global, void-free, multi-scale smoothed, 90m digital elevation model from fused ASTER and SRTM data[J]. ISPRS journal of photogrammetry and remote sensing, 87:

57-67.

[216] RODRIGUEZ E,MORRIS C S,BELZ J E,2006.A global assessment of the SRTM performance[J].Photogrammetric engineering & remote sensing,72(3):249-260.

[217] SANDHYA KIRAN G,JOSHI U B,2013.Estimation of variables explaining urbanization concomitant with land-use change:a spatial approach[J].International journal of remote sensing,34(3):824-847.

[218] SATGÉ F,BONNET M P,TIMOUK F,et al,2015.Accuracy assessment of SRTM v4 and ASTER GDEM v2 over the Altiplano watershed using ICESat/GLAS data [J].International journal of remote sensing,36(2):465-488.

[219] SATGE F,DENEZINE M,PILLCO R,et al,2016.Absolute and relative height-pixel accuracy of SRTM-GL1 over the South American Andean Plateau[J].ISPRS journal of photogrammetry and remote sensing,121:157-166.

[220] SCHUMANN G,MATGEN P,CUTLER M E J,et al,2008.Comparison of remotely sensed water stages from LiDAR,topographic contours and SRTM[J].ISPRS journal of photogrammetry and remote sensing,63(3):283-296.

[221] SCHUTZ B E,ZWALLY H J,SHUMAN C A,et al,2005.Overview of the ICESat mission[J].Geophysical research letters,32(21):L21S01.

[222] SESNIE S E,DICKSON B G,ROSENSTOCK S S,et al,2012.A comparison of Landsat TM and MODIS vegetation indices for estimating forage phenology in desert Bighorn sheep (Ovis canadensis nelsoni) habitat in the Sonoran Desert,USA [J].International journal of remote sensing,33(1):276-286.

[223] SIART C,BUBENZER O,EITEL B,2009.Combining digital elevation data (SRTM/ASTER),high resolution satellite imagery (Quickbird) and GIS for geomorphological mapping:a multi-component case study on Mediterranean Karst in Central Crete[J].Geomorphology,112(1/2):106-121.

[224] SKAKUN S,JUSTICE C O,VERMOTE E,et al,2018.Transitioning from MODIS to VIIRS:an analysis of inter-consistency of NDVI data sets for agricultural monitoring[J].International journal of remote sensing,39(4):971-992.

[225] SONG C Q,HUANG B,KE L H,et al,2014.Seasonal and abrupt changes in the water level of closed lakes on the Tibetan Plateau and implications for climate impacts [J].Journal of hydrology,514:131-144.

[226] SONG Y,JIN L,WANG H B,2018.Vegetation changes along the Qinghai-Tibet plateau engineering corridor since 2000 induced by climate change and human activities[J].Remote sensing,10(2):95.

[227] STOCKER-MITTAZ C,HOELZLE M,HAEBERLI W,2002.Modelling alpine permafrost distribution based on energy-balance data:a first step[J].Permafrost and periglacial processes,13(4):271-282.

[228] SU Q M,ZHANG J,ZHAO S M,et al,2017.Comparative assessment of three nonlinear approaches for landslide susceptibility mapping in a coal mine area[J].ISPRS

international journal of geo-information,6(7):228.

[229] SUWANDANA E, KAWAMURA K, SAKUNO Y, et al, 2012. Evaluation of ASTER GDEM2 in comparison with GDEM1, SRTM DEM and topographic-map-derived DEM using inundation area analysis and RTK-dGPS data[J]. Remote sensing,4(8):2419-2431.

[230] TANG G A, GE S S, LI F Y, et al, 2005. Review of digital elevation model (DEM) based research on China Loess Plateau[J]. Journal of mountain science,2(3):265-270.

[231] TANG G A, LI F Y, LIU X J, et al, 2008. Research on the slope spectrum of the Loess Plateau[J]. Science in China series E:technological sciences,51(1):175-185.

[232] WANG J F, HU Y, 2012a. Environmental health risk detection with Geog Detector [J]. Environmental modelling & software,33:114-115.

[233] WANG J F, LI X H, CHRISTAKOS G, et al, 2010. Geographical detectors-based health risk assessment and its application in the neural tube defects study of the Heshun region, China[J]. International journal of geographical information science, 24 (1):107-127.

[234] WANG J F, ZHANG T L, FU B J, 2016. A measure of spatial stratified heterogeneity[J]. Ecological indicators,67:250-256.

[235] WANG W C, YANG X X, YAO T D, 2012b. Evaluation of ASTER GDEM and SRTM and their suitability in hydraulic modelling of a glacial lake outburst flood in southeast Tibet[J]. Hydrological processes,26(2):213-225.

[236] WANG X W, GONG P, ZHAO Y Y, et al, 2013. Water-level changes in China's large lakes determined from ICESat/GLAS data [J]. Remote sensing of environment,132:131-144.

[237] WANG Y, XU H Z, ZHAN J G, 2001. High resolution bathymetry of China seas and their surroundings[J]. Chinese science bulletin,46(19):1661-1664.

[238] WARDLOW B D, EGBERT S L, KASTENS J H, 2007. Analysis of time-series MODIS 250 m vegetation index data for crop classification in the US Central Great Plains[J]. Remote sensing of environment,108(3):290-310.

[239] WILSON J P, 2012. Digital terrain modeling[J]. Geomorphology,137(1):107-121.

[240] XIONG L Y, TANG G A, LI F Y, et al, 2014. Modeling the evolution of loess-covered landforms in the Loess Plateau of China using a DEM of underground bedrock surface[J]. Geomorphology,209:18-26.

[241] YAMAZAKI D, IKESHIMA D, TAWATARI R, et al, 2017. A high-accuracy map of global terrain elevations[J]. Geophysical research letters,44(11):5844-5853.

[242] YANG L P, MENG X M, ZHANG X Q, 2011. SRTM DEM and its application advances[J]. International journal of remote sensing,32(14):3875-3896.

[243] YANG M X, NELSON F E, SHIKLOMANOV N I, et al, 2010. Permafrost degradation and its environmental effects on the Tibetan Plateau:a review of recent research

［J］.Earth-science reviews,103(1/2):31-44.

［244］ YUE L W,SHEN H F,YUAN Q Q,et al,2015.Fusion of multi-scale DEMs using a regularized super-resolution method［J］.International journal of geographical information science,29(12):2095-2120.

［245］ YUE L W,SHEN H F,ZHANG L P,et al,2017.High-quality seamless DEM generation blending SRTM-1,ASTER GDEM v2 and ICESat/GLAS observations［J］.ISPRS journal of photogrammetry and remote sensing,123:20-34.

［246］ ZHANG B Q,HE C S,BURNHAM M,et al,2016.Evaluating the coupling effects of climate aridity and vegetation restoration on soil erosion over the Loess Plateau in China［J］.Science of the total environment,539:436-449.

［247］ ZHANG G Q,XIE H J,KANG S C,et al,2011.Monitoring lake level changes on the Tibetan Plateau using ICESat altimetry data （2003—2009）［J］.Remote sensing of environment,115(7):1733-1742.

［248］ ZHANG X B,HE X B,WANG Y C,et al,2008.Planation surfaces on the Tibet plateau,China［J］.Journal of mountain science,5(4):310-317.

［249］ ZHANG X P,QIN X,XU C H,et al,2018.Simulation of runoff and glacier mass balance and sensitivity analysis in a glacierized basin,north-eastern Qinhai-Tibetan Plateau,China［J］.Water,10(9):1259.

［250］ ZHAO S M,CHENG W M,LIU H J,et al,2016.Land use transformation rule analysis in Beijing-Tianjin-Tangshan region using remote sensing and GIS technology ［J］.Journal of sensors,2016:1-10.

［251］ ZHAO S M,CHENG W M,ZHOU C H,et al,2011.Accuracy assessment of the ASTER GDEM and SRTM3 DEM:an example in the loess plateau and North China plain of China［J］.International journal of remote sensing,32(23):8081-8093.

［252］ ZHAO S M,CHENG W M,ZHOU C H,et al,2012.Simulation of decadal alpine permafrost distributions in the Qilian Mountains over past 50 years by using Logistic Regression Model［J］.Cold regions science and technology,73:32-40.

［253］ ZHAO S M,CHENG W M,ZHOU C H,et al,2017.Using MLR to model the vertical error distribution of ASTER GDEM V2 data based on ICESat/GLA14 data in the Loess Plateau of China ［J］. Zeitschrift für geomorphologie, supplementary issues,61(2):9-26.

［254］ ZHAO S M, ZHANG S F, CHENG W M, et al, 2019. Model simulation and prediction of decadal mountain permafrost distribution based on remote sensing data in the Qilian mountains from the 1990s to the 2040s［J］.Remote sensing,11(2):183.

［255］ ZHAO S M,ZHAO H Y,LI R P,et al,2020.A quantitative model to simulate the vertical errors of SRTM3 DEM V4 data at the pixel level in the Shanbei Plateau of China［J］.International journal of remote sensing,41(14):5257-5276.

［256］ ZHAO S,CHENG W,2014.Transitional relation exploration for typical loess geomorphologic types based on slope spectrum characteristics［J］.Earth surface dynamics,2(2):433-441.

[257] ZHOU Y,TANG G A,YANG X,et al,2010.Positive and negative terrains on northern Shaanxi Loess Plateau[J].Journal of geographical sciences,20(1):64-76.

[258] ZWALLY H J,SCHUTZ B,ABDALATI W,et al,2002.ICESat's laser measurements of polar ice,atmosphere,ocean,and land[J].Journal of geodynamics,34(3/4):405-445.

[259] ZWALLY H J,YI D H,KWOK R,et al,2008.ICESat measurements of sea ice freeboard and estimates of sea ice thickness in the Weddell Sea[J].Journal of geophysical research:oceans,113(C2):C02S15.